太空交通管理
Space Traffic Management

李建成 洪宇 魏峻 等编著

北京理工大学出版社
BEIJING INSTITUTE OF TECHNOLOGY PRESS

版权专有　侵权必究

图书在版编目（CIP）数据

太空交通管理 / 李建成等编著. -- 北京：北京理工大学出版社, 2025.3.
ISBN 978-7-5763-5236-8

Ⅰ. V11

中国国家版本馆 CIP 数据核字第 20253R7K35 号

责任编辑：徐艳君	文案编辑：徐艳君
责任校对：周瑞红	责任印制：李志强

出版发行 /	北京理工大学出版社有限责任公司
社　　址 /	北京市丰台区四合庄路 6 号
邮　　编 /	100070
电　　话 /	（010）68944439（学术售后服务热线）
网　　址 /	http：//www.bitpress.com.cn

版 印 次 /	2025 年 3 月第 1 版第 1 次印刷
印　　刷 /	三河市华骏印务包装有限公司
开　　本 /	710 mm×1000 mm　1/16
印　　张 /	17
字　　数 /	260 千字
定　　价 /	108.00 元

图书出现印装质量问题，请拨打售后服务热线，负责调换

本书编写组

组　长：李建成
副组长：洪　宇　　魏　峻
组　员：蔡铤彬　　王前程　　浦仕保
　　　　陈永强　　王　浩　　周　伟
　　　　张　岩　　姬文娟　　王雅洁
　　　　李思侃　　侍　蕾　　韩民章
　　　　彭凯飞　　常　笑　　魏　斌
　　　　刘凯希　　雷兆东　　杨胜斌

前　言

2021年9月，习近平总书记在驻陕西部队某基地视察调研时强调，"太空资产是国家战略资产，要管好用好，更要保护好。要全面加强防护力量建设，提高容灾备份、抗毁生存、信息防护能力。要加强太空交通管理，确保太空系统稳定有序运行。要开展太空安全国际合作，提高太空危机管控和综合治理效能。"为了实现太空活动的安全性、稳定性和可持续性，确保太空资产安全有序运行，亟须开展太空交通管理研究。

太空交通管理的概念萌芽于20世纪60年代，并于1982年由捷克斯洛伐克学者鲁博斯·帕瑞克在国际空间法学会论文中正式提出。随着太空活动爆发式增长，太空环境恶化威胁交织叠加，太空交通管理逐渐成为近年来全球航天领域的热点话题。太空交通管理需要对航天器发射和在轨运行等活动建立统一的行动准则和行为规范，制定相关的管理和技术标准，构建太空交通秩序规则，规范和指导太空活动的具体实践。从全球视角来看，太空交通管理应立足于应对太空安全面临的共同威胁，如碎片环境恶化、大型星座无序发展以及空间天气、近地天体带来的潜在威胁等问题，属于国际太空治理、太空国际法治的范畴，即国际太空交通管理。国际治理手段主要包括单方政治承诺、制定准则、守则、倡议、建议和条约等。从国内视角来看，太空交通管理应着眼于对本国航天活动管理、航天能力建设的需求实施相关管理、协调工作，即国家太空交通管理。国内管理手段主要包括制定政策、法律、行为规范、技术标准、程序要求等。

我国在50余年的太空活动探索实践中，积累了丰富的航天器管控经验，对于维护太空环境的安全可持续性发展起到了积极作用。现有的原则、做法和技术，为我国太空交通管理的发展提供了扎实的基础。但不可否认的是，我国在太空交通管理领域还处于起步阶段，当前的工作主要集中在日常太空活动管理范畴，仍停留在规范发展、减缓碎片等初级层面，缺少常态化组织架构、长效运行机制以及成体系制度规范，服务管理和关键支撑能力也尚有缺项，与我国太空安全总体发展要求还存在较大差距。

本书突出系统性、前沿性与科普性，首先系统梳理、介绍太空交通管理的体系架构；其次将太空交通管理涉及的新趋势、新方向、新热点融入本书的各个章节，如低轨巨型星座、商业航天涉及的主体责任、空间碎片主动清除等；最后围绕领域内重点关注的处置原则展开翔实讨论。全书共分9章。第1章为绪论，介绍太空交通管理的研究背景、发展历程、现状与重要意义等内容；第2章为太空交通管理的技术基础，主要包括空间天气监视预报、太空活动监管、空间碎片监测和处理、碰撞预警和规避等内容；第3章为太空交通管理的主要任务，侧重介绍航天器上频率和轨道的分配与管理、航天器安全运行活动监管与风险预警、空间碎片的危害预测与应对、事故调查与处置，信息化服务等内容；第4章为太空交通管理的组织管理，主要围绕管理需求、体系构建与运行机制展开讨论；第5章为太空交通管理法律法规体系，涉及国际空间法基础、法律体系基本要素、法律法规体系框架与建设路径等内容；第6章至第8章为太空交通管理相关规则原则，涉及太空资产管理规则、太空交通安全风险处置规则、太空交通事故的处置规则三部分内容，主要包括航天器发射许可审查与登记管理、航天器碰撞预警规避与频率干扰溯源处置规则、太空安全事故责任认定与赔偿处罚等内容；第9章为国际视角下的太空交通管理研究，讨论国际太空治理现状、国际视角下太空交通管理的主要运行模式与现实挑战，以及中国在国际太空交通管理中发挥的作用等内容。

本书编写组由李建成担任组长，洪宇、魏峻担任副组长，组员有蔡铤彬、王前程、浦仕保、陈永强、王浩、周伟、张岩、姬文娟、王雅洁、李思侃、侍蕾、韩民章、彭凯飞、常笑、魏斌、刘凯希、雷兆东、杨胜斌等。

在本书编写过程中，得到了北京理工大学出版社的支持，在此表示感谢。编写组通过查阅文献、咨询访谈和学术研讨等方式，力图使内容更加合理完善，同时借鉴了大量专家学者的意见观点，在此也深表谢意。但由于水平和实践经验所限，疏漏与不足之处在所难免，诚挚期盼相关领域专家学者批评指正。

目 录

第1章 绪论 1
1.1 太空交通管理的背景 1
   1.1.1 太空行为主体持续增多，活动日益频繁 2
   1.1.2 太空运行环境持续恶化，安全风险加剧 5
   1.1.3 太空频率和轨道资源紧缺，竞争日趋激烈 6
1.2 太空交通管理的发展历程 8
   1.2.1 陆、海、空交通管理对太空交通管理的借鉴 8
   1.2.2 概念孵化和初探阶段 9
   1.2.3 深化研究和发展阶段 10
1.3 国内外太空交通管理的现状 11
   1.3.1 国外太空交通管理现状 11
   1.3.2 国内太空交通管理现状 13
1.4 太空交通管理的重要意义 15
   1.4.1 太空交通管理是太空治理体系的核心关切 15
   1.4.2 太空交通管理是主要太空国家的责任担当 16
   1.4.3 太空交通管理是太空持续发展的基础保障 17
参考文献 19

第2章 太空交通管理的技术基础 20
2.1 空间碎片监测技术 20
   2.1.1 空间碎片监测系统 20

2 ■ 太空交通管理

  2.1.2 典型空间碎片监测系统 22
 2.2 太空活动监管技术 25
  2.2.1 航天器 25
  2.2.2 航天器轨道 29
  2.2.3 航天器发射与返回 34
  2.2.4 航天器在轨管理 38
 2.3 太空环境与碎片减缓技术 45
  2.3.1 太空环境的影响 45
  2.3.2 空间碎片减缓 47
 参考文献 50

第3章 太空交通管理的主要任务 51
 3.1 频率和轨道资源的分配与管理 51
  3.1.1 航天器频谱管理的重要意义 51
  3.1.2 航天器频率和轨道资源管理的主要内容 53
 3.2 航天器安全运行活动监管与风险预警 56
  3.2.1 航天器基本信息管理与共享 57
  3.2.2 安全运行活动监管 59
  3.2.3 安全运行风险预警 65
 3.3 空间碎片的危害预测与应对 70
  3.3.1 空间碎片的危害 71
  3.3.2 空间碎片的编目监测、演化分析及风险规避 73
  3.3.3 空间碎片减缓政策监管落实情况 78
  3.3.4 空间碎片主动清除的技术现状及实施方式 80
 3.4 太空交通事故的调查与处置 83
  3.4.1 太空交通事故的危害影响 83
  3.4.2 太空交通事故调查与处置的具体工作 85
  3.4.3 太空交通事故调查与处置的基本要求 86
 3.5 太空交通管理的信息化服务 88
  3.5.1 太空交通管理的信息化服务设计 89

  3.5.2 太空交通管理信息服务系统 93
  3.5.3 太空交通管理信息化服务发展的机遇和挑战 95
 参考文献 97

第4章 太空交通管理的组织管理 99
4.1 太空交通管理的组织管理需求 99
  4.1.1 美国的太空交通管理组织框架 100
  4.1.2 欧洲的太空交通管理组织框架 101
  4.1.3 太空交通管理组织框架的基本要素 103
  4.1.4 太空交通管理的原则 105
4.2 太空交通管理组织管理体系构建 106
  4.2.1 太空交通管理组织管理体系政策法规 107
  4.2.2 太空交通管理组织管理体系运行关系 110
  4.2.3 太空交通管理组织管理体系标准规范 112
  4.2.4 太空交通管理组织管理体系基础保障 115
4.3 太空交通管理组织管理体系运行机制 119
  4.3.1 沟通联络机制 120
  4.3.2 协同处置机制 121
  4.3.3 信息共享机制 123
 参考文献 124

第5章 太空交通管理法律法规体系 126
5.1 太空交通管理的国际空间法基础 126
  5.1.1 国际空间法概述 126
  5.1.2 国际空间法对太空交通管理的支撑依据 129
  5.1.3 太空交通管理法律法规建设需求 132
5.2 构建太空交通管理法律法规体系 133
  5.2.1 总体目标 133
  5.2.2 法律法规体系构成 135
5.3 参与国际太空交通管理规则制定 143
  5.3.1 对现行条约进行明确和修改 143

5.3.2　制定太空交通管理的专门规范　　144

　参考文献　　147

第6章　太空资产管理规则　　148

6.1　频率和轨道的申请及管理　　148
　　6.1.1　对于航天器频率和轨道申请的基本要求　　149
　　6.1.2　航天器频率和轨道申请的国内流程　　152
　　6.1.3　大型星座频率和轨道申请的现状及发展建议　　153

6.2　航天器发射的许可审查　　155
　　6.2.1　航天器发射许可审查的发展历程及现状　　156
　　6.2.2　航天器发射许可审查的基本要素　　160
　　6.2.3　中国航天器发射许可审查的主要流程　　161
　　6.2.4　航天器发射许可审查制度的发展趋势　　163

6.3　航天器的登记管理　　165
　　6.3.1　空间物体登记管理的意义与现状　　165
　　6.3.2　空间物体登记管理的规则　　167
　　6.3.3　航天器登记管理的发展趋势　　170
　　6.3.4　完善航天器登记管理制度的建议　　172

　参考文献　　173

第7章　太空交通安全风险处置原则与方法　　175

7.1　太空交通安全风险处置的一般原则　　175
　　7.1.1　明确的术语定义　　176
　　7.1.2　明确的职责分工　　176
　　7.1.3　明确的处置流程　　176

7.2　航天器碰撞预警处置原则　　177
　　7.2.1　航天器碰撞规避处置原则建立的必要性　　177
　　7.2.2　航天器碰撞规避策略制定的基本要求　　178
　　7.2.3　航天器碰撞预警处置程序　　180

7.3　频率干扰溯源处置原则　　182
　　7.3.1　频率干扰分类　　183

目　录　5

  7.3.2　频率干扰处置的基本要求　185
  7.3.3　频率干扰的处置流程　186
  7.3.4　频率干扰的溯源方法　187
  7.3.5　频率干扰的仿真分析及处置策略　190
 7.4　空间天气异常处置原则　193
  7.4.1　空间天气异常的评估方法　194
  7.4.2　空间天气对航天器的影响分析　197
  7.4.3　空间天气的预警与处置流程　199
  7.4.4　空间天气异常处置的基本要求　201
  7.4.5　空间天气异常的处置手段　202
 参考文献　204

第8章　太空交通事故的处理原则　208

 8.1　典型太空交通事故处理案例分析　208
  8.1.1　航天器碰撞事故案例　208
  8.1.2　空间碎片与航天器碰撞事故案例　209
  8.1.3　再入陨落事故案例　210
 8.2　责任认定　212
  8.2.1　外空条约潜在的责任认定依据　212
  8.2.2　责任公约明确的责任认定原则　213
  8.2.3　国际条约中责任认定的不足　214
  8.2.4　责任认定的基本程序　215
 8.3　赔偿与处罚　216
  8.3.1　国际上损害赔偿的基本情况　216
  8.3.2　赔偿与处罚基本原则　219
 8.4　太空交通事故处理的未来发展　220
  8.4.1　关于国际条约中责任认定内容的完善　220
  8.4.2　关于太空交通事故损害赔偿的考虑　222
  8.4.3　关于太空交通事故预防的启示　223
 参考文献　224

第9章 国际视角下的太空交通管理 225

9.1 国际太空治理现状分析 225
9.1.1 太空安全国际治理定义 225
9.1.2 太空安全国际治理现状 227
9.1.3 太空安全国际治理趋势 229
9.1.4 太空交通管理作用发挥 230

9.2 国际视角下太空交通管理的主要运行模式 232
9.2.1 以国家主体形式提供的太空交通管理服务 232
9.2.2 区域间合作提供太空交通管理服务 236
9.2.3 联合国框架下的国际太空交通管理服务 238

9.3 国际太空交通管理面临的挑战 239
9.3.1 国际太空交通管理矛盾探究 239
9.3.2 国际太空交通管理发展现状分析 241
9.3.3 国际太空交通管理预期走向 243

9.4 中国在国际太空交通管理中发挥的作用 246
9.4.1 中国政策主张现状 246
9.4.2 对中国政策主张的建议 248

参考文献 250

第10章 结束语 253

英文术语索引 256

第 1 章 绪 论

太空是继陆地、海洋、天空之后人类新的生存空间。谁能高效进入太空、充分利用太空，谁就能在激烈的国际竞争中占据有利位置。长期以来，各主要大国都把太空作为国家安全的重要支撑，置于优先发展位置。

党的十八大以来，以习近平同志为核心的党中央高度重视航天事业，提出了一系列重要战略思想和明确要求，形成了中国开展太空活动的根本遵循。《2021中国的航天》白皮书提出，要"加强太空交通管理，建设完善空间碎片监测设施体系、编目数据库和预警服务系统，统筹做好航天器在轨维护、碰撞规避控制、空间碎片减缓等工作，确保太空系统安全稳定有序运行"。在党的二十大报告中也强调，要"强化经济、重大基础设施、金融、网络、数据、生物、资源、核、太空、海洋等安全保障体系建设"。

近年来，中国航天体系建设进入快车道，太空已然成为国家战略体系不可分割的重要组成部分，太空交通安全也成为中国建设太空体系、发展太空能力的关键性问题。可以说，在当前乃至今后的较长时间内，安全问题将成为中国开展太空活动、维护太空利益的重要关注方向，而太空交通管理将成为保证太空交通安全、维护太空秩序、促进太空发展的关键环节、基础保障和重要抓手。

1.1 太空交通管理的背景

太空，亦称外层空间、外太空。1960 年，国际航空联合会在巴塞罗那提出，太空是指"地球表面（海平面）100 km 以上的区域"。与传统的陆海空域相比，太空具有超广域性、高立体性和非主权性等特点，"全球公域"的属性特点更为显著，这也使得太空治理成为一个复杂而敏感的国际问题。

自人类首次实施航天活动以来，太空已经逐渐发展成为维护国家利益和谋求战略优势的新领域，美国"高边疆"理论的提出者丹尼尔·格雷厄姆认为，"空间是技术领先的关键，……不仅是国家安全的关键[1]，而且是经济增长和能源供应的关键。"法国核物理学家马尔索·费尔指出，"没有进入太空的国家，今天在政治上、军事上都无足轻重，明天在经济上也不会取得长足进展"，"整个人类的命运将在太空决定"[2]。可以说，太空已经成为维护国家利益和谋求战略优势的新领域，各国围绕太空展开的战略博弈将更加激烈。

1.1.1 太空行为主体持续增多，活动日益频繁

1957 年，苏联"斯普特尼克一号"卫星成功发射，人类自此迈入"太空时代"。在发展初期，全球太空活动处于苏美两强格局主导之下，太空活动与国家利益密切相关，因此航天活动自然带有国家属性，如苏联的 N-1 火箭计划、美国的阿波罗登月计划，都是典型的举国体制。

冷战结束后，航天活动给人类生活带来越来越多的便利，太空逐渐受到各国的普遍关注。随着航天技术的持续进步和太空活动门槛不断降低，除美国和俄罗斯外，越来越多的国家开始加入探索和利用太空的行列。中国、法国、印度、日本等国家积极发展航天技术，具备了独立自主开展探索太空的能力。此外，匈牙利、阿联酋、菲律宾、波兰、缅甸、越南、泰国等众多国家通过采购合作、搭载发射等多种方式参与太空活动。目前，美国、俄罗斯、中国、法国、印度、日本等多个国家均已具备轨道发射能力。如图 1-1 所示，联合国和平利用外层空间委员会（COPUOS, Committee on the Peaceful Uses of Outer Space，简称"联合国外空委"）在成立之初仅有 18 个成员国，而到 2021 年成员国已突破百个，2022 年成员国达 102 个[3]。近 5 年来全球航天器发射活动频次稳步提升，由 2018 年的 114 次增加到 2023 年的 223 次（图 1-2），成功率维持在 90% 以上，单月最高实施了 30 次发射任务，太空发射活动整体处于高位运行态势。与此同时，低轨大型、巨型星座的数量规模也快速增加，包括"星链""一网""狐猴"

"冰眼""阿斯特罗宇航""鸽群"等在内的星座规模从十数颗到万余颗,总设计量达 5 万余颗。其中最为典型的是美国太空探索公司的星链卫星,截至 2024 年 5 月 24 日已完成了第 168 批次星链卫星的发射,总发射数量达到 6 505 颗,总用户数突破 300 万;在美国 2023 年度部署的 2 248 颗卫星中,星链卫星就有 1 948 颗,占比高达 86.65%。上述星座多以商业公司等非国家行为体主导实施,太空频率和轨道资源的竞争更加激烈,为太空活动的管理带来新的问题。

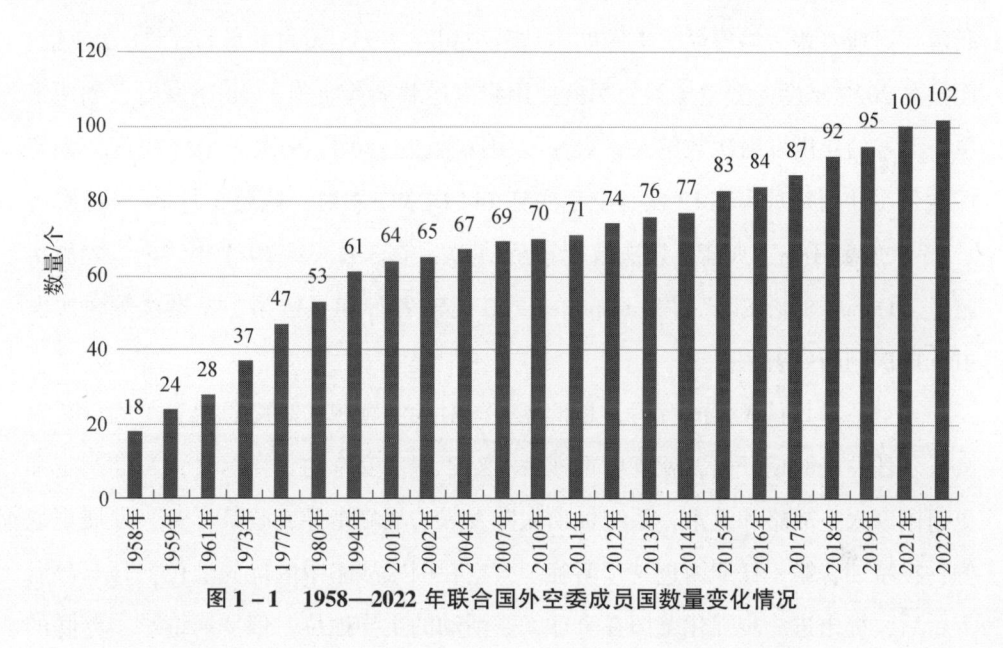

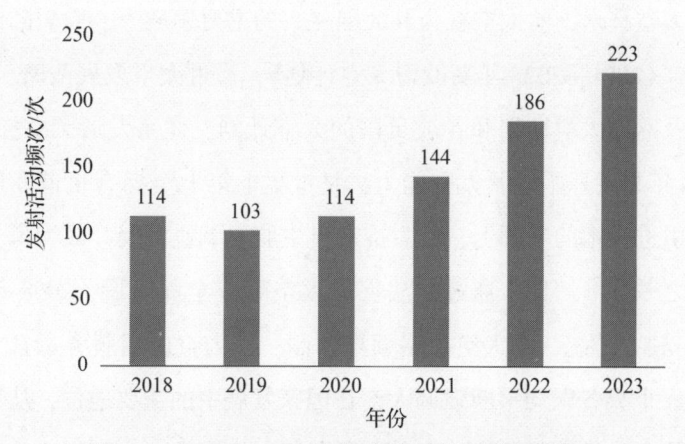

图 1-1 1958—2022 年联合国外空委成员国数量变化情况

图 1-2 2018—2023 年全球航天器发射活动情况

随着人类生活对太空需求的不断增加，完全由国家主导的太空探索模式越来越难以满足航天活动对低成本、短周期、高效率的要求，商业航天以其简洁高效的运作模式，较好地解决了这一问题，并得到不断深化发展。美国在特朗普第一任期内，从政策、资金、技术等多方面给予航天商业化活动大力扶持，极大促进了商业航天规模化发展，孵化了太空探索公司、蓝色起源、火箭实验室、行星实验室等为代表的一批新兴商业航天公司，极大地改变了全球太空格局。联合发射联盟、诺斯罗普·格鲁曼、美国航空航天公司在 2 935 天内共进行了 71 次发射；而仅在 2023 年度，太空探索公司就使用猎鹰运载火箭实施了 98 次发射，创造了单一型号的年度发射次数纪录，火箭复用次数也达到了 19 次。2024 年度，太空探索公司计划每月实施 12 次、全年实施 144 次太空发射，截至 5 月 24 日已实施了 55 次发射任务，火箭复用次数刷新至 21 次。在 3 月 4 日 20 个小时内，先后实施了 "Crew－8 龙飞船" "Transporter－10 运输者" 和星链第 143 批次等 3 次发射，再次刷新发射频次。

太空活动日益频繁的背后，是世界各国对太空领域的高度重视。美国自艾森豪威尔任总统时期开始，就高度重视太空对于国家安全的重要意义，长期制定和更新国家太空战略和政策，系统提出太空发展的战略指导、政策方针、发展规划等；在特朗普第一任期内进一步明确了太空在国家战略中的优先地位；拜登政府上台后，提出进一步强化美国在全球太空活动的主导地位。俄罗斯继承了苏联的太空工业和太空技术，将太空视为其大国复兴的重要领域[4]。欧盟陆续出台《欧洲太空政策》《2021—2027 年新欧盟太空计划》，通过太空发展战略、框架协议、技术战略以及欧洲太空计划和各成员国的太空计划，体系发展太空探索能力[5]。印度自 1963 年起就开始发展太空能力，是世界上第七个拥有轨道发射能力的国家，在不断引进技术的基础上，大力推动自主航天事业发展，成为世界主要的新兴太空国家之一[6-7]。日本通过立法促进太空事业全面发展，2008 年通过《宇宙基本法》，建立了统一的太空战略领导体制，以太空应用服务于日本整体国家安全战略[8]。世界各国均不断强调太空在国家发展中的重要地位，从国家层面全面推动太空能力建设，紧前抢占太空发展资源，势必进一步加剧太空领域竞争博弈的激烈程度。

1.1.2 太空运行环境持续恶化,安全风险加剧

当前,太空环境已成为影响太空活动安全的首要因素。空间天气对卫星轨道、通信链路、导航精度以及系统器件工作状态等有着重要影响,而随着太空物体的持续增多,空间碎片对太空活动的影响也在不断加大。

在空间天气方面,太阳爆发所释放的电磁辐射、高能粒子、等离子等,会引发强烈的日地空间扰动,加大航天器特别是低轨道航天器的轨道运行阻力,影响轨道寿命;高能粒子、等离子、电磁场等会导致太空系统电子元器件性能衰减、状态故障甚至完全失效。1973 年,美国天空实验室受太阳风暴影响,提前坠入大气层陨落;1989 年,强太阳风暴使 840 km 轨道高度的空气密度增加 9 倍,导致部分卫星提前陨落;2000 年,太阳爆发导致美国、日本多颗在轨卫星损坏。2022 年 2 月,受地磁暴影响,美国发射的 49 颗"星链"卫星中有 40 颗坠入大气层损毁。

与此同时,人类太空活动所产生的空间碎片带来的安全风险也在增加。近 5 年来,每年发射的航天器的数量由百余颗快速增长至千余颗,2022 年共发射 2 484 颗新增航天器进入轨道,2023 年更是达到 2 945 颗,不断刷新年度发射数量纪录(图 1-3)。大量火箭残骸、废弃卫星等持续演化,使空间碎片数量呈指数级增长趋势,给在轨航天器带来巨大碰撞风险。

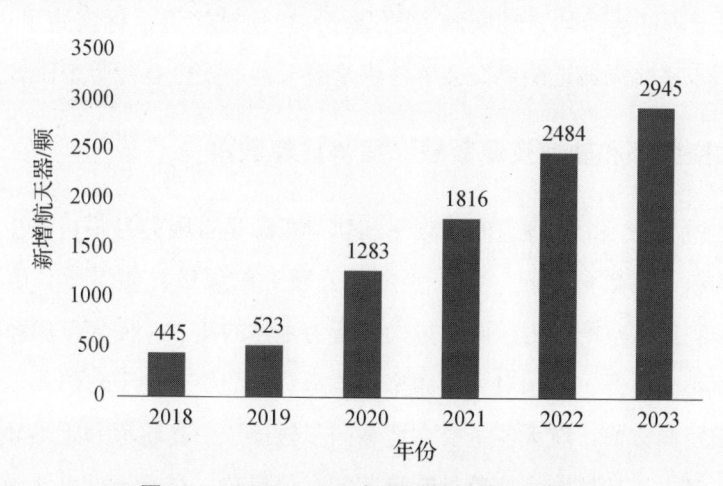

图 1-3 2018—2023 年新增航天器入轨情况

碎片与航天器相撞后，会破坏航天器表面结构和系统功能，影响航天器的正常运行。1996年7月，法国Cerise卫星遭到阿丽亚娜运载火箭三级碎片碰撞而失控；2009年2月，美国1997年发射的"铱星-33"和俄罗斯1993年发射的"宇宙-2251"在西伯利亚上空相撞[9-10]；2021年，俄罗斯反卫星武器试验所产生的碎片，造成国际空间站碰撞风险，迫使宇航员进入逃生舱进行避险。据欧空局估算，引起在轨航天器失效、丧失部分功能的碰撞次数，将从2015年的每年2次增长到2075年的每年10次。

随着商业航天公司布局大型或巨型星座，太空碰撞风险进一步加剧。"星链""一网""光速""柯伊伯""卫星逻辑""鸽子"等卫星星座均在百颗量级以上。这些卫星将会在低轨甚至中轨区域形成一张巨大的"星网"，不仅会指数级增加太空碰撞概率，还会影响正常的航天器发射活动以及天文观测。特别是商业航天卫星多采用小型化、货架化设计，安全性、可靠性设计相对较弱，普遍寿命较短，出现故障后容易失管失控，增加了空间碎片碰撞风险。2019年9月，星链-44卫星近距离接近欧洲航天局（ESA, European Space Agency, 简称"欧空局"）风神气象卫星，产生碰撞风险，迫使欧空局实施避碰控制；2021年7月、2021年10月，星链-1905卫星、星链-2305卫星在变轨过程中，先后两次接近中国空间站，为确保空间站和航天员安全，中国主动实施了紧急避碰操作，规避了碰撞风险。事后，中国针对此次事件向联合国提交了照会。在上述3次高风险接近事件中，"星链"均未能实施紧急避控，迫使被接近目标实施了避碰控制。可以预见，未来航天器近距离交会事件将给航天器的安全运行带来巨大风险。

1.1.3　太空频率和轨道资源紧缺，竞争日趋激烈

太空本质上是一个物理空间，频率和轨道资源是有限的且不可再生，理论上可以部署的航天器数量有限。太空"全球公域"的属性，使得所有国家都拥有进入太空、利用太空的权力，而大量太空行为主体的涌入，使太空频率和轨道资源潜在价值不断提升，各国对太空频率和轨道资源的争夺趋于白热化。

在轨道资源方面，航天器主要在地球同步轨道、中高轨道和近地轨道三个轨道带运行。其中，地球同步轨道具有显著的高位优势，理论上部署3颗卫星就可以实现全球覆盖，因此该轨道带的竞争尤为激烈，目前地球同步轨道资源已基本

饱和，卫星多采用"以新替旧"或"多星共位"方式部署。中高轨主要运行着美国的"全球定位系统"、俄罗斯的"格洛纳斯"、欧盟的"伽利略"以及中国的"北斗"等导航卫星系统，并用于部分废弃卫星的处置。近地轨道因距离地球较近，信号传输时延短，多用于遥感、气象、通信等卫星部署，且低轨道卫星发射管理成本明显低于中高轨道，也成为科研、试验卫星的首选轨位。随着人类太空活动日益向深空领域延展，环月球、环火星的轨道频率资源将成为下一个新的竞争点[11]。

在频率资源方面，航天器主要使用 L 频段、S 频段、C 频段、Ku 频段、Ka 频段等低于 60 GHz 的频段，为规避频率间的相互干扰，国际电信联盟（ITU，International Telecommunication Union）又在各自频段内划分出保护带，进一步压缩了航天器的可用频率范围，ITU《组织法》第 45 条明确规定，"所有电台的建立和运作都不能对其他成员的无线电服务或通信造成有害干扰。"但在实际使用过程中，航天器之间的无线电干扰事故频发，2012 年 2 月太空数据协会报告指出，"相邻卫星之间的频率相互干扰已经成为无线电干扰的主要原因。"数据显示，2006 年航天器无线电干扰事件中的 11% 来自相邻卫星。现有的 L 频段、S 频段、C 频段资源已基本趋于饱和，而快速发展的近地轨道巨型星座，则进一步加剧了更高频率资源的竞争。

由于在太空领域目前尚无主权概念，各国不应也不能将频率和轨道资源纳入本国主权。但长期以来，航天先发国家利用其在 ITU 等国际组织中的话语权和主导权，制定了有利于自身的太空资源分配规则。根据现行规则，先发国家将有利于抢占优势资源、确立优先地位，后申报国家必须保证不对先申报国家的航天器产生干扰。经济发展相对落后的国家没有实力参与资源争夺，很难通过常规的申报协调程序分到资源，"先登先占""逾期作废"的国际惯例无法兼顾公平原则，极大制约了中小国家参与太空活动的积极性。20 世纪 70 年代，8 个赤道国家联合发表《波哥大宣言》，对赤道国家上空的静止轨道提出了主权诉求；80 年代，印度向 ITU 提出，应给每个国家提供一定数量的轨道，实行卫星轨道许可证制度，为发展中国家提供最低限度的"轨道产权保障"。为了回应呼吁，ITU 于 1982 年修改了《组织法》条款，给予发展中国家和特定地理位置国家一定的照顾，如优先响应其频轨资源申请、允许延长发射入轨日期等。但发达国家已形成了频率和轨道资源的累积优势，特别是部分国家在维持高频度、常态化发射的基础上，大力推动大型、巨型星座发展，导致太空频率和轨道资源竞争日趋激烈[12]。

1.2 太空交通管理的发展历程

太空交通管理随着太空活动出现而产生，并随着太空活动繁荣而发展。基于太空"全球公域"属性特点，太空交通管理具有典型的国际和国家双重特点。从国家角度来看，太空交通管理着眼于一国对本国航天活动管理和航天能力建设的需求，即国家层面太空交通管理；从国际角度来看，太空交通管理又涉及碎片环境恶化、大型或巨型卫星星座无序发展、空间天气和近地天体带来的潜在威胁应对等太空安全问题，属于太空全球（国际）治理、太空国际法治的范畴，即国际层面太空交通管理。就具体内容来说，太空交通管理又包含了空间碎片监测、空间碎片减缓、空间数据共享、交通规则制定、太空活动监管、太空事件国际协调等多方面问题，是当前全球太空治理的关键核心问题。

1.2.1 陆、海、空交通管理对太空交通管理的借鉴

他山之石，可以攻玉。在开始探讨太空交通管理的概念发展之前，先通过介绍陆、海、空交通管理的基本情况，梳理陆、海、空交通管理的基本框架，为读者更好地理解太空交通管理的内涵和必要性提供参考借鉴。

1. 陆、海、空等领域交通管理共性

在《辞海》中，"交通管理"是指国家对社会交通事务的组织、指挥、协调、控制和监督的总称，可以按管理类型、交通方式、管理内容等进行细致划分。目前，陆地、海洋、空中的交通管理发展较为成熟，有明确的基本概念和体系框架。

对比陆地交通管理、海上船舶交通管理、空中交通管理的基本情况，可以认识到，交通管理需要的共性管理基础包括：①统一的管理部门，包括交通运输部、民航局、海事局等；②明确的管理依据，包括管理理论，国家的法律、法规、政策、规则、共识等；③建立支撑管理的基础设施，包括监测平台、指挥调度平台等；④统筹管理对象的信息数据，包括对象的数量、位置、方向、速度

等；⑤研发支撑管理的技术工具，包括获取技术、处理技术、指控技术等。

2. 陆、海、空与太空的交通管理主要区别

太空交通管理与陆地、海洋、空中的交通管理有其共性部分，但也有着本质的区别。

一是管理对象的运动模式不同。汽车、飞机、舰船在行驶路径和速度控制方面都具有极大的灵活性，能够设立航道控制或道路规则；在太空运行的航天器，其运动规律遵循轨道动力学，机动能力有限。

二是管理的"领土"不同。其他领域交通管理（虽然也有"国际公域"，如南极、公海及其上空等）绝大部分是各国的领土、领海、领空中的交通管理；太空交通管理则是在各国主权管辖外的"国际公域"中的交通管理，必然存在多方博弈、互相制衡。

三是博弈程度不同。与其他领域交通管理服务于提升运输能力和保证交通安全性相比，太空交通管理服务于太空交通活动的安全运行和太空环境的安全可持续性，是维护全人类在太空中的共同权益，其博弈侧重于国际规则的谈判与制定。

1.2.2 概念孵化和初探阶段

早在20世纪30年代，就已经有人提出过太空交通管理。1932年，曼德尔《太空法：一个航天问题》一书中，就提出了"外层空间法律体系所针对的客体可以细分为太空财产、太空主权、太空旅行者、航天器及其辅助设备、太空活动"，并通过对空中交通规则概念的扩展，首次提出"外层空间法律体系内应包含太空交通规则"。1965年，保罗·A.霍尔提出了航天器交通控制的概念；1982年巴黎国际空间法研讨会上，鲁博斯·帕瑞克在《外层空间交通规则》一文中提出"太空交通管理"，讨论了道路、海上、空中交通规则和外太空旅行等问题，指出"太空环境同陆地、海上和空中环境有很大不同，太空交通管理必须反映这一事实"，提出"太空交通管理的原则，包括沟通协调、移除失效的卫星、处理轨道等"。

1958年，第13届联合国大会组建了外空和平利用特设委员会，具体负责太空问题，1959年外空和平利用特设委员会改名和平利用外层空间委员会，成为联合国常设机构，主导制定的外空规则是太空交通管理的基础。1963年，联合国通过了《关于各国探索和利用外层空间活动的法律原则宣言》(简称《外空宣言》),奠定了太空立法的原则基础,明确指出"当航天活动对别国自然人或法人造成损害时,发射国应负有国际上的责任"。1967 年,联合国通过了《关于各国探索和利用包括月球和其他天体在内外层空间活动的原则条约》(简称《外空条约》),明确了世界各国对本国太空活动所负有的监管义务、对本国空间物体造成的损害所负有的法律责任,以及对本国空间物体和宇航员享有的管辖权和控制权,涉及了太空交通管理基本原则,《外空条约》形成了国际空间法的基础,在外层空间国际法律体系中具有"宪章"的地位。1972 年通过《关于外层空间物体造成损害的国际责任公约》(简称《责任公约》),提出发射国对其发射至太空物体在地面或飞行中造成的损失,负有绝对的赔偿责任。1974 年通过的《关于登记射入外层空间物体的公约》(简称《登记公约》),明确了发射国家对其发射的空间物体的国际登记义务,确立了关于发射国家对其空间物体造成损害所负责任的国际规则和程序[13]。

在概念孵化和初探阶段,主要是在学术界提出了太空交通管理概念并进行了初始的理论研究。在美苏两国的主导下,基于联合国框架逐步形成了一些太空交通管理的指导原则和基本框架,但所形成和明确的规范过于简单,无法为太空交通管理实践提供直接的法律依据和实践指导。

1.2.3 深化研究和发展阶段

人类太空活动的日益频繁,使太空交通管理逐渐成为太空治理的热点问题。国际宇航科学院(IAA, International Academy of Astronautics)在 2006 版《太空交通管理》研究报告中提出,太空交通管理是指"促进安全进入太空、在太空进行操作以及从太空返回地球而不受物理或无线电频率干扰的一系列技术和管理规定",确定了太空交通管理的核心目标,即"防止对正在进行的太空活动以及外层空间环境的长期可持续性造成损害",并提出"制定新条约、成立新的国际机构"为核心的太空交通管理制度的建议,较为体系化地提出了太空交通管理的概念范畴。此后,美国国家航空航天局(NASA, National Aeronautics and Space Administration)、国际空间大学、德国宇航中心、欧洲空间政策研究所、加拿大麦吉尔大学等机构都对太空交通管理开展了深入研究。2016 年,NASA 在《轨道交通管理研究——太空交通管理评估、框架和建议报告》中，提出了太空交通管理的 5 个备选框架选项。2007 年，国际空间大学在《太空交通管理最终报告》中，基于《外空条约》制定了三个轨道区的初步太空交通规则，提出建立国家太空交通管理组织，统筹太空交通管理。2017 年，德国宇航中心在《实施欧洲外空交通管理制度》白皮书中，提出了欧洲实施太空交通管理的重点问题和路线图。2020 年，欧洲空间政策研究所在《面向欧洲的太空交通管理》中，提出了从政策和监管框架、提升能力、国际合作等方面推动太空交通管理发展。加拿大麦吉尔大学组织了太空交通管理论坛，推进了太空交通管理与航空交通管理的交叉性研究[14-15]。

这一阶段，全球范围内开展了关于太空交通管理的广泛理论研究，虽尚未就太空交通管理规则达成全球共识，但已逐步形成了较为完备的理论体系，并在碎片减缓和处置等方面开展了有益的探索和实践。1993 年，NASA、欧空局、日本航天机构联合成立机构间空间碎片协调委员会（IADC, Inter-Agency Space Debris Coordination Committee），该委员会是在全球范围内协调空间碎片问题的一个国际政府论坛。至今，IADC 已逐渐发展成为联合国框架外涵盖当今世界主要航天国家的政府间机构。2002 年，IADC 正式通过《IADC 空间碎片减缓指南》，倡议各国在进行太空活动时尽最大努力减少空间碎片的产生，同时规定如何处理即将失效的航天器，以及减少航天器在寿命周期内对轨道环境的不利影响。2007 年，经过适当调整后的《IADC 空间碎片减缓指南》为联合国外空委所采纳，并在此基础上制定了《联合国和平利用外层空间委员会空间碎片减缓指南》（简称《空间碎片减缓指南》），得到联合国大会通过的《和平利用外层空间的国际合作》决议的认可。此外，欧空局也发布了《欧洲空间碎片减缓行为准则》，美、日等多个国家也制定了本国的空间碎片减缓法规。

1.3 国内外太空交通管理的现状

1.3.1 国外太空交通管理现状

当前，美国仍是太空交通管理的主导力量，近年来不断发布或强化太空交通管理方面立法和政策。美国《国家安全战略》中明确将太空交通协调融入"负责任行为"话语体系，通过双边或多边协议与众多国家构建联合国框架外的太空交通协调机制，打造以美国为核心的太空交通管理规则体系，陆续发布了《轨道碎片减缓标准做法》《3号航天政策令：国家太空交通管理政策》（SPD-3，Space Policy Directive-3，National Space Traffic Management Policy）等标准规范和法规政策，为政府和其他实体开展太空活动提供法律依据。美国国防部、商务部、国家航空航天局、国家海洋和气象管理局、国家侦察办公室、联邦通信委员会等机构均参与了太空交通管理工作。为加强太空交通管理的统一和组织协调，解决职能职权交叉重叠、多头分散的问题，美国在2018年的SPD-3中明确了由国家航天委员会统筹、商务部牵头、军民商单位共同参与的太空交通管理模式，商务部成立了太空交通管理办公室，专门负责太空交通管理工作，承担太空交通协调与安全、碰撞风险评估预警等核心职能，向公众提供太空交通管理服务，同时也调整发布了轨道碎片减缓准则、商业发射和再入许可证申领办法、小卫星许可证办理规则、航天器发射等政策法规。

冷战后，俄罗斯继承了苏联大部分太空设施。虽受限于经济问题，俄罗斯太空预算大幅度减少，但其仍视太空为战略资源，将其置于优先位置予以保障，在联合国框架内积极开展"太空外交倡议"。目前，俄罗斯官方尚未发布过关于太空交通管理的正式文件，但曾在不同场合多次表达了关于太空交通管理的态度和理念。2016年，俄罗斯在联合国外空委会议上强调，"没有有效的太空操作安全框架，太空交通管理将难以实施，必须通过国际合作实现空间物体数据的共享，实施更多技术层面的研究和协商。" 2020年，俄罗斯公开表示，要积极参与全球太空交通管理。

欧洲在太空交通管理领域非常活跃，在与美国合作的基础上，一直强调独立发展战略。2008年，欧盟通过《外层空间活动行为准则》，建议建立措施并鼓励各国提前通报卫星发射、轨道操作、卫星运行、脱离轨道等太空活动。2017年，欧空局发布《执行欧洲太空交通管理制度》白皮书，提出了欧洲太空交通管理体系框架和发展路线图，强调通过国际合作确立欧洲太空交通管理的话语权。2019年，欧盟启动太空安全安保与可持续性议题，呼吁开展太空交通管理，加紧推动形成共识，促进整体能力提升；2021年，欧洲航天工业协会发布《太空交通管理：欧洲航天将该抓住的机遇》，呼吁欧洲各国抓住机遇、加强协作，站在太空交通管理讨论议题的最前沿，构建欧洲主导的规则标准体系。2022年欧盟发布《欧盟太空交通管理方案》，提出欧盟太空交通管理具体措施，为欧盟太空交通管理和太空监视跟踪能力建设提供了具体行动指南。同年，欧盟27国部长级代表在图卢兹进行商谈，计划尽快起草太空"交通规则"，以便引领太空领域规则的制定；欧盟委员会选定由德国、比利时、丹麦、西班牙、芬兰等国的18家机构组成联合公司，为欧洲太空交通管理建设提供技术支持。2023年第15届欧洲空间会议上，来自欧盟委员会、欧洲航天局和航天行业的代表表示，正在提高欧洲在太空交通管理方面的能力，欧盟空间监视与跟踪合作组织主席帕斯卡·福彻表示"我们需要在太空交通管理上实现战略自主"。

日本高度重视太空活动监管，2017年开始实施《太空活动法》，要求卫星发射、碰撞规避、退役报废等太空活动必须遵循相关规定，为日本国内各种太空活动提供监管指导；2019年，日本太空政策调查研究中心发布《太空交通管理的现状和发展的调查研究》，对日本太空交通管理的现状及面临问题进行总结，指出实施太空交通管理的必要性。在独立发展太空交通管理能力的基础上，日本还持续加强与美国的合作，计划融入美国的监视体系并向美国共享其数据。

印度当前尚未发布国家层面的关于太空交通管理的政策文件，但其一直致力于提升太空目标监视能力。2019年印度空间研究组织成立了太空态势感知控制中心，在斯里哈里科塔发射场部署了专用型陆基多目标跟踪雷达，可跟踪800 km范围内尺寸大于30 cm的空间目标，具有一定的太空交通管理技术基础。

1.3.2 国内太空交通管理现状

经过长期的太空探索实践，中国已积累了丰富的太空活动经验，建立了较为完备的太空体系，太空交通管理对于中国太空资产安全运行的重要性也不断增强，《2021中国的航天》白皮书中也明确提出了中国的太空交通管理理念。

长期以来，中国外交部、国家国防科技工业局、国家无线电管理委员会、航天科技集团、航天科工集团等单位都十分关注太空交通管理问题。2001年，国防科学技术工业委员会（现为国家国防科技工业局）、外交部联合发布了《空间物体登记管理办法》，建立中国空间物体登记制度，明确"所有从事发射或促成发射空间物体的政府部门、法人、其他组织和自然人均应依照本办法的规定履行登记义务"，有效履行《登记公约》缔约国义务，维护国家空间物体发射国的合法权益。2002年，国防科学技术工业委员会发布《民用航天发射项目许可证管理暂行办法》，规范民用航天发射项目管理，强化了发射许可审批及对民用航天活动的监管。国家国防科技工业局于2009年、2015年先后发布《空间碎片减缓与防护管理暂行办法》《空间碎片减缓与防护管理办法》，初步建立了中国空间碎片标准体系，将空间碎片减缓和防护管理纳入政府正规渠道。2019年，国家国防科技工业局、中央军委装备发展部发布《关于促进商业运载火箭规范有序发展的通知》，规范商业运载火箭发射。2021年，国家国防科技工业局发布《关于促进微小卫星有序发展和加强安全管理的通知》，引导微小卫星规范有序发展。2023年，国家国防科技工业局发布《关于加强民用航天发射项目许可证管理有关事项的通知》，加强了空间无线电管理。上述文件为中国进行太空交通管理、维护太空交通秩序稳定提供了一定的法律政策依据，如卫星发射或改变在轨状态时，应向国家国防科技工业局提交登记材料，履行空间物体登记或变更手续；发生在轨碰撞风险时，应积极进行碰撞规避，及时向国家有关部门通报相关情况。但上述政策法规多属于部门规章和通知，法律法规效力位阶不高，国家层面的太空立法相对滞后，缺乏全面、统一、综合的法理体系，无法支撑太空交通管理的要求。

在太空交通管理实践方面，2014年5月，国家航天局承办了第32届IADC大会；2015年6月，国家航天局空间碎片监测与应用中心在中国科学院国家天文台挂牌成立，成为中国空间碎片监测、预警、应对突发事件以及国际合作的实体单位；中国研发的空间碎片防护设计系统，已应用于航天器防护设计工程实践，实现中国航天器空间碎片防护设计在轨试验；"长征"系列运载火箭也已全面实现任务后钝化处理，可以有效避免运载火箭末级在轨爆炸解体。同时，中国积极履行《IADC空间碎片减缓指南》要求，对多颗废弃的地球静止轨道（GSO，Geostationary Orbit）卫星实施任务后离轨处置操作。中国在太空活动管理和太空事件处置方面已经取得了长足发展，后续可以加快建立太空交通管理体系，确保有效监督太空交通管理工作,确保政策法规落地落实,全民推动中国太空治理能力发展。

通过国际合作应对太空全球性风险挑战已成为航天国家的共识。1980年中国正式成为联合国外空委成员,并签署加入《外空条约》、《营救宇宙航天员、送回宇宙航天员和归还发射到外层空间的物体的协定》(简称《营救协定》)、《责任公约》、《登记公约》等国际性条约。同时,中国参加了机构间空间碎片协调委员会、联合国外空委科技小组委员会"外空活动长期可持续性"工作组、联合国裁谈会"外空活动透明度与建立信任措施"政府专家组、欧盟"外空活动行为准则"等国际组织,持续扩大中国空间碎片工作的影响力。在联合国外空委框架下,积极参与国际太空安全治理,持续开展太空交通管理理论研究的国际交流与研讨,筹建太空交通管理领域机制,推动国际性条约在国内的落实和衔接,在国际交会事件协调、碎片信息共享、碎片联测等常态化预警通报机制活动中发挥作用,在当前全球各国实践能力不平衡的条件下,为国际太空交通管理提出中国方案、传播中国理念[16-17]。

1.4 太空交通管理的重要意义

《总体国家安全观学习纲要》指出,"要加强太空交通管理,确保太空系统稳定有序运行。"太空交通管理是太空国际治理的重要组成部分,是全球太空治理体系的核心关切,对于开展太空活动有着重要的现实意义。

1.4.1 太空交通管理是太空治理体系的核心关切

冷战时代,美苏主导形成的《外空条约》《登记公约》等国际性条约,奠定了现代太空治理规则框架的基础,构建了两极格局下的太空治理规则,成为全球维护太空秩序的基础。冷战结束后,美国主导全球太空治理格局,冷战时代形成的太空治理基本框架在一定程度上得以沿用。然而,自1979年《月球协定》通过之后,全球范围内再未能够就规范和调整太空活动达成任何一项新的国际条约。

太空治理规则之间的竞争,其本质上还是国家行为体意图构建有利于己的秩序,全球范围内国际规则的产生、变更是当时的国际主导力量的体现。近50年来,全球太空格局发生显著变化,太空多极化趋势明显加速,各国和非国家行为体对太空域的权利主张愈加强烈,对全球太空治理的诉求与日俱增,全球范围内促成条约谈判和达成妥协合意的难度不断增加。联合国五大太空条约(《外空条约》《登记公约》《责任公约》《营救协定》《月球协定》)所形成的"禁止核武器与大规模毁灭性武器""天体利用应仅用于和平目的"等宏观性、原则性要求,已无法满足人类太空活动的具体实践需要,而且随着太空活动主体的不断增多,在全球范围内达成统一共识的难度不断加大。2021年,联合国大会通过了《通过负责任行为准则、规则和原则减少空间威胁的决议(草案)》,提出"通过负责任行为减少空间威胁的重要性",并鼓励会员国提出"哪些行动和活动可被视为负责任或不负责任",各国代表就此问题表达了本国的意见,虽然决议草案获得通过,但关键问题上各方仍有分歧,距离实施还有很大的差距[18]。

现行的国际公约或国际法提出的坚持和平利用、限制军事化等原则,在一定程度上奠定了太空交通管理的法治化基础,但在太空交通管理的具体问题上,仍缺乏专门性、具体性的国际法原则和规范。

1.4.2 太空交通管理是主要太空国家的责任担当

国际政治的核心问题是国家权力及其运用,其中对自然物理空间的控制权是最主要的权力之一。航海引发了全球贸易的发展,对国家的发展产生举足轻重的影响,制海权成为国家权力的主要来源,大航海时代催生了英国、西班牙、葡萄牙等多个海权国家。航空技术的发展为全球特别是对军事带来革命性变化,制空权在第二次世界大战中得以实践并快速发展。而进入航天时代,进入太空、利用太空已经成为公开展示国家综合能力的平台。据摩根士丹利评估,2022年全球太空产业估值约3 500亿美元,预估在2040年将突破万亿美元大关,太空已经成为经济发展的新引擎和获利池。

越来越多的国家和非国家行为体涌入太空领域,太空治理机制已成为一个日益凸显的复杂而敏感的全球性安全问题,而太空物理域的非主权化和太空行为体的主权化,是人类太空活动无法回避的基本现实和基本矛盾,这决定了任何参与太空活动的主体都必须也必将发展和维护自己在太空的权益。航天技术的进步让更多的行为体达到了参与太空活动的门槛，但"大国主导"仍旧是当前的主旋律和基本盘。从近3年的全球航天器发射活动情况来看，2020年114次航天器发射活动中，美中俄三国占比87.7%；2021年144次航天器发射活动中，美中俄三国占比84.7%；2022年186次航天器发射活动中，美中俄三国占比92.5%（表1-1）。因此，大国主导的太空交通管理仍旧是当前乃至后续较长一段时间内的大趋势。可以说，太空交通管理问题，是关乎太空安全和发展的重要议题，只有主导了太空交通规则的建立，才能更好地维护太空领域的核心利益和全球太空活动的正常发展。

表1-1 2020—2022年全球航天器发射情况　　　　　　　　次

国家	2020年	2021年	2022年
美国	39	51	87
中国	44	55	64
俄罗斯	17	16	21
欧盟（含英国）	5	15	6
日本	4	3	1
印度	2	2	5
伊朗	2	1	1
以色列	1	—	—
韩国	—	1	1
总计	114	144	186

1.4.3 太空交通管理是太空持续发展的基础保障

为了确保人类太空活动在未来的可持续发展，太空活动的参与者必须采取积极措施，打造有序的太空活动行为准则，而太空交通管理就是其中的应有之义和必然选择。太空交通管理所涉及的空间碎片减缓防护和主动清除、航天器发射与大气层再入、太空活动监管等都与太空可持续性发展密切相关。推动太空交通管理规则的建立和实践，是促进太空可持续发展的有效手段。

随着太空可持续发展问题日益突出并受到普遍关注，2010 年联合国外空委科技小组委员会增加了"外空活动长期可持续性"议程，2011 年发布的《外层空间长期可持续工作组报告草稿》将可持续性发展的概念延伸到太空领域，2016 年发布《外空活动长期可持续性准则（草案）》，2018 年就"外空活动长期可持续性"准则草案序言和 9 项补充准则达成共识，2019 年通过《外空活动长期可持续性准则》，提出"以实现公平享有为和平目的的探索和利用外空惠益的目标的方式保证一直到未来均可无限期开展空间活动的能力，目的是满足当前一代的需要，同时为今后能世代保护好外空环境"。IADC 也于 2015 年、2017 年发布了小型卫星星座太空交通管理的专门性文件，提出了小型卫星星座的设计制造、环境建模和在轨运行等规范，以降低太空物体和太空环境所面临的风险。

2020 年，NASA 发布《阿尔忒弥斯协定》(*Artemis Accords*)，明确提出"所有合作伙伴都同意以可持续的方式使用太空资源"，同年发布的《国家太空政策》中，强调了"通过发展和促进负责任的行为，为太空活动创造安全、稳定、有保障、可持续的环境"。2020 年、2021 年，英国先后提交了"联合王国自愿执行《外空活动长期可持续性准则》和拟议报告方法""关于联合王国自愿执行《外空活动长期可持续性准则》的报告方法的最新情况"，通过构建太空活动国家监管框架、完善国家太空活动监督机制、加强太空物体登记实践、促进国家合作制度化和多元化等方面提升太空可持续性发展。英国科学、研究与创新部部长公布英国"太空可持续发展规划"，提出从法规制定到自主空间碎片清除项目等一系列措施，以促进太空领域的可持续发展。《2021 中国的航天》白皮书，提出要"促进外空活动长期可持续发展""落实国际空间碎片减缓准则、外空活动长期可持续准则""共同应对外空活动长期可持续发展面临的挑战"，并在实践中全面实施运载火箭末级钝化和航天器任务末期主动离轨，控制运载火箭末级和航天器实施钝化离开原运行轨道，积极履行太空大国责任义务，确保太空可持续发展。太空交通管理，就是要促进各方落实空间碎片减缓要求，合理利用太空资源，维护太空交通活动的安全稳定，实现太空活动的长期安全可持续性发展。

参考文献

[1] 丹尼尔·格雷厄姆. 高边疆：新的国家战略 [M]. 张健志，译. 北京：军事科学出版社，1988.

[2] 马尔索·费尔. 空间战争：武器与新技术 [M]. 刘志明，里景化，等译. 北京：世界知识出版社，1987.

[3] 联合国和平利用外层空间委员会官网. https：//www.unoosa.org.

[4] 戚大伟. 俄罗斯太空安全政策探析 [J]. 国防科技，2021 (6)：10-14.

[5] 方晓志，朱希民. 欧盟太空安全政策与发展动向 [J]. 国防科技，2021 (6)：15-20.

[6] 陈翔. 理解印度的太空事业发展：基于威望动机的视角 [J]. 亚太安全与海洋研究，2018 (3)：22-33.

[7] 黄志澄. 印度太空力量的发展 [J]. 国际太空，2009 (7)：34.

[8] 李梅. 日本太空政策的演变、动因及影响 [J]. 东北亚学刊，2019 (3)：106-117.

[9] 李寿平. 美俄卫星相撞的若干法律问题 [J]. 中国航天，2009 (5)：36-38.

[10] 李滨. 美俄卫星相撞事件中的国际法问题探析 [J]. 北京航空航天大学学报（社会科学版），2011 (4)：33-37.

[11] 程建军. 卫星频率和轨道资源的国际争夺 [J]. 卫星与网络，2006 (10)：32.

[12] 程群. 太空安全的"公地悲剧"及其策略 [J]. 社会科学，2009 (12)：12-18.

[13] 何奇松. 太空安全问题及其多边主义博弈 [J]. 现代国际关系，2012 (5)：29-34.

[14] 陶平，王振国，陈小前. 论太空安全 [M]. 北京：国防科技大学出版社，2007.

[15] 何奇松. 太空安全治理的现状、问题与出路 [J]. 国际展望，2014 (6)：119-123.

[16] 罗绍琴. 中国太空外交：历史、现状与挑战 [J]. 中阿科技论坛，2022 (2)：1-5.

[17] 何奇松. 国际太空新秩序与中国的责任 [J]. 世界经济与政治，2016 (8)：104-120.

[18] 刘震鑫，张涛，郭丽红. 太空交通管理问题的认识与思考 [J]. 北京航空航天大学学报（社会科学版），2020 (6)：101-106.

第 2 章
太空交通管理的技术基础

太空交通管理是太空治理的重要组成部分，涉及航天器从发射到离轨的全过程活动，包括空间碎片监测、太空活动监管、太空环境治理等方面。要通过有效的手段，对航天器进入太空、在太空运行、从太空返回的过程以及相关的太空环境实施监控，确保太空资产安全、太空活动安全有序。

2.1 空间碎片监测技术

2.1.1 空间碎片监测系统

从广义上看，空间碎片包括自然的微流星体和人造的空间碎片，但目前所关注的空间碎片主要是人类太空活动所产生的、分别在太空轨道上的、失去功能的人造物体。《IADC空间碎片减缓指南》中提出，空间碎片是指轨道上的或重返大气层的无功能的人造物体，包括其残块和组件。联合国《空间碎片技术报告》明确，空间碎片是指位于地球轨道或重返稠密大气层不能发挥功能并且没有理由指望其能够发挥或继续发挥其初定功能或经核准的任何其他功能的所有人造物体，包括其碎片及部件，不论是否能够查明其拥有者[1]。空间碎片主要包括失效航天器、运载火箭末级、废弃的整流罩等物体以及其相互间碰撞所产生的新的物体，不同尺寸的空间碎片会给太空活动带来不同程度的威胁和损害，尺寸较大的空间碎片撞击航天器后，会破坏航天器的结构，引起单机、部件、系统功能损失失效，严重时甚至会导致航天器解体；微型碎片会造成航天器功能降低或损坏，导致太阳电池局部短路、光学器件和热敏材料性能降低等。

空间碎片监测的主要任务就是利用雷达、光学等探测设备，对太空运行的各类碎片进行探测、跟踪、编目，目的是获取空间碎片的运行轨道和状态信息，为航天器的碰撞预警、轨控避碰等提供信息支持。空间碎片监测是开展太空交通管理的基础能力之一，为确保太空活动的安全，必须发展和提高空间碎片监测技术，提高对空间碎片监测能力。

雷达设备通过无线电频率信号照射物体确定其位置和运动轨迹，且不受云层等气候因素干扰，是监测跟踪应用的可靠手段。用于太空监视的雷达主要包括连续波雷达、反射面天线雷达以及相控阵雷达。反射面天线雷达可对瞬时视野内的目标进行探测和跟踪，跟踪测量精度高，但是单次只能对一个波束内的目标进行跟踪，灵活性较差。相控阵雷达通过相位控制对雷达电子阵列进行扫描，可灵活分配雷达能量资源，同时跟踪多至数百个物体，适应多种应用场景。需要关注的是，在相控阵雷达中，还有一类"电磁篱笆"雷达，采用双/多基地连续波雷达形式，基于多普勒效应无线电干涉仪工作原理，波束通常设计成固定指向的扇面形状，可通过连续发出的雷达信号对所有穿越波束的目标进行探测和定位，有助于大幅提升空间目标编目数量，属于一种目标普查型装备。

光学设备通过收集、感应空间物体反射的光谱，实现对目标物体的探测，典型的光学设备主要有红外、光电、激光等类型。与雷达相比，光学和红外测量系统具有作用距离远、测量精度高、系统造价和维持费用较低等优点，可以有效弥补雷达设备作用距离受限的问题，实现对中高轨道上空间碎片的测量，提供高精度测量数据，能够探测到 GSO 带上约 30 cm、亮度 20 等星的空间物体，可以有效获取空间碎片的分布特征。但光学设备在观测时受气候、可见期条件、天光地影、明亮天体光源、地形等物理障碍制约，尚无法实现全天时、全天候的观测工作。

对于低轨道空间碎片，通常以雷达探测为主、光学探测为辅；对于中高轨道空间碎片，通常以光学探测为主，并辅以雷达或天基测量手段。从编目探测、精密测轨到特性测量，对探测设备的性能要求也不断增加。以美国为例，其低轨目标的编目探测主要由相控阵雷达、光电阵、电磁篱笆等完成，精密测轨由精密跟踪雷达和光电望远镜完成，特性测量由宽带雷达、大口径光学成像设备完成；其中高轨目标的编目探测主要由中高轨望远镜、超远程测量雷达、天基监测卫星完成，精密测轨主要由中高轨望远镜、超远程测量雷达完成，特性测量由天基监测卫星完成，其中雷达设备承担了约99%的低轨目标的探测任务，光学设备承担了约60%中高轨目标和约45%深空目标的探测任务。

各类监测设备获取空间碎片信息后，为了便于对空间碎片进行管理，就需要对探测、跟踪的空间碎片进行编目。编目就是按照一定的标准和规则，对空间碎片进行标记、分类，以数据的形式展示其在空间中运行的特性。美国发布的两行轨道根数（Two-Line Element，TLE）就是一种典型的编目数据，用以表征空间碎片的轨道和特征，包括名称、编号、时间、轨道信息等，其中的编号相当于赋予某一碎片唯一的"身份认证"。此外，在唯一的"身份认证"编号后，还要给出空间碎片的轨道周期、近地点高度、远地点高度、轨道倾角、雷达散射截面积等信息，以便更加丰富立体地勾画空间碎片的特征。当空间碎片被赋予上述信息后，信息形成者可以通过网络平台发布数据，并定期根据检测情况更新数据，以确保信息的精确性，使用者可以下载数据、使用数据，以便掌握空间碎片的分布和运行情况。

2.1.2 典型空间碎片监测系统

近20年来，随着人类太空活动的日益频繁，空间碎片监测系统建设快速发展，美国、俄罗斯、欧盟、加拿大、日本、澳大利亚等国家和组织都建设了相关系统，大力发展空间碎片监测能力。目前，美国空间碎片监测能力处于世界领先水平，已建有HAX、Glodstone、AMO等30余台地基雷达、光学设备，可探测低轨道10 cm尺寸、地球同步轨道1 m尺寸的太空目标，公开的目标定位精度为：低轨道1 km，地球同步轨道10 km；天基探测系统、地球同步太空态势感知项目，已具备地球同步轨道探测能力。太空篱笆S波段大型相控阵雷达（图2-1），采用全数字化收发体制，每个通道的发射接收波束可单独控制，可探测太空目标数量近20万个，能够跟踪尺寸小于10 cm的目标，每日完成150万次的太空目标探测、跟踪和编目任务。地基光电深空监视系统主要用于观测运动速度相对较慢的高轨太空目标，可对37 800 km高度、8 cm大小的目标进行探测，位置确定精度可达米级，系统可覆盖地球同步轨道，在气象条件较好的情况下每日可工作 16 小时，提供近 80% 地球同步轨道目标的信息（图 2-2）[2-4]。此外，美国还与澳大利亚、加拿大、新西兰、英国等国共享空间碎片监测数据和设备设施，并与商业公司签订协议，引入商用数据提升空间碎片监测能力。

图 2-1 夸贾林环礁的太空篱笆 S 波段大型相控雷达

图 2-2 空间监视系统

俄罗斯在境内及附近地区部署了窗口光电空间监视系统、树冠激光雷达空间监视系统、沃罗涅日预警雷达系统等空间碎片监测设备，可对过顶俄罗斯境内、周边地区及北极地区的空间碎片进行探测，窗口光电空间监视系统可监测轨道高度 2 000~40 000 km 的任何空间目标；树冠激光雷达空间监视系统可用于探测位于多种轨道的航天器；沃罗涅日预警雷达系统采用两维相扫体制，最大探测距离可达 10 000 km，并能同时追踪 500 个目标（图 2-3）。俄罗斯地基雷达可实现俄罗斯周边和莫斯科周围的双重覆盖，最大探测距离达 6 000 km；地基光电系统可探测 200~40 000 km 的空间目标；空间监视综合网每天能产生约 5 万条观测数据，维持约 8 500 个空间编目信息[5-6]。俄罗斯空间碎片监测系统除了可获取空间目标的位置和星历数据，还可对空间碎片的尺寸和状态等特征参数进行测量。

图 2-3　沃罗涅日预警雷达系统

欧洲多国也发展了各自的空间碎片监测系统。英国的主要装备包括菲林戴尔雷达、奇尔波顿先进卫星跟踪雷达、被动成像测量传感器望远镜、斯塔布鲁克望远镜等；法国的主要装备包括空间探测用大型雷达阵列系统、SATAM 雷达、天空观测试验系统望远镜、塔罗望远镜系统等，可观测直径大于 1 cm 的碎片；德国的主要装备包括跟踪与成像雷达系统、威尔海姆地面站跟踪雷达、德国实验监视与跟踪雷达系统、空间监视望远镜等，可观测直径大于 2 cm 的碎片；西班牙的主要装备包括 S3T 监视雷达、法布拉-皇家天文台望远镜、琼·奥罗望远镜等；意大利的主要装备有 RAT-31 固定/可部署防空系统雷达、双基地雷达、低轨跟踪双基地雷达、PdM-MITE 望远镜等。此外，欧洲在欧空局"太空态势感知"项目与欧盟"空间监视与跟踪"项目推进下，大力提升其空间碎片监测能力。

加拿大通过"加拿大空间监视系统""高地球轨道空间监视""近地轨道监视卫星"等项目发展本国空间碎片监测能力，并与美国合作紧密，通过数据共享实现能力提升。日本宇宙航空研究开发机构投资建设了光学望远镜、监视雷达以及用于轨道信息的分析系统，地面雷达监测范围从 200 km 至 1 000 km，最多可同时观测 30 个目标；光学传感器监测范围可达 36 000 km；数据分析系统可管理 100 000 个空间目标，每日观测数据量为 10 000 条并具备自动处理能力。澳大利亚目前主要依赖于美国空间监视网数据开展空间碎片监测，并同美国合作建设了 C 波段空间监视雷达和空间监视望远镜，后续计划开展激光测距光学跟踪、无源雷达、超视距高频雷达、天基空间监视等系统建设，发展本国空间碎片监测能力。

2.2 太空活动监管技术

太空活动监管技术是太空交通管理的重要技术支撑，涉及航天器、空间物体轨道、航天器发射与返回、航天器在轨管理等多项内容，共同构成太空交通管理的技术和实践基础。

2.2.1 航天器

航天器（Spacecraft）是指运行在太空中，按照轨道动力学规律运动的各种飞行器。太空交通管理的大量工作都是围绕航天器开展的，其核心目标就是要确保航天器的安全运行，确保太空环境的长期可持续。

1. 航天器的组成

航天器是由多种仪器、设备、系统组成的复杂整体，根据功能特点，通常分为平台系统和载荷系统两部分。

平台系统是保障航天器正常工作的基础,根据功能可分为控制、推进、测控、热控、能源、结构、数据管理等分系统。控制分系统完成航天器轨道和姿态控制,一般会根据数据传输需求、星地天线指向、变轨机动、太阳能帆板(图2-4)、机动范围、机动时效等设计指标;推进分系统为航天器轨道机动、姿态控制提供动力,变轨时可用作姿态调整和轨道机动,正常情况下用作姿态保持和轨道保持;测控分系统主要完成航天器的测角、测距、测速,接收航天器遥测信息掌握航天器运行状态,为航天器能源、轨道、姿态、状态等控制需求提供遥控通道;热控分系统通过航天器内部和外部热交换过程,完成航天器温度控制和热量转化,确保航天器各分系统环境温度都处于设计要求的范围之内;能源分系统主要通过物理或化学变化,将光能、核能、化学能等转换为电能,完成航天器能源产生、储存、调节、控制和分配,是航天器全寿命过程中的基础保障;结构分系统为航天器提供支承、承载以及各分系统的安装支承,承受地面运输、火箭发射、在轨运行的振动、过载、冲击、噪声等影响,保持航天器整体稳定;数据管理分系统负责航天器遥测、遥控、程控、时间基准、内务、姿态轨道控制等的运行管理任务[7-9]。

图2-4 航天员为国际空间站更换太阳能帆板

载荷部分是完成航天器正常工作所必需的设备，载荷类型由其所担负的在轨任务而决定，典型的载荷有遥感载荷、通信载荷、导航载荷等。

2. 航天器的分类

根据运行特点的不同，航天器可以分为无人航天器和载人航天器。无人航天器可按照预设的程序或经地面控制在轨完成指定的空间任务，通常包括人造地球卫星和空间探测器；载人航天器是由人驾驶或乘坐的执行太空飞行任务的航天器，主要包括载人飞船、航天飞机、空间站等。

人造地球卫星是指环绕地球飞行，在空间轨道运行一圈以上的无人航天器，人造地球卫星发射数量多、应用范围广、发展速度快。按照其任务和用途，人造地球卫星又可以进一步细分为遥感卫星、通信卫星、导航卫星、气象卫星、资源卫星、试验卫星等。遥感卫星通常搭载光电遥感器、雷达或无线电接收机等设备，可以从轨道上实施目标发现、识别、跟踪和监视，获取目标位置、大小、形态、活动等信息；通信卫星装有各类通信转发器，可用作无线电波发射或转发通信中继，实现其覆盖区域内陆、海、空、天各节点电视、广播、电话、电报信号的转发（图2-5）；导航卫星可连续发射无线电信号，为全球及近地空间内用户同时提供高精度、全天候、全天时、连续实时的三维定位、三维测速和时间基准服务；气象卫星搭载有气象遥感器、电视摄像机、扫描辐射计等设备，可拍摄全球云图，记录云层和大气在各个波段的辐射强度，得到云顶高度、大气温湿度、海面温度等数据信息（图2-6）；资源卫星通过地面物体辐射或反射的多种波段电磁波信息，勘测和研究地球自然资源，为农作物普查、地层结构探测、自然灾害预报等提供数据支撑。空间探测器，又称深空探测器，是指对月球及月球以远的天体和空间进行探测的无人航天器，目前人类已发射了包括月球、火星、金星、土星、木星等在内的多个探测器，其中月球、火星探测较为频繁[10]。

载人飞船是搭载航天员在太空中生活、工作并可以返回地面的航天器，其体积容量相对较小，不会长期滞留太空，在轨运行时间较为有限。航天飞机是一种垂直起飞、水平着陆的可重复使用的有翼式载人航天器，可完成卫星部署、卫星维修、卫星回收、天地运输、太空实验等任务。航天飞机综合了火箭、飞机、飞船等功能点，通过火箭发射入轨，完成在轨任务后再进入大气层着陆地面。空间

图 2–5 诺·格公司的 ESPAStar – HP 通信卫星

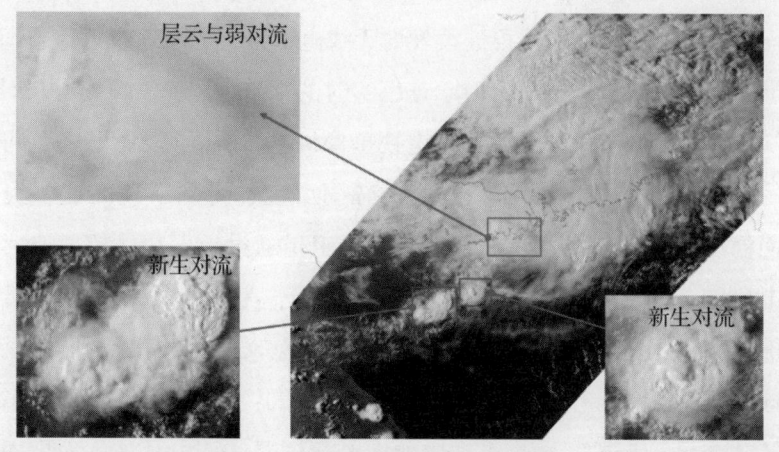

图 2–6 风雨三号卫星中分辨率光谱成像仪获取的中国东南沿海伪彩色合成图

站是一种可长期驻留太空轨道,为航天员提供工作和居住条件、具有一定科学技术试验能力或生产能力的大型载人航天器。空间站在轨运行期间,可以通过航天飞机、载人飞船、货运飞船等运输载具,进行人员更替、设备更换和后勤补给,以保证长期在轨运行能力,是太空领域最先进、最复杂、最全面的航天器。目前在轨运行的空间站有国际空间站(图 2–7)和中国空间站。

图 2-7　国际空间站

2.2.2　航天器轨道

1. 航天器轨道形成

轨道是指航天器在太空中运行时质心运动的轨迹，通常将物体围绕地心运动大于一圈的轨迹称为轨道，将物体进入太空的轨迹称为弹道。轨道就如同航天器在太空中的"跑道"，运载火箭将航天器送入太空后，航天器将沿着"跑道"围绕行星或其他天体运动，形成航天器在太空中长时间运行的轨迹。与飞机、舰船的航迹相似，轨道决定了航天器位置与时间的关系。

航天器轨道运动最基本的形式就是航天器在万有引力作用下绕中心天体的运动，在一定情况下可简化为二体问题。航天器进入预定轨道后，将按照开普勒轨道做惯性运动，无须动力运行，形成固定运行的轨道。但在实际运行过程中，航天器受到大气阻力、地球形状不规则引力、日月行星等自然天体引力、太阳辐射压力等摄动力影响，轨道产生变化，这种情况则可定义为多体问题。开展太空交通管理，需要通过观测数据和预报计算，较为精确地估算出各类太空目标的运动轨道及其变化规律，即确定太空目标何时会出现在何处。可以说，轨道是开展一切太空活动的基础，是太空交通管理的基本约束。太空目标轨道的确定与预报能力，是开展太空交通管理的必备条件和重中之重[11-12]。

2. 航天器轨道描述

航天器的轨道可以用多种方式进行描述,其中使用最为广泛的就是轨道根数和空间的位置速度。

轨道根数主要用半长轴 a、偏心率 e、轨道倾角 i、升交点赤经 Ω、近地点幅角 ω、过近地点时刻 τ(或平近点角 M_0)六个要素描述轨道。在经典轨道六根数中,半长轴用以描述轨道的大小,偏心率用以描述轨道的形状,轨道倾角、升交点赤经用以描述轨道的方位,近地点幅角用以描述轨道平面内的方位,真近点角用以描述航天器在轨道上的位置(表2-1)。这里需要注意的是,航天器的轨道描述还与时间基准、参考坐标系有密切关系,受篇幅限制,本书不再展开,有兴趣的读者可以参阅国内外有关文献了解相关概念。

表2-1 经典轨道六根数

序号	轨道根数	定义
1	半长轴 a	半长轴是航天器椭圆轨道的一半,与航天器的轨道周期有对应关系
2	偏心率 e	偏心率是航天器椭圆轨道两焦点之间的距离与长轴的比值。当偏心率为0时,轨道为圆形;偏心率在0~1时,轨道为椭圆形,且偏心率越大,椭圆的形状越扁;偏心率为1时,轨道为抛物线;偏心率大于1时,轨道为双曲线
3	轨道倾角 i	轨道倾角是轨道平面和地球赤道平面之间的夹角。倾角小于90°为顺行轨道,大于90°为逆行轨道,等于0°为赤道轨道,等于90°为极轨道
4	升交点赤经 Ω	升交点赤经是春分点和轨道升交点对地心的张角。航天器从南半球到北半球的运行轨迹与赤道的交点为升交点,以春分点为起始点,沿赤道向东到升交点之间的角度即升交点赤经
5	近地点幅角 ω	近地点幅角是沿着航天器轨道由近地点与升交点相对地心之间的张角
6	过近地点时刻 τ	过近地点时刻是航天器经过轨道近地点的时刻

位置速度主要用空间位置 x、y、z 和空间速度 $\dot{x}$、$\dot{y}$、$\dot{z}$ 六个要素描述轨道。上述两种方式应用较为广泛，且可以进行转换。

（1）轨道根数转换为位置速度。利用轨道根数 a、e、i、Ω、ω、τ 计算 t 时刻的位置 x、y、z 和速度 $\dot{x}$、$\dot{y}$、$\dot{z}$。

①利用开普勒方程 $n(t-\tau)=E-e\sin E$，计算 t 时刻的偏近点角 E，其中 n 是平均角速度；

由公式 $\tan\dfrac{f}{2}=\sqrt{\dfrac{1+e}{1-e}}\tan\dfrac{E}{2}$，计算真近点角 f；

由公式 $r=\dfrac{a(1-e)}{1+e\cos f}$，计算地心距 r；

由 $u=\omega+f$，计算纬度幅角，该角度是轨道平面内由轨道升交点到航天器当前位置的角度；

利用球面三角形公式计算 x、y、z：

$$\begin{cases} x=r(\cos\Omega\cos u-\sin\Omega\sin u\sin i)\\ y=r(\sin\Omega\cos u+\cos\Omega\sin u\cos i)\\ z=r\sin i\sin u \end{cases}$$

②由活力公式 $\dfrac{1}{2}v^2-\dfrac{\mu}{r}=-\dfrac{\mu}{2a}$，计算 t 时刻卫星的速度大小；

由面积积分公式 $r\times v\times h$ 得出：

$$rv\sin\theta=h=\sqrt{\mu a(1-e^2)}$$

计算位置矢量与速度矢量的夹角 θ，进而计算速度方向与升交点方向的夹角 $u'=u+\theta$；

利用球面三角形公式，计算速度分量：

$$\begin{cases} v_x=v(\cos\Omega\cos u'-\sin\Omega\sin u'\cos i)\\ v_y=v(\sin\Omega\cos u'+\cos\Omega\sin u'\cos i)\\ v_z=v\sin i\sin u' \end{cases}$$

经上述推导，得到由轨道根数计算的空间位置速度。

（2）空间位置速度转换为轨道根数。利用 t 时刻的位置 x、y、z 和速度 $\dot{x}$、$\dot{y}$、$\dot{z}$ 计算轨道根数 a、e、i、Ω、ω、τ。

由 x、y、z、$\dot{x}$、$\dot{y}$、$\dot{z}$，计算航天器的矢径 r 和速度 v：

$$r = \sqrt{x^2 + y^2 + z^2}$$

$$v = \sqrt{\dot{x}^2 + \dot{y}^2 + \dot{z}^2}$$

①利用活力公式，计算轨道半长轴 a：

$$v^2 = \mu\left(\frac{2}{r} - \frac{1}{a}\right)$$

$$a = \frac{\mu r}{2\mu - rv^2}$$

②利用面积积分公式，计算轨道偏心率 e：

$$\boldsymbol{h} = \boldsymbol{r} \times \boldsymbol{v} = \begin{vmatrix} i & j & k \\ x & y & z \\ \dot{x} & \dot{y} & \dot{z} \end{vmatrix}$$

取模得：

$$h = \sqrt{\mu(1-e^2)a}$$

得到轨道偏心率：

$$e = \sqrt{1 - \frac{h^2}{\mu a}}$$

③轨道倾角为轨道平面正法向与地球北极方向的夹角，可用公式：

$$\boldsymbol{h} \cdot \boldsymbol{z}_0 = hz_0 \cos i = h\cos i$$

$$\boldsymbol{h} \cdot \boldsymbol{z}_0 = h_x \times 0 + h_y \times 0 + h_z \times 1$$

$$h_z = h\cos i$$

$$\cos i = \frac{h_z}{h}$$

得到轨道倾角：

$$i = \arccos \frac{h_z}{h}$$

④升交点矢量 $\boldsymbol{n}$ 为：

$$\boldsymbol{n} = \boldsymbol{z}_0 \times \boldsymbol{h} = \begin{vmatrix} i & j & k \\ 0 & 0 & 1 \\ h_x & h_y & h_z \end{vmatrix} = h_y i - h_x j$$

升交点赤经 Ω 为升交点矢量 $\boldsymbol{n}$ 与春分点方向的交角，即与 x 轴方向的夹角：

$$\begin{cases} \boldsymbol{n} \cdot x_0 = n\cos\Omega \\ \boldsymbol{n} \cdot x_0 = h_y \end{cases}$$

$$\tan\Omega = \frac{h_x}{-h_y}$$

得到升交点赤经：

$$\Omega = \arctan\frac{h_x}{-h_y}$$

⑤利用公式 $r = a(1 - e\cos E)$，计算偏近点角 E：

$$E = \arccos\left(\frac{1}{e} - \frac{r}{ae}\right)$$

根据开普勒方程计算平近点角：

$$M_0 = E - e\sin E$$

由 $n(t - \tau) = E - e\sin E$，计算近地点时刻：

$$\tau = t - \sqrt{\frac{a^3}{\mu}}(E - e\sin E)$$

⑥已知纬度幅角 u 为升交点矢量 $\boldsymbol{n}$ 与 $\boldsymbol{r}$ 的夹角，即：

$$\sin u = \frac{|\boldsymbol{n} \times \boldsymbol{r}|}{nr}$$

根据 $\tan\frac{f}{2} = \sqrt{\frac{1+e}{1-e}}\tan\frac{E}{2}$，计算真近点角：

$$f = 2\arctan\left(\sqrt{\frac{1+e}{1-e}}\tan\frac{E}{2}\right)$$

$$\omega = u - f$$

则近地点幅角：

$$\omega = u - 2\arctan\left(\sqrt{\frac{1+e}{1-e}}\tan\frac{E}{2}\right)$$

3. 航天器轨道特性

按照轨道的形状、轨道的高度、轨道的倾角等不同特性，可以将航天器的轨道分为不同类型。从轨道形状来看，可分为圆轨道（$e=0$）、椭圆轨道（$0<e<1$）、抛物线轨道（$e=1$）、双曲线轨道（$e>1$）；从轨道高度来看，可以分为近地轨道（300 km < h < 2 000 km）、中轨道（10 000 km < h < 20 000 km）、高轨道（h > 20 000 km）、地球同步轨道（h = 36 000 km）；从轨道倾角来看，可以分为赤道轨道（i = 0°或 i = 180°）、极轨道（i = 90°）、顺行轨道（0° < i < 90°）、逆行轨道（90° < i < 180°）。

在实际应用过程中，典型的轨道包括太阳同步轨道、回归轨道、地球同步轨道、闪电轨道、极轨道等。

太阳同步轨道是轨道东进方向与地球公转方向大致相同、东进角速度和太阳在黄道上运动的平均角速度相等、航天器轨道平面与太阳光线夹角不变的轨道，该轨道保证了太阳的光照条件基本不变，使航天器每天在相同的地方时经过世界各地。

回归轨道是指星下点轨迹周期性重复的航天器轨道。星下点轨迹的重复周期被称为回归周期。回归轨道上的航天器以固定周期为间隔，不断重新经过地球上空，对可见区域进行周期性观测，以发现一段时间内观测区域的变化。

地球同步轨道是轨道运行周期与地球自转周期相同的航天器轨道，其星下点轨迹为一条封闭曲线，在该轨道上运行的航天器在每天的相同时刻出现在相同方位。

闪电轨道的轨道倾角为 63.4°，近地点幅角为 −90°，轨道周期为半个恒星日，远地点高度约 40 000 km，轨道具有冻结轨道特性，可利用大椭圆轨道远地点运动速度慢的特点，在南半球或北半球长时间滞空运动。

极轨道也称极地轨道，是倾角为 90°的航天器轨道。运行在极轨道上的航天器，每圈都可以经过地球两极上空，星下点轨迹可以覆盖整个地球。

2.2.3 航天器发射与返回

进入太空和返回地面是太空活动的重要步骤，而确保航天器安全发射与回收也成为太空交通管理的重要工作之一。随着人类太空活动的日益频繁，年度航天器发射数量也日益增加，自 2018 年突破百次后，常态保持高位运行，2023 年达到了 223 次，频繁的航天器发射活动给太空交通管理带来了新的挑战。

1. 航天器发射

航天器发射是开展一切太空活动的基础。目前，航天器发射最主要的运载工具仍是运载火箭。运载火箭通常由多级火箭组成,以火箭发动机为动力,由控制系统控制其按预定轨道飞行,将航天器送至预定轨道。运载火箭可分为液体运载火箭和固体运载火箭,液体运载火箭以液体发动机为动力装置,通常以液氧-煤油或液氧-液氢为推进剂,具有比冲高、工作时间长、推力可调节的特点;固体运载火箭以固体发动机为动力装置,以固态物质为推进剂,发动机结构简单,燃料便于储存和运输,安全性较高,可摆脱固定发射工位实施无依托发射;此外,部分运载火箭采用液体和固体燃料混合使用的方式,兼顾液体运载火箭和固体运载火箭特性。全球主要发射场情况如表2-2所示。

表2-2 全球主要发射场情况

序号	国家	发射场名称
1	美国	卡纳维拉尔角太空站
2		肯尼迪航天中心
3		范登堡空军基地
4		沃洛普斯岛
5		科迪亚克航天器发射场
6	俄罗斯	普列谢茨克航天器发射场
7		卡普斯金亚尔
8		拜科努尔航天器发射场
9		东方航天器发射场
10	欧洲(法国)	圭亚那航天中心
11	中国	酒泉卫星发射中心
12		太原卫星发射中心
13		西昌卫星发射中心
14		文昌卫星发射中心
15		东方海上发射场
16	日本	内之浦航天中心
17		种子岛航天中心

续表

序号	国家	发射场名称
18	印度	斯里哈里科航空航天中心
19	澳大利亚	伍默拉发射场
20	巴西	阿尔坎塔拉发射中心
21	以色列	帕尔马西姆空军基地
22	伊朗	伊玛目霍梅尼航天中心
23	朝鲜	西海卫星发射场

航天器的发射窗口是指在一定的时间内，在指定的发射点将航天器送入轨道的日期、时刻和时间范围。通常运载火箭在发射过程中不做横向机动飞行，不会改变发射弹道平面，因此发射窗口对航天器发射有着很强约束，发射位置的地理纬度 φ、经度 λ、火箭发射方位角 A 和发射时刻 t，决定航天器进入太空的空间位置，并对后续推进剂消耗和在轨寿命有着重要影响。如在赤道上发射顺行轨道航天器，当轨道倾角为 0°时，可利用地球自转产生 465 m/s 的速度，约占 7.9 km/s 的 5%，可极大节省火箭燃料，而随着发射点纬度的增加，地球自转而带来的线速度逐渐减少，到 60°纬度时将减少近一半[13-14]。

发射方位角 A 是从发射位置正北开始向东度量的角度，它决定了运载火箭的弹道平面，基本决定了航天器轨道平面的方向。在实际应用过程中，航天器可以选择以方位角 A 进行升轨发射，或以方位角 180° $- A$ 进行降轨发射。发射方位角 A 与航天器轨道倾角 i 直接相关，当 $A = 90°$时，即正东方向发射，则轨道倾角 i 等于发射位置的地理纬度 φ；当 $A \neq 90°$时，则轨道倾角 i 大于发射位置的地理纬度 φ；如需要轨道倾角 $i = 90°$时，则可选择 $A = 0°$或 $A = 180°$，即向正北升轨发射或向正南降轨发射。

航天器轨道倾角 i 可以确定发射方位角，而航天器轨道升交点赤经 Ω 主要由发射时刻所确定。在发射时刻，发射位置在子午线的赤经相对轨道升交点赤经 Ω 的增量为 $\Delta\Omega_D$ 可表示为：

$$\Delta\Omega_D = \arcsin\left(\frac{\tan\varphi}{\tan i}\right)$$

为满足航天器轨道升交点赤经要求,在不考虑地球自转的情况下,可确定发射位置相对春分点的恒星时角 α_L:

$$\alpha_L = \Omega + \Delta\Omega_D$$

在实际计算过程中,还需考虑地球自转,地球 24 小时自转 360°,即每小时 15°,以及从发射时刻到航天器进入轨道所需的时间 t_A,即运载火箭的飞行时间。以升轨发射为例,发射位置的发射时刻世界时 t_G 为:

$$t_G = \frac{1}{15}\left[\Omega + \arcsin\left(\frac{\tan\varphi}{\tan i}\right) - (\alpha_G + \lambda)\right] - \frac{1}{60}t_A$$

2. 航天器返回

航天器返回是航天器从太空运行轨道返回并着陆到地球表面的过程,通常可分为离轨段、过渡段、再入段和着陆段四个阶段。离轨段是航天器在返回制动或返回控制装置开始工作至结束工作的阶段,航天器离开原来运行的轨道,进入最终引向地面的轨道;过渡段是返回制动或返回控制装置结束工作后,直至航天器进入地球大气层前的运行阶段,通常这一阶段可进行轨道修正,确保航天器准确进入再入阶段;再入段是航天器进入大气层运行的阶段,该阶段外部环境处于高热强过载环境;着陆段是航天器离开大气层,直至安全降落在地面表面的轨道。与非返回式航天器相比,返回式航天器的任务过程多了一个返回阶段,技术要求难度较大,任务过程更加复杂。从返回轨道角度来看,返回航天器大体上可以分为弹道式、弹道-升力式、升力式等三种类型。

弹道式返回航天器进入大气层后,对大气层产生的升力不加以利用和控制,航天器沿着持续下降轨道运行直至返回地面。这类航天器确认离轨后,返回轨道无法进行调整,导致返回轨道偏差、离轨点位置偏差、制动姿态偏差、制动速度偏差、大气参数偏差等都会影响航天器着陆点位置,且弹道式返回航天器着陆为垂直着陆,冲击过载大。由于弹道式返回航天器不实施升力控制,经历的返回时间和航程较短,过程中产生的气动热量也较小,使结构和防热设计更为简易,因此成为最先发展的一类返回式航天器。

弹道-升力式返回航天器是在弹道式航天器的基础上,使航天器进入大气层后产生一定的攻角,通过姿态控制改变升力方向,调整再入轨道沿着较为平缓轨迹返回。弹道-升力式航天器在保持弹道式航天器气动外形和防热处理简单等特点的基础上，适当利用升力调整航向和侧向运动，降低减速过载、减少落点散布，实现了着陆点的控制，但也在一定程度上增加了航天器通过大气层的时间和航程。同时，弹道-升力式航天器产生的升力较小，不具备航天器水平着陆的条件，因此该类航天器仍旧采用垂直降落方式着陆。

升力式返回航天器是控制方式更为复杂的航天器，通过控制升力调整轨道机动飞行能力，使航天器在着陆段以水平方式着陆，通常升阻比都大于1，即返回过程中升力大于阻力。升力式返回航天器进入大气层后，经历的返回时间和航程进一步延长，热流密度峰值和最大减速过载进一步减小，但总的加热热量增大、加热时间延长，使航天器的气动外形和防热处理更加复杂，进一步提升了航天器研发难度，加之升力式返回航天器通常采用可重复使用理念设计，因此多采用翼身组合的外形。

2.2.4 航天器在轨管理

太空交通管理系统本质上是一套协调空间物体运行的体系，协调对象是太空活动的操控者，而协调结果的执行，依然需要具体测控系统和技术条件的支撑，这一支撑系统构成了航天器在轨管理系统。例如，对于一次具体的航天器碰撞预警事件的协调，太空交通管理系统负责协调航天器之间的相对位置，而卫星规避控制的具体操作过程，则需要在轨管理系统的支持。太空交通管理系统与航天器在轨管理系统的关系，可以类比于道路交通管理系统。太空交通管理系统相当于道路交通指挥系统或交通警察，而在轨管理系统相当于驾驶系统或驾驶人员，交警的交通协调行为需要依托每一个驾驶人员或驾驶系统来具体执行。因此，航天器在轨管理系统在太空交通管理系统中承担着具体执行者的重要角色。

1. 航天器在轨活动

航天器进入太空后，需要按照设计要求，在预定的轨道上运行，以完成其预定任务。为精确操控航天器完成在轨任务，地面需要确定航天器在太空中的位置和速度，掌握航天器在太空中的运动规律；了解航天器在太空中的运行状态，确定航天器的工况是否正常，当状态异常时，分析产生异常的原因；根据实际需要发送控制命令，改变航天器的运动规律和工作状态。航天器进入太空轨道后，会受到大气阻力、地球形状不规则引力、日月行星等自然天体引力、太阳辐射压力等摄动力的综合影响，精确地计算航天器的运动轨迹，是实施一切航天器在轨活动的基础，在具体应用过程中，可以利用航天器动力系统产生的推力或空气动力、太阳光压力等环境力改变航天器飞行轨道，以确保航天器能够运行在预定轨道上开展在轨活动。较为典型的航天器在轨活动包括轨道维持、轨道机动、碰撞规避、共位管理、离轨钝化等。

（1）轨道维持。轨道维持是指为保证航天器的实际运行轨道与设计标准轨道的偏差在合理范围内，对航天器实施的轨道控制。受太空环境影响，在不干预的情况下，航天器的实际运行轨道将随着时间的推移逐渐偏离，因此需要利用航天器的动力系统，调整航天器运行位置和速度，以确保其运行在设计轨道上。例如GSO航天器会向南北方向或东西方向漂移，南北方向受日月引力、地球扁率等影响，对航天器轨道倾角产生影响，东西方向受地球非球形摄动、太阳辐射压力等影响，对航天器经度和偏心率产生影响，为维持GSO航天器轨道位置，通常以航天器定点经度为中心，在南北向和东西向一定范围内，对航天器实施南北方向或东西方向的控制，以确保航天器轨道与地面的相对位置保持不变。此外，太空环境异常也会给航天器轨道维持带来巨大影响。例如太阳活动所释放的高能粒子将大量能量传递给近地空间的稀薄大气分子，促使分析运动加剧，从而导致近地轨道航天器在飞行过程中的阻力增大，轨道高度逐渐下降，极端情况下会导致航天器不受控陨落。

（2）轨道机动。轨道机动是指控制航天器由一条轨道转移到另一条轨道的过程，其中，航天器原运行轨道可以称为初始轨道，到达轨道可以称为目标轨道，而初始轨道与目标轨道之间的轨道则可以称为转移轨道。通常航天器进入太空后，都需要实施轨道机动，以到达其目标轨道。在交会对接、星际探测、高轨航天器轨道转移及定点等太空活动中，航天器所运行的轨道都是由多段轨道拼接而成的，而为了完成这个任务，就需要进行数次轨道机动以实现预定目标。实现轨道机动一般需要经过多次轨道控制，每次轨道控制所需的控制力大小、方向，会受到轨道动力学、动力系统能力与燃料、航天器姿态等因素的限制，需要综合考虑确定轨道机动策略。

GSO航天器发射时，综合考虑运载能力和轨道位置，通常会选择间接入轨的方式，运载器将航天器送到近地点高度数百公里、远地点高度与GSO接近的大椭圆轨道上，然后经过数次远地点轨道控制，实现航天器轨道机动，最终进入地球同步轨道。在交会对接任务中，也需要进行多次轨道机动，以便使两个航天器实现太空组合。2011年，"神舟八号"经过5次轨道机动，进入"天宫一号"所在轨道，实现了轨道交会对接。在"嫦娥任务"中，探测器发射后实施多次轨道机动，经过地球轨道、地月转移轨道、月球捕获轨道等多次、多条轨道，最终进入月球轨道。

（3）碰撞规避。碰撞规避是指控制航天器规避来自其他航天器、火箭残骸、空间碎片等太空目标带来的碰撞风险的过程。随着太空活动的频繁加剧，各类航天器、火箭残骸、空间碎片的数量快速增加，各类太空目标相互间发生碰撞的概率也在不断加大。特别是空间碎片，在轨运行期间处于不受控状态，以较高速度运行，一旦与航天器发生碰撞，就会对航天器的结构造成损伤破坏，影响航天器在轨正常运行。因此，探测识别空间碎片的碰撞风险，针对性实施航天器轨道控制，规避空间碎片带来的碰撞风险，已成为太空活动常态化工作之一。北美防空司令部（NORAD, North American Aerospace Defense Command）就利用其监测网络，对太空中的目标进行跟踪、识别、编目，并定期公开发布两行根数（TLE, Two–Line Element）。除了大量的空间碎片，民用航天、商业航天的快速发展，催生了大量低成本航天器的研制和发射，这些航天器多采用星座部署模式，数量规模较大，会增加碰撞概率；安全性、可靠性设计相对较弱，轨道控制能力弱，一旦出现故障，容易失管失控，带来碰撞风险，出现碰撞风险后规避能力不足的情况，进一步加剧了太空碰撞的风险。例如"星链"卫星已多次近距离接近太空其他航天器，迫使被接近目标实施碰撞规避，给太空活动安全带来了新的风险隐患。

（4）共位管理。共位管理是指在GSO上，数颗卫星在同一赤道经度上运行，通过轨道控制，使各卫星的运行轨道既能满足在轨应用要求，又能实现空间隔离，防止发生碰撞和干扰。GSO具有显著的高位优势，轨道资源最为紧张，已基本趋于饱和。因此在实际使用过程中，多星共位已经成为GSO卫星部署运行的典型模式。航天器共位控制的基本策略通常包括经度隔离策略、偏心率隔离策略、偏心率与倾角联合隔离策略。经度隔离策略是指通过保持共位航天器间的经度差，达到产生航天器安全距离的目的。该策略适用于共位航天器数量较少的情形。偏心率隔离策略是指通过保持共位航天器间的偏心率,达到产生航天器安全距离的目的。该策略可分为绝对偏心率隔离和相对偏心率隔离,绝对偏心率隔离适用于共位航天器无严格东西日周期振荡要求的共位控制,相对偏心率隔离适用于东西向控制精度基本相同的航天器共位控制。偏心率与倾角联合隔离策略是指通过保持共位航天器间的偏心率和倾角偏置关系,达到保持航天器安全距离的目的。该策略适用于航天器倾角不要求同步控制的共位控制。在具体实施工程中,各航天器属主应根据轨道定位精度,依据航天器运行管理要求、空间安全距离要求、ITU 轨道轨位分配、航天器定点维持精度要求,协商设计共位航天器的轨道约束关系,使共位航天器在太空中形成相对隔离距离,并利用 GSO 航天器东西向、南北向进行轨道维持的时机,控制共位航天器在整个生命周期内满足轨道约束,确保在同一赤道经度上运行的各航天器安全运行。

(5) 离轨钝化。离轨钝化是指在航天器寿命末期,按照国际要求或国际惯例,控制航天器离开工作运行轨道。按照 IADC 的要求,低轨道航天器失效后 25 年内必须离轨,以减少太空碎片的数量。根据运行轨道的不同,航天器寿命到期后的处理方式也不尽相同。对于低轨道航天器,通过控制航天器轨道,使其返回地球。在进入地球的过程中,航天器在大气层剧烈摩擦产生高温,使航天器燃烧损毁,通常会选择太平洋南侧的尼莫点为坠毁点,中国"天宫一号""天宫二号"也选择了在此坠毁。对于中高轨道航天器,通常控制航天器进入其他不使用的轨道,远离正常运行的航天器。按照要求会选择地球同步轨道上方 300 km 的轨道,该轨道也被称作"坟墓轨道"。为减少航天器离轨后带来连带或次生危害,通常应该采取排空或燃尽推进剂、电池放空电量、释放舱内压力等钝化措施,消除或断绝因航天器发生解体而给地面和其他航天器带来的安全风险。离轨控制已成为当前航天器达到寿命后处置的通用模式。2023 年 5 月,在轨运行 30 余年的俄罗斯卫星"Kosmos – 2222"离轨,由新西兰南部再入大气层并完成烧毁;2024 年 2 月,太空探索公司发布了一份声明,表示"由于担心星链卫星可能在轨道上发生故障而无法再进行机动,计划对 100 颗早期版本的卫星进行受控下降",脱离轨道的卫星将在 6 个月内逐渐降低轨道,在轨道降低的过程中将保持机动和避碰能力。2024 年 3 月,中国 2008 年发射的"风云二号"E 星以多批次小量控制的方式,将航天器送入了"坟墓轨道"。

2. 航天器在轨管理技术

航天器构成复杂、集成度高，且运行在距离地面数百千米乃至数万千米的太空轨道上，太空环境变化和自身性能功能状态都会影响到航天器的正常运行，诱发在轨异常故障。据不完全统计，航天器在轨发生故障的概率高达85%以上，未达寿命的航天器占比约45%。除了因太空环境变化和自身设计缺陷诱发的异常故障，航天器在轨运行期间还会受到其他太空物体的威胁，带来在轨运行安全风险。

为完成航天器在轨管理任务，地面要配套建立相应的跟踪、测量、监视、控制以及天地话音图像传输的综合性系统，与航天器共同构成一个闭环链路，完成航天器在轨管理工作。1961年，美国为实施水星号载人飞船任务，在全球建立了16个跟踪站，其中14个站部署了雷达测量设备，15个站部署了遥测接收设备，6个站部署了遥控控制设备，14个站部署了对载人飞船的通信系统，各站均部署了时间统一系统，并通过与天文台发播的时间信号进行比对统一。

受地球曲率影响，地面部署的单个测控设备对航天器的跟踪覆盖范围有限；为了实现对航天器的长时间跟踪，需要在地面多点部署测控设备，以接力跟踪的方式完成测控任务。随着航天器数量和类型的增多，为满足不同航天器的在轨管理需求，逐步由控制中心和各种测控设备通过通信网络互联而形成航天器管理网络。

控制中心是航天器在轨管理的核心控制机构，其任务是调度和控制天地基测控设备，接收、处理和分发各种测量数据，计算确定轨道参数，监视航天器的轨道、姿态以及设备的工作状态，发送控制指令，发布轨道预报等。控制中心通常由数据处理系统、应用软件系统、通信系统、监控显示系统和时间统一系统等组成。数据处理系统由大量高速计算机服务器和配套软件组成，可以实时处理或事后处理由各测控设备汇集来的各类测量数据，并按照要求向各方向转发原始或处理后的数据。应用软件系统包括遥测遥控、计算分析、状态监视、运行管理等各类应用软件，用以完成在轨航天器管理任务。通信系统是连接控制中心与各测控设备的光纤、短波、卫星通信等联通手段，为控制中心和各方向的通信联络和数据传输提供平台。监控显示系统由各种监控台、屏幕显示等设备组成，以图表、图像、曲线等方式直观地显示航天器和各测控设备的工作状态和运行情况，便于指挥人员和操作人员掌握航天器的运行状态，及时下达指挥命令、发送控制指令。时间统一系统由高精度时钟、标准时频信号源等设备组成，为控制中心和各测控站提供标准时间和频率，确保各节点时间统一。

测控设备是完成航天器跟踪测量、遥测、遥控和通信等工作的设施。根据部署位置的不同，测控设备可以分为陆基站、海基站和中继卫星等。陆基站可以分为固定站和机动站：固定站位置固定、功能齐全，通常选择在跟踪条件较好的地理位置进行部署，能为多种类型的航天器提供较长的跟踪弧段和较多的跟踪圈次。机动站通常采用车载方式，将测控设备集成在载具上，可根据需要灵活部署，承担关键弧段和关键圈次的任务。海基站是将测控设备集成在舰船上实施测控任务，也称作测量船，具有布设范围广、受限小的优势，可根据航天器飞行轨迹在公海自由布设，有效弥补国土范围的局限性，极大提升测控覆盖率，但长期出海补给困难且容易受到海上气象条件限制，因此也不是主要的测控手段。天基测控是在 GSO 部署的搭载测控设备的卫星，构建覆盖范围更广、使用效率更高的网络体系，是最为高效的测控模式。美国第一代跟踪与数据中继卫星系统投入使用后，系统平均利用率超过 99%，取代了美国设在全球的 14 个测控站，每年节省地基、海基测控站维修管理费用 3 亿美元，对 200 km 至 12 000 km 范围内所有航天器轨道覆盖能力由过去的 15% 提高到 85%；能够同时为 25 颗中低轨道卫星提供测控服务；曾为美国 12 种中、低轨道航天器提供了服务；数据传输速率高达每秒 300 兆，处理信息的能力提高 6 倍[15]。

随着深空探测技术的发展，在传统航天测控网的基础上，又衍生了服务于深空探测器在轨管理的深空测控网，深空测控设备配有更大口径的天线、更大功率的发射机、更灵敏的接收机、稳定度更高的时频系统。为了实现深空探测器的连续跟踪，深空测控网通常采用全球多站部署方式，以确保对深空探测器的连续跟踪。

3. 典型航天器在轨管理系统

美国航天计划投资巨大、种类繁多、发展迅速，与之配套的在轨管理系统规模体量也位居全球第一，主要由空间跟踪和数据获取网、深空探测网、军用地面测控网等组成。空间跟踪和数据获取网由 NASA 负责建设运维，天基网由多颗跟踪与数据中继卫星系统及其地面站组成，具备 S、C、Ku、Ka 多种频段测控能力，对 200 km 高度用户航天器的轨道覆盖率为 100%，还可与欧空局和日本的中继卫星相兼容。近地网主要用于近地轨道、同步轨道、大椭圆轨道、拉格朗日轨道、月球轨道、月面及转移轨道、亚轨道和发射段等任务，主要使用 S、X、UHF、VHF、Ka 频段。深空探测网由 NASA 主导，由喷气推进实验室负责运行维护，采用全球布局模式，控制中心位于喷气推进实验室的网络操作控制中心，在用的三个深空通信综合设施分别位于美国加利福尼亚州的戈尔德斯敦、澳大利亚的堪培拉和西班牙的马德里附近，三站经度相隔大约 120°，可对深空航天器实施不间断连续跟踪而不受地球自转的影响。美国军用地面测控网主要由空军卫星控制网、海军卫星控制网和陆军卫星控制网等组成。空军卫星控制网主要为美国国防部、盟友以及民用等数百颗卫星在轨管理提供支持，备份指挥控制中心同时提供故障监测服务。海军卫星控制网主要负责海军的舰队卫星通信系统、移动用户目标系统和特高频后继星的操作、管理和维护工作。陆军卫星控制网主要负责国防卫星通信系统和宽带全球卫星通信系统的载荷管理。除上述测控网外，美军还建有全球定位系统、天基红外预警卫星系统等专用测控网[16]。

俄罗斯航天测控网使用在国土东西方向均匀部站的模式，陆海基和天基测控网并用，采用备份和多站重叠测控，从堪察加半岛到克里米亚半岛近 180°的经度覆盖范围内，部署了 15 个主要测控站，布设有多功能测控设备、遥测设备、雷达、通信/电视设备、卫星通信地球站、中继卫星终端、计算机、电源和标校设施等设备设施。数据中继卫星系统分为军用、民用两大系统，军用数据中继卫星系统被称为"急流"系统，民用数据中继卫星系统被称为"射线"系统，主要为近地轨道航天器提供支持，并为和平号空间站、礼炮号空间站、联盟号飞船以及钻石号合成孔径雷达卫星等系统与地面站之间提供双向数据交换，对航天器的测控覆盖率可达 85%，在执行重要航天任务时，均采用陆上测控站加中继卫星测控方案。俄罗斯深空探测网主控中心位于叶夫帕托里亚，备份中心位于科罗廖夫市的中央机械制造研究院，三个深空探测站分别部署在熊湖的西部中心、乌苏里斯克的东部中心和叶夫帕托里亚的南部中心，可提供每日 12 小时至 20 小时的长时间的接力跟踪，对深空探测器各飞行段实施控制操作。

欧空局航天测控网于 1968 年 5 月开始运行，早期测控网使用 VHF 设备，主要支持近地大倾角星任务；此后为了保障地球同步卫星发射任务，又增加地面测控站数量；1986年年底建立了统一S波段测控系统，建立了用于地球同步卫星定点的测控站。控制中心有位于德国达尔姆施塔特的航天操作中心、位于德国科隆的欧洲宇航中心，可控制分布在全球的地面站和通信网以及计算机设施；测控站有瑞典基律纳、法属圭亚那库鲁、澳大利亚的新诺舍、比利时雷杜等地面站，能够提供在轨航天器的遥测、遥控和跟踪支持。此外，欧空局的航天测控网还经常为NASA、法国航天局以及其他国家提供测控支持。欧空局自主筹建了深空探测网，控制中心位于德国达姆施塔特的欧空局航天操作中心，设备设施主要部署在澳大利亚新诺舍深空站、西班牙的塞夫雷罗斯深空站以及阿根廷的玛拉库深空站，此外部分测控站根据需要也参与深空测控任务。

2.3 太空环境与碎片减缓技术

2.3.1 太空环境的影响

太空环境是地球稠密大气层以外的地球空间环境、深空环境以及太阳系以外的宇宙空间环境。太空环境主要包括大气、真空、电磁辐射、带电粒子和空间碎片等。

在大气阻力作用下，航天器的飞行高度将不断下降，而为了维持航天器在指定高度上的正常飞行，需要不断地对航天器施以推力，因此所需的燃料也就更多。特别是在低轨道空间，大气对航天器的寿命影响较大，当航天器在低于100 km的轨道上飞行时，其飞行高度会迅速下降，在较短时间内坠入大气层。除大气阻力影响，大气中的强氧化剂氧原子会造成航天器氧化、溅散、腐蚀、挖空的化学效应，导致航天器质量损失、表面剥蚀，削弱、改变和降低部件的性能。

真空环境会导致航天器材料的气体释放，石墨、环氧材料和光学透镜等器材内部的气体在真空作用下排出，会导致航天器部件起拱、变形；当固体表面因真空失去吸附气体后，固体表面接触时会出现不同程度的黏合现象，在一定压力负荷下可能会进一步整体黏合，引起冷焊，导致轴承磨损、触电失效、展开困难等活动部件故障；真空条件下，只有辐射一种热传递方式，航天器对外的热传递几乎全部以辐射形式进行，导致航天器的昼夜温度有显著差异。

电磁辐射特别是太阳爆发活动所释放的电磁辐射是影响太空活动安全的主要诱因，当太阳活动强烈时，输出的电磁辐射、高能带电粒子、高速等离子体云到达地球，会引发一系列日地空间扰动（图2-8），对太空设施造成不同程度的损害。电磁辐射所产生的光压会对航天器的运行轨道产生影响，在持续的光压作用下，航天器特别是空间站等大型航天器需要更多的燃料去维持运行轨道。电磁辐射是热层（距离地球表面90~600 km高度的大气层）大气中氧原子产生的主要能源，电磁辐射剂量增大，会加速氧原子的产生，加大对航天器表面的化学作用；电磁辐射对航天器的绝缘、光学、高分子等材料也有损伤作用，会导致材料性能退化。

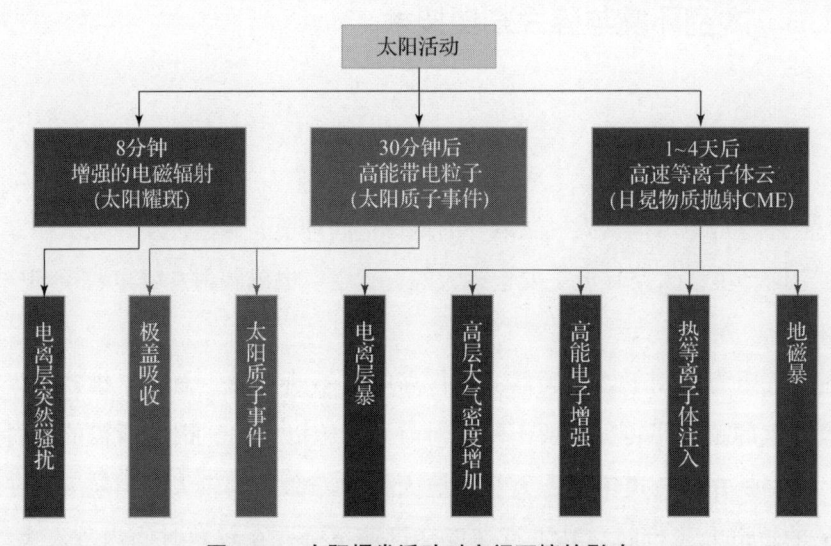

图2-8 太阳爆发活动对空间环境的影响

带电粒子会诱发航天器的总剂量效应和单粒子效应。总剂量效应是带电粒子入射到物体时，将部分或全部能量转移给物体，带电粒子所损失的能量就是物体所吸收的辐射总剂量，当航天器吸收带电粒子能量时，会对航天器的功能材料、电子元器件以及宇航员产生总剂量效应，导致电子元器件、功能材料性能漂移、功能衰退、损害失效等，甚至带来永久性故障和身体伤害。单粒子效应是高能带电粒子击中电子器件时，造成电子器件逻辑状态发射改变，导致航天器出现异常故障。

空间碎片是引起太空碰撞的主要原因，直径大于 0.1 cm 的碎片碰撞会造成航天器结构损害，直径大于 1 cm 的碎片碰撞会造成航天器灾难性损害。1996 年，法国 CERISE 卫星被 1986 年发射的阿里安 V-16 火箭末级爆炸所产生的碎片击中，导致卫星姿态失控，在轨出现快速翻转；2005 年，美国 1974 年发射的雷神火箭末级和中国 2000 年发射的长征四号火箭助推段残骸相撞引发爆炸；2021 年，俄罗斯用一枚反卫星导弹击毁已经废弃的苏联时期的 COSMOS 1408 卫星并产生大量碎片，根据《太空探索技术公司星座状态报告》（2022 年 12 月 1 日至 2023 年 5 月 31 日），在报告时间范围内，美国太空探索技术公司（简称"SpaceX"）的卫星对 COSMOS 1408 碎片进行了 1 300 多次机动，使星链卫星对 COSOS 1408 碎片执行的机动总数达到约 4 700 次。空间碎片的存在严重威胁着在轨航天器的安全，不仅会通过撞击直接造成航天器的损害，也会增长航天器碰撞规避次数，导致航天器燃料的额外消耗而造成航天器的寿命减少。随着人类太空活动的日益频繁，太空环境的影响域越来越大，开展太空交通管理应对太空环境风险，将有效支持人类太空活动。

2.3.2 空间碎片减缓

空间碎片问题一直备受国际社会关注，联合国外空委将空间碎片减缓措施分为"近期内减少潜在有害空间碎片的产生"和"长期限制其产生"两类，近期内减少潜在有害空间碎片的产生主要涉及减轻或减少正在进行的飞行任务产生的碎片，避免进一步分裂；长期限制其产生侧重于减缓新碎片产生或安全清除轨道上现有的碎片。

空间碎片减缓主要是通过制定减缓标准、发展减缓技术、实施减缓处置，最大限度地减少或弱化太空活动过程中空间碎片的产生，抑制空间碎片的增长，实现太空环境保护、太空轨道资源可用的目的。

在规则制定方面，IADC 基于联合国外空委长期可持续性准则，发布了《IADC 空间碎片减缓指南》，旨在建立空间碎片减缓准则，在航天器和运载火箭的任务规划和设计过程中可以考虑这些准则，以便在任务期间和任务后尽量减少或消除碎片的产生。欧空局明确提出了清理或处置轨道上的碎片，开发"自动防撞系统"以确保不会产生新的碎片，其发布的《空间碎片减缓政策》

也力图最大限度地减少空间环境中运行的影响,降低轨道碰撞风险,确保航天器安全再入;《欧空局空间碎片减缓合规核查准则》则提供了具体的核查方法和减缓措施。英国《外层空间法》明确航天器发射需要获得许可,申请者必须对发射和运行的潜在危险以及对其他在轨航天器构成的危险进行定量和定性分析。法国《依据空间活动法发布的技术条例》重点明确了发射系统在设计、生产和操作时必须满足正常作业期内尽可能减少碎片的产生并减少碎片危害,对在轨系统的设计、生产和操作也规定了类似的要求;一旦完成任务,航天器必须能够安全脱离轨道,有控制地重返大气层。加拿大、日本、芬兰、尼日利亚、乌克兰等国家也从国家层面明确了减少空间碎片的法规。目前,国际上已经形成了包括 NASA 的碎片减缓标准、IADC 的空间碎片减缓指南、欧空局的碎片减缓标准、日本宇宙开发事业团(NASDA)的碎片减缓标准、俄罗斯航天局(RSA)的标准、法国国家空间研究中心(CNES)的标准在内的多个空间碎片减缓指南和标准。

在实践操作方面,当前空间碎片减缓的措施主要包括预防类减缓和清理类减缓。预防类减缓通过规范太空活动,减少航天器从发射入轨至寿命终结过程中所产生的碎片。典型的预防类减缓包括设计优化、在轨避碰、坟墓轨道转移、离轨钝化等。例如:在航天器设计时,充分考虑碎片产生的问题,以便采用更为合理和更为科学的设计方案,如通过监测、预警和机动来规避空间碰撞,防止碰撞产生新的碎片等;航天器寿命到期后,利用剩余燃料实施轨道机动,将其转移至对太空活动实用价值较小的轨道,如在航天器寿命末期进行钝化避免发生爆炸、离轨释放轨道资源等行动,遏制太空碎片产生。

清理类减缓,主要是通过人为手段使已存在的空间碎片离开其运行轨道,减少其在轨危害性。NASA 实施了"猎户座"计划,利用 30 kW 的地基脉冲激光器清除近地轨道中 1~10 cm 的空间碎片,使碎片坠入大气层燃烧,以减缓空间碎片对空间站、载人飞船和卫星的碰撞风险;俄罗斯将研发地基激光系统,用于空间碎片清除,通过聚焦激光束使碎片汽化;欧空局推出"清洁太空"计划,计划发射清道夫航天器,清除织女星火箭残骸,并计划发射航天器,针对废弃的欧洲环境卫星开展移除技术演示验证(图 2-9);英国萨利航天中心联合欧洲多级研究机构,启动空间碎片移除项目,开展飞网抓捕立方星、空间目标运动跟踪、鱼叉捕获和拖曳帆离轨等技术验证（图2-10）；日本宇宙航空研究开发机构发布空间碎片清除系统公告，征集空间碎片清除系统及关键技术，天空完美公司将研发激光清除空间碎片卫星实现轨道碎片清除[17]。

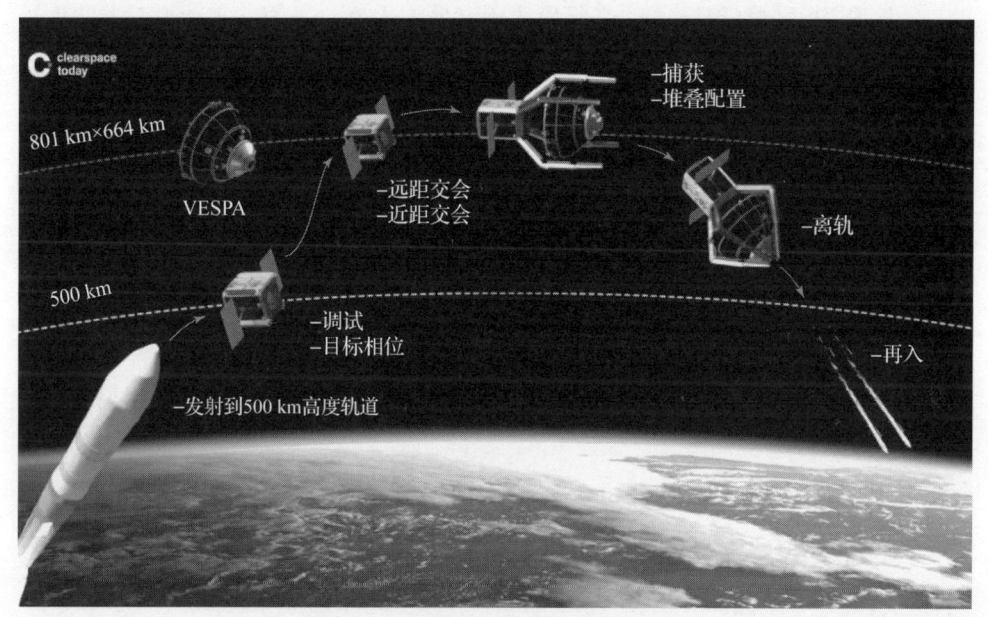

图2-9 欧空局"清洁太空"计划

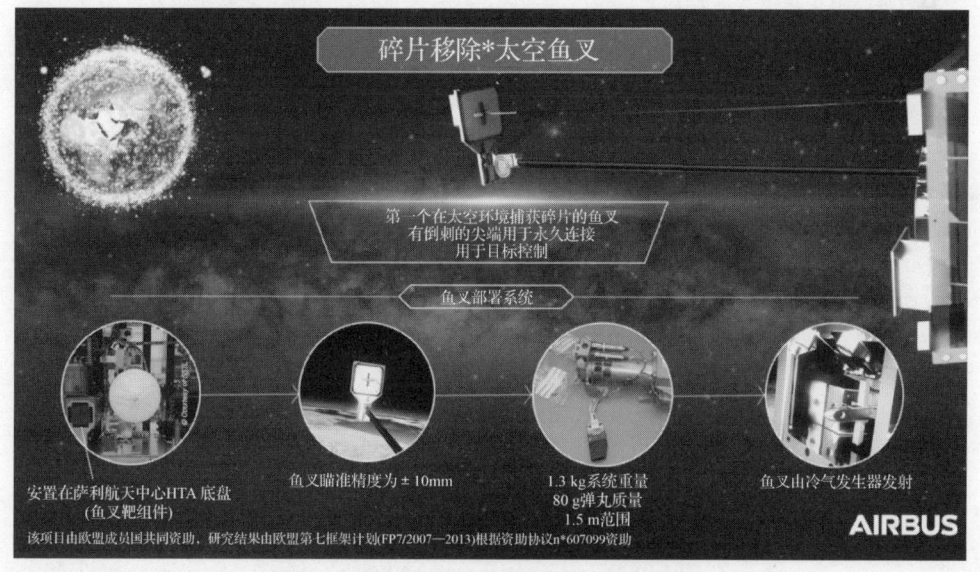

图2-10 英国空间碎片移除"鱼叉试验"

参考文献

[1] 张景瑞, 杨科莹, 李林澄. 空间碎片研究导论 [M]. 北京：北京理工大学出版社, 2021.

[2] 杜小平, 李智, 王阳. 美国太空态势感知能力建设研究 [J]. 装备学院学报, 2017, 28 (3)：67-74.

[3] 宫经刚, 宁宇, 吕楠. 美国高轨天基态势感知技术发展与启示 [J]. 空间控制技术与应用, 2021, 47 (1)：1-7.

[4] 刘海印, 桐慧. 美军空间态势感知装备发展重要动向及影响 [J]. 国际太空, 2015 (7)：47-51.

[5] 宋万均, 张喜涛, 马志昊, 等. 俄罗斯太空态势感知力量研究 [J]. 空间碎片研究, 2022, 22 (1)：55-61.

[6] 林枫, 崔文, 殷智勇, 等. 俄罗斯太空目标监视力量发展研究 [J]. 中国航天, 2020 (9)：53-56.

[7] 高耀南, 王永富, 等. 宇航概论 [M]. 北京：北京理工大学出版社, 2018.

[8] 柴洪友, 高峰, 等. 航天器结构与机构 [M]. 北京：北京理工大学出版社, 2018.

[9] 迈尼. 卫星技术（原理篇）[M]. 邓佳康, 译. 北京：北京理工大学出版社, 2019.

[10] 李智, 张占月, 马志昊. 航天系统原理 [M]. 北京：电子工业出版社, 2022.

[11] 张雅声, 徐艳丽, 杨庆. 航天器轨道理论与应用 [M]. 北京：军事科学出版社, 2020.

[12] 高有涛, 张汉清. 航天器轨道动力学实践教程 [M]. 北京：北京理工大学出版社, 2022.

[13] 吴璋, 杨开. 国外主要航天发射场运营及能力特点浅析 [J]. 国际太空, 2022 (10)：51-55.

[14] 王瑞铨. 运载火箭发射技术及地面设备试验 [M]. 北京：中国宇航出版社, 2019.

[15] 王杰, 张磊, 韩超众. 航天测控技术的发展与趋势 [J]. 电子世界, 2017 (14)：66.

[16] 孙泽洲, 等. 深空探测技术 [M]. 北京：人民邮电出版社, 2018.

[17] 安尼特·弗勒利希. 空间碎片主动移除的法律规制 [M]. 雷亮, 王英华, 陈超, 等译. 北京：中国宇航出版社, 2022.

第 3 章
太空交通管理的主要任务

太空交通管理作为促进航天器安全进入太空、在太空操作和从太空返回地球而不受物理或无线电频率干扰的一系列基础技术、平台系统、法律法规和协调管理机制，重点是通过防止航天器碰撞、无线电干扰来维持良好的太空运行环境，主要任务包括频率和轨道资源的分配与管理、航天器安全运行的预警与处置、进出太空和在轨运行活动的监测与管理、太空交通事故的调查与处置，通过开展空间碎片减缓和空间天气监测预警提高太空交通活动的安全性，并提供信息化服务来支持太空交通管理高效、有序、安全、稳定运行。

3.1 频率和轨道资源的分配与管理

航天器频率轨道是研制各类航天系统的基础，是航天器执行通信广播、导航定位与授时、遥感探测、载人航天、科学试验等任务不可或缺的基础资源。频率和轨道资源属于不会失去但也不可再生的资源，因此需要通过太空交通管理实现资源的合理分配与使用，避免因频率干扰和航天器碰撞引发太空安全事件。

3.1.1 航天器频谱管理的重要意义

航天器频谱管理是国家通过专门机关，运用法律、行政、技术、经济等手段，对航天器频谱和轨道资源的研究、开发、使用所实施的，以实现公平合理、经济有效利用航天器频谱和轨道资源的行为与活动，是由各级频谱管理（无线电管理）机构，运用各种手段，对无线电业务的频率使用，无线电设备的研制、生产、进口与销售，无线电台站的设置与使用，非无线电设备的无线电波辐射等与电磁频谱和卫星轨道资源的使用有关的事务实施的管理。目的是避免和消除航天器无线电频率使用中的相互干扰，维护空间电波秩序，使有限的航天器频谱和卫星轨道资源得到合理、有效的利用。这里需要注意的是，无线电台指的是，装有发送和接收无线电信号设备的台站，对于航天器系统而言，主要包括航天器携带的无线电接收和发送系统，以及地面站的无线电收发系统。

航天器频谱管理的主要内容包括：航天器频率的划分、规划、分配和指配；对无线电设备的研制、生产、销售和进口实施管理；审批无线电台（站）的布局规划和台（站）地址；监测和监督检查无线电信号；协调和处理无线电有害干扰；依法实施无线电遥测和无线电管制；制定或拟定无线电频谱管理的方针、政策、行政法规和技术标准；参加航天器频谱管理方面的双边和多边国际活动等。其中重点内容如下：

（1）航天器频率管理。无线电频率是一种有限的、非再生的、可重复使用的自然资源，具有重要的使用价值，其所有权、支配权属于国家。为充分发挥其效能，维护无线电波的秩序，保证航天器各种无线电业务的正常开展，必须由电磁频谱管理机构对航天器无线电频率进行划分、规划、分配和指配。

（2）设备管理。电磁频谱管理机构对研制、生产、销售和进口的无线电设备进行管理，是为了规范设备使用的频率以及电磁兼容技术指标，保证各类航天器无线电设备的正常使用。

（3）无线电台（站）管理。为了避免无线电台（站）间的有害干扰，设置无线电台（站）必须遵循无线电台（站）设置原则，符合设台（站）条件，办理设台（站）审批手续；航天器运营方使用无线电台（站）必须办理使用审批手续，并严格按照电磁频谱管理有关规定使用。

（4）无线电监测与干扰查处。无线电监测包括对各种无线电业务台（站）的发射参数（频率、场强、谐波、杂散发射、信号带宽、调制度等）进行监测，对非法无线电台（站）和干扰源进行测向和定位。无线电监测可为合理、有效地指配航天器频率与消除各种有害干扰提供技术依据。

（5）无线电检测。无线电检测是依据有关法规和规定以及国家的有关技术标准，对生产、销售、进口的无线电设备质量实施的一种监督活动。在电磁频谱管理工作的干扰协调中，大多数的干扰来自设备本身。必须加大对航天器无线电设备的检测工作，保证其技术指标符合相关规定要求，以减少使用时的相互干扰。

（6）无线电管制。为了维护国家安全和社会公共利益，保障国家重大任务、处置重大突发事件等需要，国家可以对航天器实施无线电管制。

（7）电磁频谱管理法规和技术标准。电磁频谱管理法规是为规范、调整无线电领域各种关系和行为而制定的法律和规定，电磁频谱管理技术标准是为满足电磁兼容要求而对无线电设备提出的技术要求。管理法规是依法管理的准则，技术标准是依法管理的依据，制定航天器电磁频谱管理法规和技术标准是电磁频谱管理机构的重要任务。

（8）无线电涉外管理。无线电设备的广泛使用和无线电业务的不断扩展，对无线电频率资源和航天器轨道资源的需求使双边与多边国家（地区）的交流日趋增多，参与各种双边与多边电磁频谱管理活动、维护国家权益是各级电磁频谱管理机构的一项经常性工作。

3.1.2 航天器频率和轨道资源管理的主要内容

航天器频率和轨道资源管理是指航天器轨道及卫星网络空间电台频率的规划与控制活动。将航天器轨道资源纳入电磁频谱管理范畴的时间并不长，20 世纪 60 年代使用的《无线电规则》还没有把航天器轨道资源作为无线电管理的基本内容。然而，随着科学技术的发展和进步，人类发射到太空的航天器数量不断增多，尤其是 GSO 卫星，逐步布满赤道上空，而其正常工作所需要的电磁环境和兼容性条件却不能容许更多的通信卫星有合适的位置"栖身"了，因此，ITU 开始加强对航天器频率和轨道资源的管理。目前，对航天器频率和轨道资源的管理，已经成为国际无线电管理的一项重要内容。

1. 航天器频率和轨道资源管理的基本情况

由于航天器通信超越区域和国界，需要在世界范围内统一进行频段划分。而不同的航天器通信业务又适用于不同的频段。因此，ITU 在定义空间业务的同时，对各项空间业务划分了合适的频段。随着航天器通信技术的发展，为适应各国对航天器通信业务的需求，ITU 从 20 世纪 70 年代以来，多次举行关于航天器业务划分和扩展频段的会议，并且为了合理、有效利用频率和轨道资源，对一些航天器业务进行了频率和轨道规划。

在1977年、1985年和1988年的世界无线电行政大会（WARC, World Administrative Radio Conference）上，分别制定了12 GHz 频段卫星广播业务及其馈线链路规划和相关程序（见《无线电规则》附录30、30A），中国的三个规划位置为东经62°、79.8°和92°，使用35个波束和55个频道。在1988年世界无线电行政大会上还进行了部分 C/Ku 频段共 800MHz 带宽的卫星固定业务（FSS, Fixed Satellite Service）上、下行链路规划（见《无线电规则》附录30B），中国的两个规划位置为东经101.4°和135.5°。在1987年世界无线电行政大会（移动大会）上，主要为卫星移动业务划分了一些频段，分别用于水上、航空和陆地。在1992年世界无线电行政大会上，部分地修改了《无线电规则》，增加和扩展了对一些空间业务的划分，主要涉及卫星移动（MSS, Mobile Satellite Service）、卫星广播（BSS, Broadcasting Satellite Service）、卫星高清晰度电视（HDTV, High Definition Television）、空间操作（SOS, Space Operation Service）、空间研究（SRS, Space Research Service）、卫星地球探测（EESS, Earth Exploration - Satellite Service）等业务，确定了这些频段的启用日期，制定了相关程序。该次大会还制定和通过了非地球静止轨道（NGSO, Non - Geostationary Orbit）卫星的临时协调程序，规范了世界各国航天器通信事业的发展。

中国在航天器频率和轨道资源的使用方面，实行国家集中统一管理的原则。航天器频率和轨道资源管理主要包括：频率规划，频率和轨道国际登记、协调，频率指配；制定、执行合法的频率和轨道的规定与程序，以实现资源的有效、公平、合理利用。

从《无线电规则》中的频率划分和中国"无线电频率划分规定"来看，航天器通信系统使用的频谱很宽，可以从几兆赫兹一直到275 GHz，但是现阶段使用主要在 L（1~2 GHz）、S（2~4 GHz）、C（4~8 GHz）、Ku（12~18 GHz）、Ka（27~40 GHz）频段，并有不断向更高频段扩展的趋势。

不管是 GSO 位置还是其他轨道位置，实际上都是有限的资源。以 GSO 位置来说，按目前的技术条件，两个航天器使用相同频段覆盖相同或相近服务区，其间隔至少为 2.5°左右。因此，在整个 GSO 上的同频段航天器通常不会超过150

个。考虑到覆盖大洋上空的 GSO 卫星并不能完全为陆地提供服务，因此可利用的 GSO 资源会更少。对于 NGSO 而言，由于航天器不停地经过地球各地上空，相同频段的复用就更困难了。所以，对航天器轨道资源的分配和管理，将会是今后无线电管理工作的一个难题。

现在各国大部分申报和使用的 GSO 航天器，由于技术的成熟性、系统费用和设备造价以及更换设备的便利性，常用的频段往往是在 C 频段上、下行链路各 500 MHz 带宽，以及 Ku 频段上、下行链路各 500 MHz 带宽，因此在频率上很容易存在干扰。而且在实际 GSO 资源使用上，相邻同频段航天器的轨道位置间隔平均不到 1°，有的还不到 0.5°，还有在同一轨道位置上以共位技术来运行多个航天器，大大低于目前技术条件下所要求的 2.5° 间隔，GSO 资源已经接近饱和状态。而且很多航天器的波束宽度所覆盖的区域远远超出本国服务区，使频率和轨道位置的申请和使用日趋紧张，增加了协调的困难。

另外，近年来申报卫星网络的数量急剧增加。一是实际需求确实有很大增长，已发射、在轨运行的航天器间隔越来越小，相互干扰的可能性越来越大，已出现为避免造成干扰而偏离原定轨道位置的实例；二是为了便于与其他国家协调，所申报的轨道位置往往多于实际要使用的轨道位置，使本来就很拥挤的轨道位置更加不堪重负；三是考虑到以上两种因素，通过对其他国家所申报的航天器轨道位置实际使用可能性进行分析、预测而确定本国卫星拟申报位置时，可能判断失误，使双方实际计划发射的航天器位置十分接近，造成不可接受的相互干扰；四是由于经营卫星网络的经济效益使频率和轨道位置成为一种有价的资源，从而使申报非实际需求（或可称为虚假需求）的情况增多。

当前，中国所在的亚太地区经济发展迅速，对卫星通信的需求增长很快。因此，在与中国相关的 GSO 位置成为全球范围内最为拥挤的位置之一，致使中国与周边国家的卫星网络协调十分困难，很难达成协议相互兼容工作。近年来，中国已经向 ITU 申报了数十个轨道位置和卫星网络，并与相关国家和国际卫星组织进行协调，与部分卫星网络达成了协议，但仍有相当多的卫星网络之间未能解决相互干扰的问题，协调难度比较大。

2. 建立和运行航天器应考虑的频率和轨道资源要素

建立和运行航天器，对国家和商业公司来说都是一件大事。因为航天器的制造、发射成本高，技术复杂，对系统运行维护水平要求高，具有一定风险，涉及各种通信、遥感、导航与定位等业务技术，也涉及各种网络系统的管理体制，以及与地面系统的接口问题。可以说，建立卫星通信空间电台是一项综合性的系统工程，需要进行全面规划和总体设计。重点应围绕以下三方面进行研究：

（1）任务需求。从需求来初步考虑是否要建设航天器系统，建设哪一种类型的航天器，拟进行哪些业务等。

（2）技术水平。根据当前国内外技术水平和资金容许的实际情况，从可行性方面来确定所拟建立的卫星类型和规模，能容纳的通信容量，以及能进行的业务种类。

（3）频率和轨道资源。在选用航天器的工作频段和轨道位置时，要考虑到合理使用频率和轨道资源。必须对各国已发射和拟发射卫星的工作频段以及所占用（或拟占用）的轨道位置情况作全面的了解，特别是更应详细了解自身拟建航天器相关的技术特性，并进行计算分析，避免与那些卫星网络相互干扰，保证良好工作。

随着对卫星通信需求的增长，频率和轨道资源日趋紧张，国际协调的难度越来越大。航天器的生产周期越来越短，但是频率和轨道位置的协调则需要几年甚至更长。因此需要从顶层开展规划与统筹，构建太空交通管理框架下的频率和轨道的申请、管理与协调规则，实现航天器频率和轨道资源的合理使用，适应未来巨型星座发展趋势。

3.2 航天器安全运行活动监管与风险预警

近年来，随着人类进出太空、利用太空等活动日趋频繁，空间物体碰撞、航天器遭遇干扰的风险持续增加，频率和轨道资源趋于饱和，航天器安全运行日益受到国际社会的广泛关注，亟须采取行之有效的管理办法以降低航天器在轨活动的风险，例如，航天器信息登记和轨道数据信息共享，航天器发射、在轨机动、离轨再入以及航天器异常处置等行为的管理。相关部门需要对航天器可能遭遇的风险及时发布预警，尽最大努力减小或消除轨位冲突、频率干扰及空间环境带来的负面影响。

3.2.1 航天器基本信息管理与共享

航天器基本信息的管理与共享是太空交通管理的基础，是实施航天器安全运行活动监管的关键要素。随着人类航天活动的蓬勃发展，进入太空的航天器数量呈井喷式增长，航天器应用类型和轨道活动也日趋复杂多样。对发射到太空的航天器进行登记管理，已成为国际社会的普遍共识。

1963 年，联合国大会关于太空活动的决议中，呼吁各国向联合国和平利用空间委员会提供有关资料，对包含航天器在内的空间物体进行登记。1974 年，联合国大会通过了《登记公约》。《登记公约》共有 63 个缔约国和 4 个签署国，内容包含登记国履行空间物体登记的义务、空间物体登记信息等。

中国在航天器信息管理方面也制定了《空间物体登记管理办法》，以有效履行《登记公约》缔约国义务，该办法对航天器基本信息的登记管理机构和具体内容进行了明确。2023 年 9 月 7 日，中国发布了国家标准《空间物体登记要求》（GB/T 43225—2023），文件规定了空间物体的登记类型、相关方与职责、登记内容和登记流程，适用于在中国境内发射的、中国作为共同发射国在境外发射的以及所有者属于中国的空间物体的登记。此项国家标准虽不具备强制力，但一定程度上反映了中国在航天器基本信息管理方面规范化、标准化的探索与进步。

航天器基本信息管理主要包括按照登记管理要求的登记编号、登记者、空间物体所有者、空间物体名称、空间物体基本特性、空间物体发射者、运载器名称、发射日期、发射场名称、空间物体基本轨道参数、空间物体的发射及入轨情况等内容，这是履行《登记公约》国际责任、落实国内登记管理的基本要求。除此之外，需要关注的航天器信息还包括航天器的轨道、在轨活动计划、质量、燃料、运行状态等基础信息。航天器的空间分布情况可能会影响某些局部区域的拥挤程度，航天器的在轨活动将改变太空交通态势的演化趋势，增加了新的太空安全事件的可能性。掌握航天器的轨道特性和在轨活动，可以预测未来时刻可能发生的太空交通安全事件，太空交通管理机构可以结合航天器的基本信息开展太空安全事件的分析和协调，并针对其当前状态制定可靠的处置方案。

由于航天器在轨运行期间面临着来自航天器异常、空间天气异常、危险交会事件、轨道机动潜在风险等一系列的挑战困难，因此当航天器在轨运行状态发生变化时，需要及时更新航天器的基本信息以实现航天器活动的监管，维护良好的太空交通秩序：

（1）航天器入轨后，需要更新航天器的频率和轨道等信息，用于完成空间物体编目和日常监测。

（2）航天器经在轨测试后，需要更新其机动能力等属性并定期检定，用于支撑碰撞预警等太空交通事件的协调。

（3）当航天器接近或达到设计寿命时，航天器运营方根据航天器在轨使用情况，完成延长寿命或离轨操作后需要更新相关信息。

但是从航天器安全运行角度讲，航天器基本信息的管理只是基础，还需要通过信息共享实现各方相互掌握空间物体的基本情况，从而在出现太空交通活动风险时，各方能够及时掌握需要的数据开展风险防范与化解，实现太空交通活动的安全有序。

航天器基本信息共享，是在统一的标准和规范的基础上构建各方认同的信息共享机制，让太空交通活动的各个参与者在信息共享的权限范围内，及时掌握与太空交通活动相关联的信息，便于开展航天器发射碰撞预警、航天器在轨运行碰撞预警筛查、碰撞规避机动控制、再入大气层风险预报等业务，进而实现太空交通活动有序运行。

美欧等航天强国和国际组织，已经将航天器信息共享视作是未来太空交通管理与协调的重要内容，并在大力推广更加高效、广泛、安全的规范，推动太空交通管理与协调信息共享标准。因此，为维护太空交通安全和持续有序的太空活动，在航天器信息共享方面需要做到：

（1）高效的信息共享。通过更先进的数据交换技术和通信协议，以及双边/多边合理可行的协议规范，实现快速、稳定的数据传输和处理。

（2）广泛的信息共享。更多类型的数据共享将有助于实现信息的融合，提高太空交通活动的安全性和可靠性。可共享的数据内容既包括航天器轨道、姿态、运行状态等数据，也包括航天器的通信、导航、遥感等载荷应用数据。

（3）安全的信息共享。通过加强数据加密、身份认证、访问控制等安全措施构建分级分类的信息共享机制，以保证数据的保密性、完整性和可用性，防止数据泄露、篡改和滥用，维护共享群体的核心利益。

（4）规范的信息共享。通过建立一套完整的共享标准和指导规范，明确数据的格式、交换方式、使用权限等方面的要求，以确保数据的共享和管理能够有序合规稳定地进行。

3.2.2　安全运行活动监管

航天活动风险高、影响大，从维护太空安全的角度考虑，需要各参与方在开展太空交通活动过程中，积极配合相关机构的监管，确保航天器运行期间的在轨安全，避免出现异常解体、碰撞等安全事件。为有效实施航天器安全运行活动监管，可考虑在航天器从发射到离轨的全寿命周期建立高效、灵活、规范的监管机制，最大限度确保太空交通安全。

1. 航天器发射活动监管

航天器发射具有风险种类多、风险发生后果影响大、风险等级高等特点，发射活动面临的不确定性和各类风险，直接关系发射任务的成败，是航天器能否顺利进入轨道开展业务的关键要素。2023年4月20日，SpaceX的巨型运载火箭"星舰"首次发射失利，在飞行高度达到32 km时炸毁，而发射台在火箭发射初期，因设计问题直接导致飞溅出的沙土在距离发射塔5 mile[①]的地方形成沙子雨，甚至对附近的车辆和设备造成损害，如果"星舰"直接在发射塔炸毁，后果不堪设想。因此，考虑到航天器发射活动失利带来的巨大危害性，需要对其风险进行有效的监管。

（1）发射许可审查。发射许可审查是监管航天器发射活动质量、确保航天器发射活动安全实施的重要措施。提供发射服务的实体需要从国家机构获得发射许可证，许可的目的不但保护了公众安全利益，而且是国家履行国际职责和维护国家权益的重要体现。获得许可的过程需提交的运行参数包括但不限于任务名称、预定发射窗口和轨迹、预定和最终轨道的有效载荷参数、地面和飞行安全计

---

① 1 mile = 1 609.34 m。

划、事故调查计划，以及再入窗口和轨迹。此外，航天器运营商还需提供补充信息，以证明其计划发射内容符合国家环境政策、空间碎片减缓要求、出口管制条例、频率许可，以及保险和损害赔偿责任等。

以航天器发射任务较为频繁的美国和中国为例，美国联邦航空管理局（FAA，Federal Aviation Administration）负责管理在美商业发射与再入许可的审查和批准。在 FAA 的相关法律规定中，明确了商业航天器发射许可证申请资格、许可证类型、需要提供的技术参数（包括运载器参数和飞行参数）、发射场发射的安全审查与批准要求、有效载荷审查要求、许可证审批时限等。中国关于航天器发射活动安全的有关规定明确，航天器发射活动项目实施前，需向有关部门提交与该项目有关的安全设计报告及保障公众安全的材料、关键安全系统的可靠性、运载火箭发射过程中正常及故障状态对发射场附近及航区范围内的财产及人身安全构成的影响，以及如何避免污染和空间碎片问题及其他有关安全的补充材料[2]。

（2）发射任务过程风险评估。航天器发射主体单位要对每次发射任务进行飞行安全分析，以控制正常或发生故障的运载火箭在飞行过程中对生命财产造成的安全风险，以及与空间物体的碰撞风险，故而监测评估的区域会涉及陆地、海洋和太空。此外，发射服务提供方应监测天气情况以确定可能威胁到发射安全作业的异常气象条件。

2. 轨道机动监管

轨道机动是航天器最常见的太空活动类型之一。一般来讲，轨道机动是指出于轨道维持、轨道调整和转移或其他特定目的，航天器运营方通过发送遥控指令，控制航天器推进系统（如化学推进、气推进、电推进或多种组合方式等推进方式），产生轨道面内或者面外的速度增量，达到改变航天器轨道要素、进入目标轨道的目的。

由于航天器发生机动后，空间碎片监测系统往往需要一定的观测弧段才能准确测定航天器的控后轨道，此时航天器与空间碎片的碰撞预警筛查往往无法开展。同时因航天器推进系统的标定误差，航天器的控后理论弹道具有一定的不确定性；另外，当多个航天器同时开展机动时，也需考虑航天器间发生碰撞的可能。因此太空交通管理需要对航天器的轨道机动进行监管，掌握航天器的控后理论轨道，并与空间碎片监测协作，充分考虑航天器与碎片、航天器与航天器间的碰撞风险，沟通迭代控制策略，在轨道机动前，确保航天器轨道机动的安全性。为防止航天器的控后实际轨道偏离航天器的控后理论轨道而引入额外风险，航天器运营方在实施轨道机动后还需要及时测定航天器轨道，并通报有关机构，增强航天器碰撞预警响应的时效性，并对航天器推力器进行标定，提高后续航天器机动的安全性。

目前，国内外均针对航天器轨道机动出台了相关的法律法规、部门规章，明确了相关机构一定的监管权责和范围。

《外空条约》第6条指出："各缔约国对其（不论是政府部门，还是非政府的团体组织）在外层空间（包括月球和其他天体）所从事的活动，要承担国际责任，并应负责保证本国活动的实施符合本条约的规定。非政府团体在外层空间（包括月球和其他天体）的活动，应由有关的缔约国批准，并连续加以监督。"该条约明确有关国家需要对国内的太空活动进行监督，以此为基础，相关缔约国对各自国内的太空活动进行规范。

中国作为《外空条约》的缔约国之一，也将履行其各项条款，对国内政府、商业乃至私人在太空实施的各类活动应首先确保其安全合规，避免对空间环境和其他国家或地区的航天器造成不利影响。近几年，中国相继发布太空活动领域有关通知要求，对航天器在轨安全运行工作进行了明确。2021年发布的《关于促进微小卫星有序发展和加强安全管理的通知》中明确，"微小卫星开展轨道转移、交会对接、碎片移除、在轨维护等操作前30天，拥有者应向国家有关主管部门通报有关情况。操作实施中出现重大安全风险，应及时终止或调整实施方案。""国家有关部门按职责开展微小卫星在轨碰撞预警、规避策略安全复核、风险研判等工作。微小卫星拥有者在发现在轨碰撞风险时，应积极进行碰撞规避，并在发现风险的1小时内向国家有关部门报告有关情况及处置方案。"这是中国首次对航天器在轨安全运行职责进行明确，要求航天器所有者应当主动向国家有关主管部门通报航天器变轨情况，积极配合国家有关部门进行碰撞风险研判和规避处置工作，以确保航天器在轨运行期间的安全稳定，维护国家太空资产安全。该通知中还提到，"对未按要求实施离轨和报送相关信息的，国家有关部门可视情采取相关措施"，意味着国家有关部门可依规对不遵守规定要求的航天器所有者采取相关措施，表明了一定程度的强制约束力。

3. 航天器在轨服务和异常事件监管

在轨服务是指航天器系统发射入轨以后，按照其运行情况和任务需求所接受的各类常规维护、故障维修、系统拓展操作，航天器在轨组合、装配操作，在轨发射航天器、在轨制造或构建形成新的航天器部组件的各类操作，以及为实现上述在轨任务所需要的相关支撑操作的总称[3]。其目的是通过多种手段提升航天器使用寿命和任务拓展能力，具体可体现为目标监测、辅助变轨、燃料加注、故障维修、在轨装配、离轨处置等在轨操作类型。在将来，随着空间操控能力的发展，在轨服务将成为太空交通活动的重要内容。

美国较早开展了航天器在轨服务方面的研究。1996 年，美国对未能入轨的特高频 – 1 卫星实施了一系列在轨服务计划，验证了在轨服务设想；2005 年，"微型杀手卫星"（XSS – 11）项目完成了航天器无人自主空间交会、逼近等技术验证；2007 年，由国防部高级研究计划局（DARPA，Defense Advanced Research Projects Agency）负责的轨道快车计划成功进行了在轨自主交会与逼近、自主捕获连接、燃料双向传输、在轨电池和计算机模块更换技术演示，标志着美国航天器在轨服务技术已经走向工程应用；2011 年，DARPA 启动了"凤凰"计划，拟从太空中废弃的卫星上拆卸元器件，组装成为新的卫星。此外，欧洲一些国家开展了"欧洲离轨"任务、"德国在轨服务"等在轨维护与离轨操作的前期技术论证工作。

这些在轨服务涉及的技术复杂，往往都是在轨服务航天器与另一个空间物体开展近距离的操作，稍有不慎就有可能导致发生严重的太空交通事故，进而危害空间环境的长期可持续性，影响太空交通活动的安全运行，给太空交通管理带来巨大的管理和碎片清除成本效应。2022 年 7 月，国际标准化组织（ISO）发布了国际标准《ISO 24330：2022 空间系统 交会与接近操作和在轨服务 程序原理和实践》，对于在轨服务的术语、实施原则、实践方法都给出了具体建议措施。太空交通管理中对于航天器在轨服务的监管，可以在相关标准和具体实践的指导下，从信息沟通和情况通报、操控透明性、空间物体登记与编目、损害责任认定与保险赔偿等方面开展具体的监管活动，进而实现航天器在轨服务的安全实施，为将来提升太空交通管理的质量效益提供能力支撑。

国内外航天实践表明,航天器在轨发生故障不可避免。据统计,测控、电源、控制、星务等分系统是航天器在轨发生故障的"重灾区",约占故障总数75%;航天器在轨发生的故障中,渐变故障约占故障总数48%,突变故障约占故障总数52%[4]。但是在航天器运行中,故障往往很难定位,一般通过航天器异常的表现形式出现在航天器运营方和空间碎片监测服务提供方的观测结果中。航天器异常通常包括多种形式,原因也是复杂多样,可能涉及太空环境(高能粒子、微流星体撞击、航天器充电、地磁暴等异常空间天气)、结构设计或制造工艺等方面的问题,也可能是航天器软件系统缺陷问题,还可能是操作过程中的程序错误或人为错误。对于航天器的异常事件,太空交通管理有关机构需要发挥相关协调与监管职能,及时发现并处置异常情况,防止异常的航天器影响其他航天器在轨安全运行,如果处置不当,将极有可能引发严重的太空交通事故。

航天器在轨运行期间,对于良性或可恢复的异常,航天器运营方可按规定程序进行识别、响应与恢复,及时将相关情况通报各太空交通活动参与者,维持良好的太空交通活动秩序。针对可能会导致航天器任务终结或在轨解体的异常,如遥测消失、遥控失效、姿态翻转或控制功能故障等,需要各个太空交通活动参与者高度重视。一方面,航天器运营方要掌握航天器情况,及时将异常事件通过信息共享的形式告知各个太空交通活动参与者,对与异常航天器存在近距离交会的其他航天器,需要开展轨道机动准备,以便在风险提高时执行避让;另一方面,太空交通管理有关机构与空间碎片监测服务提供方要履行对应职责,做好在轨航天器监视与风险研判,为异常航天器的运营方开展在轨处置提供信息支撑,也为其他航天器运营方提供风险预警。

4. 任务后处置监管

当航天任务结束后,若火箭末级、废弃的航天器仍停留在原轨道,会影响相邻区域活跃航天器的安全运行,导致重要轨道区域变得拥挤,因此需要及时进行任务后处置,履行空间碎片减缓责任。太空交通管理的任务之一,就是监管发射服务提供方、航天器运营方对航天器和火箭开展任务后处置,防止任务结束后的空间物体对太空交通活动造成影响。任务后处置的监管由太空交通管理有关机构按照相关的任务后处置要求实施，主要包括火箭或航天器钝化、地球同步轨道区域处置和近地地球轨道区域处置三个部分。

(1) 火箭或航天器钝化。为尽量减少火箭或航天器在任务完成后产生碎片的风险，运载火箭轨道级（包括剩余推进剂、电池、高压容器、动量轮等）或航天器应在任务后处于能源耗尽或安全状态，称为钝化。《IADC 空间碎片减缓指南》对此明确了以下内容：①残余推进剂和其他液体，如加压剂，应尽可能彻底地耗尽，要么通过耗尽燃烧，要么通过排气，以防止因过压或化学反应而意外破裂。②电池应在结构和电气上进行适当的设计和制造，以防止破裂。如果不会造成任务的安全风险增加，可以通过机械措施防止电池单元和组件的压力增大。在运营结束时，应关闭电池充电线。③高压容器在排气时应保证不发生破裂。爆炸前泄漏设计是有益的，但不足以满足推进和增压系统的所有钝化建议。如果可以证明破裂的可能性很低，热管可以保持加压状态。④自毁系统应设计成不会因无意指令、热加热或射频干扰而造成无意破坏。⑤处置阶段应中止飞轮和动量轮的动力。⑥应评估其他形式的储能，并应采取适当的缓解措施。[5]

(2) 地球同步轨道（GEO，Geosynchronous Orbit）区域处置。GEO 空间保护区域位于轨道高度在地球同步轨道高度的 ±200 km，轨道倾角在 ±15° 的区域。位于 GEO 区域的航天器应在任务完成后通过机动方式转移至 GEO 保护区域之上足够高的位置，以免干扰 GEO 区域其他正常工作的航天器。IADC 建议运载火箭轨道级和待处置航天器的处置方式应满足下列条件之一：①处置后轨道近地点高度应位于 GSO 之上 235 km 以上（$1\,000 \times C_R \times A/m$）的区域，以便长期轨道摄动力不会导致航天器在 100 年之内再次进入 GEO 保护区域，其中 C_R 为太阳辐射光压系数，A/m 为空间物体的面质比；②轨道初始偏心率小于 0.003，且位于 GSO 高度之上的最低近地点高度。

(3) 近地地球轨道（LEO，Low Earth Orbit）区域处置。LEO 区域为轨道高度低于 2 000 km 的空间保护区域。位于 LEO 区域或者轨道穿过 LEO 区域的航天器，在任务完成后应该利用剩余能量主动机动以降低轨道高度，满足 25 年内再入大气层的要求。LEO 区域目前是航天器活跃度最高的运行区域，在该区域运行的航天器在运行结束后应主动离轨再入，可采用下列一种或多种方法：①将其安全回收到地球；②以一种受控的方式将其机动到目标再入位置，该目标再入位置具备已设计好的地球表面撞击区；③允许其轨道按照规定的25年寿命限制自然衰减；④以可控的方式对其进行操控，减少其在轨时间，或者部署一种装置加速其轨道衰减，从而减少在轨时间。

3.2.3 安全运行风险预警

太空交通安全风险重点涉及航天器碰撞、无线电频率干扰、空间天气灾害等风险。为了实现太空交通活动安全，太空交通活动的各个参与者应密切关注与航天器运行安全相关的风险事件，积极配合协作处置应对各类风险，确保航天器在轨运行安全。

1. 碰撞风险预警与处置

不断增加的航天器和空间碎片对在轨航天器的安全运行产生不可忽视的威胁。美国space-track网站公开数据显示，其编目的空间目标数量已超过40 000个，这些空间目标既包括在轨运行航天器，也包括失效航天器、火箭残骸及其他空间碎片。持续的航天器发射活动及潜在的在轨碰撞风险，将可能导致空间目标交会碰撞产生更多的碎片，使空间碎片数量不可预期地增加，由此引发的链式反应可能导致近地空间区域更加拥堵。

为应对不断增长的碰撞预警事件，太空交通活动的参与者应尽可能采取有效措施以防止碰撞的发生。在太空交通管理的统一框架下实现碰撞风险筛查与识别、碰撞风险防范与化解，其完整过程需要考虑三个层次的关键环节：

（1）建立空间物体编目轨道信息。通过采用天地基望远镜、雷达等非合作设备对空间目标进行编目，构建权威的空间目标编目信息，并通过多种测量手段确定空间目标的精确轨道，为火箭发射、航天器在轨运行的碰撞风险筛查提供基础信息。目前，应用范围较广的是美国space-track网站对外发布的空间物体编目轨道信息。

（2）在轨航天器碰撞风险识别计算。在空间物体编目轨道信息的基础上，太空交通管理有关机构、空间碎片监测服务提供方根据航天器发射服务提供方、航天器运营方提供的相关航天器状态和轨道信息，在考虑轨道动力学摄动模型和空间环境信息的前提下，组织开展碰撞风险筛查，对需要重点关注的风险及时给予通报，航天器发射服务提供方和航天器运营方根据通报的风险开展相应的碰撞规避或推迟发射处置。

（3）在轨航天器规避控制措施。当航天器的碰撞风险系统超过一定阈值时，需采取可行的举措对风险进行减缓。对于有规避机动控制能力的航天器，可采取规避控制措施来降低碰撞风险，如调整轨道高度、改变航天器过交会点时刻等；对于无规避控制能力的航天器，则需要采取密切跟踪方式关注交会航天器的运行状态，若发生碰撞，则尽快开展碰撞危害分析与应急处置。

为减少空间目标在轨碰撞可能，除准确掌握航天器轨道运行规律之外，还需要对空间碎片演化过程进行理论描述与预测，建立相应的工程模型。目前，国际上普遍利用多类型探测设备对空间目标进行探测、跟踪、识别和确认，利用轨道动力学原理及空间环境情况预测其未来轨迹。空间碎片演化模型可以结合观测数据演绎直径 10 cm 以下碎片的轨道特点、密度分布等信息，并针对不同轨道高度空间碎片环境演化进行中长期预测。当获得空间碎片分布特征后，结合航天器高精度轨道预测可以评估出航天器与空间物体的碰撞风险，综合考虑航天器的机动能力和安全性要求，结合航天器任务计划制定碰撞风险处置策略，在确保航天器在轨运行安全的前提下提高任务执行效益。

2. 空间天气灾害预警与处置

空间天气灾害，是指由于空间天气因素造成天基或地基技术系统功能下降或者报废、宇航员等人员健康受到损害，从而导致国民经济蒙受损失、国家安全受到威胁[6]。由于空间天气灾害会对通信系统、导航及定位系统、国防安全、航天器安全、航天与航空飞行安全等造成直接、间接或诱发性的影响，考虑到在轨航天器数量的急剧增加，太空交通活动的参与者需要高度关注空间天气灾害预警，在太空交通管理有关机构的组织协调下开展空间天气灾害应对处置，实现航天器在恶劣空间天气环境下的安全运行。

空间天气灾害主要源于日面发生的剧烈爆发活动，它主要以光和粒子的形式释放能量，具体有三种表现方式，一是太阳电磁辐射突然增强，二是喷射大量的高能带电粒子流，三是抛射高速等离子体云。这三类物质和能量形式到达地球附近时，会引起近地空间中的粒子环境和电磁辐射环境的剧烈变化，与航天器上的元器件及材料发生多种复杂的相互作用，引发总电离剂量效应、位移效应、单粒子效应、表面充放电效应、内带电效应、大气阻力、电离层扰动等，对航天器产生严重的影响与危害[7]。例如：太阳耀斑发出的 X 射线和极紫外辐射会引发地球电离层突然扰动，影响航天器系统的无线电通信功能；日冕物质抛射引起的地磁暴，会引发全球性地磁场剧烈扰动，使 LEO 大气密度急剧增大，引起航天器轨道快速衰减等[8]。此外，银河系中其他恒星也会发射大量宇宙射线，引起空间天气变化[9]。2022 年 2 月 3 日，Space X 的 40 颗新发射的卫星因地磁暴影响而坠入大气层并烧毁。此次事件中，美国空间天气预报中心在此次任务发射前的 4 小时即发布了磁暴事件预警，但未引起该公司的足够重视[10]。因此，为服务于航天器在轨安全运行，除了增强航天器本身对恶劣空间天气的适应性，还需重视对空间天气尤其是极端空间天气的监测、预警和应急处置能力。

在空间天气监测预报与应对方面，美国的研究实践开展较早且处于世界领先地位。2019 年 3 月，美国白宫发布了《国家空间天气战略与行动计划》，该计划提出了三个目标，每个目标都由一系列行动支持，以加强美国对空间天气事件的响应能力（表 3 – 1）。

表 3 – 1　美国国家空间天气战略与行动计划

战略目标	具体行动	期限
加强对国家安全、国土安全，以及商业资产和运营的保护，使之免受空间天气影响	完善空间天气基准，为评估空间天气事件强度提供定量基准	中期
	评估重点关键基础设施系统和国家安全资产易受空间天气影响的脆弱程度，并利用结果为风险管理提供信息	中期
	模拟空间天气对太空、空中和地面国家关键功能以及相关优先关键基础设施和国家安全系统、资产及网络的影响	中期
	识别和评估频繁和极端空间天气事件对行动和任务的影响	中期
	评估空间天气对关键任务运行和执行的影响带来的成本	中期
	确定并优先考虑必要的研发，以增强关键功能和国家安全资产的安全性以及抵御空间天气影响的能力	短期
	测试、评估和部署技术与设备，以减缓空间天气对关键功能和资产的影响	中期
	支持制定和使用标准，以提高设备对空间天气事件的抵御能力	持续进行

续表

战略目标	具体行动	期限
准确、及时地发布空间天气预报	确定陆基、海基、空基和天基观测能力的基准	短期
	确保空间天气观测平台、能力和网络的基准	持续进行
	支持和协调太阳物理学和地球空间科学基础研究的机会	持续进行
	确定、开发和测试创新方法，以实现更强、信息量更大、更稳健和更加高效的测量	短期
	完善当前的空间天气模型，开发改良后的空间天气建模技术	中期
	根据需要识别并发布新的或以前未充分利用的数据集	短期
	确定形成从研究到实践过程中的过渡模型和观测能力机制	持续进行
	增强利益相关者对观测数据的可访问性和共享性	短期
	改善空间天气事件通知的有效性	短期
	与国际合作伙伴合作，确保在极端空间天气事件期间，空间天气产品和服务在全球范围内协调一致	持续进行
	开发和完善风险预警能力	中期
制定响应极端空间天气事件的应急预案	制定、审查和更新应对空间天气影响的国家响应计划、项目和程序	中期
	发布关于空间天气影响的产品和信息，以支持协调应对和恢复工作	持续进行
	促进信息共享，以保障最易受空间天气影响的关键基础设施的运行和恢复	持续进行
	评估在空间天气事件之前、期间和之后，关于指导、暂停或控制关键基础设施运行、功能和服务能力的行政和法定权力	短期
	演练针对空间天气事件的国家响应、恢复和操作计划和程序	持续进行

总的来说，要实现空间天气灾害的风险预警与处置，需要在研究空间天气效应的基础上，构建监测、预报、处置、恢复等环节的空间天气灾害应急体系，包括建设指挥体系、资源体系、预案体系、法律体系、信息支撑平台等支持要素，

进而为航天器在轨安全运行提供可靠的空间天气预报与灾害应对保障，维持好太空交通秩序。

3. 频谱干扰溯源与处置

在轨航天器的无线电通信系统会受到其他设备设施发射、辐射、感应或其组合所产生的频谱干扰，最终导致性能下降、错误解析或信息丢失。太空交通管理体系下的频谱干扰溯源与处置，就是通过对无线电的监测与干扰查处，保证航天器业务的信息传递，维护天地无线电波秩序，有效利用有限的频谱资源。

频谱干扰按照受干扰程度可分为允许干扰、可接受干扰和有害干扰。允许干扰是指观测到的或预测的干扰符合国家或国际上规定的干扰允许值和共用标准。可接受干扰是指干扰电平虽高于规定的允许干扰标准，但经两个或两个以上主管部门协商同意，且不损害其他主管部门利益的干扰。有害干扰是指危害无线电导航或其他安全业务的正常运行，或严重地损害、阻碍，或一再阻断按规定正常开展的无线电通信业务的干扰[11]。频谱干扰溯源与处置的主要对象是有害干扰，同时做好允许干扰和可接受干扰的日常协调。

频谱干扰常见的类型包括自然现象干扰、人为干扰、设备故障干扰、其他类型干扰等。自然现象干扰一般是由于航天器通信本身的特点造成的，例如每年春分和秋分前后的日凌现象、电磁波通过雨雪区时的雨衰雪衰现象等。航天器通信因其开放性的特点，波束覆盖区域内的任何位置均可上行至航天器，因此会受到人为干扰的影响。设备故障干扰一般是航天器本身的通信设备出于长时间工作等原因，其额定频率、功率稳定度等指标产生异常变化，产生了干扰杂波。此外，若多个航天器距离过近会使其波束覆盖范围产生重合，或者天线指向有误差，均会产生频谱干扰[12]。当航天器用频设备遇有干扰时，应及时进行监测和溯源，找出干扰源并进行处置。

航天器频谱干扰处置依据"后用让先用、无规划的让有规划的"原则。当发现主要业务频率遭受到次要业务频率的有害干扰时，次要业务的有关主管或使用部门应积极采取有效措施，尽快消除干扰。近年来，以 OneWeb、Starlink 为代表的大规模低轨航天器星座的使用频段覆盖 Ka、Ku 频段，导致与 GEO 航天器系统之间存在一定的同频干扰。因此 ITU 在《无线电规则》中明确规定，NGSO 航天器系统不得对 GEO 航天器系统造成干扰。

太空交通管理有关机构开展航天器频谱干扰溯源与处置的一般流程可确定为：

（1）受理受扰申诉。由受干扰的航天器运营方提出受扰申诉，申诉内容包括受干扰运营方基本信息、受干扰航天器的基本参数、受干扰的频率及类型、受干扰的事件信息等。

（2）确定干扰源。太空交通管理有关机构根据当前的频率分配和使用资料进行初步分析，组织实施电磁频谱监测和测向定位，进行调查取证，确定干扰源并分析干扰原因和途径。

（3）处理有害干扰。按照国内和国际频谱干扰的有关法律法规和运行机制，向干扰电台和被干扰电台的运营方下达干扰通知书，在一定时间要求内进行处置。

由于航天器频谱干扰受监测距离和航天器运动影响，开展溯源和处置中会受到大量的其他非预期的信号影响，因此需要对实际信号与虚假信号、正常业务信号与干扰信号进行判别，分析邻道干扰、杂散发射干扰、互调干扰的影响，准确分析出实际的干扰信号及其影响方式，为频谱干扰提供证据和处置建议。

3.3　空间碎片的危害预测与应对

根据联合国外空委制定的《空间碎片减缓准则》中的定义，空间碎片是指在地球轨道或重返大气层的所有不起作用（Non-Functional）的人造物体，包括其残块和组件单元。空间碎片从人类开展太空活动开始，即与在轨航天器之间构成了共生关系，并伴随太空活动的不断延伸和拓展，逐渐演化成为严重的空间环境问题，极大威胁人类太空活动的可持续发展。当前人类太空活动主要集中于近地空间，因此空间碎片也主要以近地椭圆轨道为主。未来随着太空活动向深空延伸，也必将逐步拓展至地月空间乃至深空。我们在此仅讨论近地椭圆轨道运行的对航天器构成现实威胁的近地轨道的空间碎片。

3.3.1 空间碎片的危害

空间碎片的危害，主要表现在极大地提高了航天器的在轨撞击风险。可以想象这样一种几何图景，即数量庞大的空间碎片和航天器一起，构成了一种以 3~7.9 km/s 高速运行的空间立体交通网络。当两个空间物体同时运动至轨道面交线上且高度一致时，即可能发生碰撞。在 LEO 区域，两目标相对运动速度为 0~15 km/s，平均可达 10 km/s。因相对速度、尺寸大小的散布极广，空间碎片对航天器的影响也不尽相同，但总的来说，主要有以下影响：

（1）航天器运行轨迹与空间碎片轨迹相交，航天器表面遭遇空间碎片超高速撞击，形成撞击坑或穿孔。据报道[13]，国际空间站加拿大臂-2 于 2021 年 5 月 12 日被发现了一个 1~2 in① 的穿孔，如图 3-1 所示。幸运的是，该穿孔并未造成加拿大臂-2 丧失功能，但该大小尺寸的孔洞若发生在其他位置，比如燃料贮箱、蓄电池等，可能造成灾难性影响。

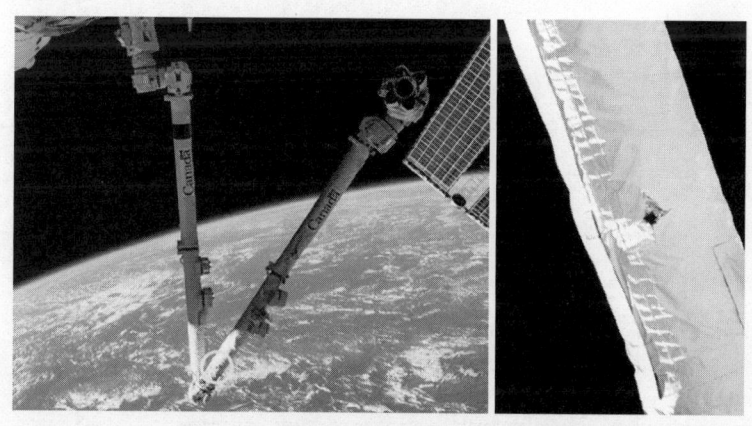

图 3-1 国际空间站加拿大臂-2 穿孔

（2）撞击时刻空间碎片与航天器发生动量传递，影响航天器姿态、轨道。当空间碎片与航天器发生碰撞时，高速碰撞带来极高能量使表面材料汽化、电离并发生极为复杂的物理化学反应。因碰撞所释放的能量总量并不容易确定，虽然总动量守恒，但对航天器姿态、轨道的影响并不能通过计算准确获取。在半定量

---

① 1 in = 2.54 cm。

分析中，NASA 的标准解体模型以动能质量比 40J/g 为界对撞击效应做了灾难性碰撞和非灾难性碰撞的区分，并能够粗略给出撞击后碎片的大小、速度分布等。若为非灾难性碰撞，可通过该模型结合航天器的遥测数据等对碰撞前碎片大小、速度等进行粗略估计，从而对非灾难性的航天器故障进行溯源，查证航天器故障是否由空间碎片撞击引起。

（3）空间碎片及撞击产生的二次碎片、高温放电效应产生的等离子云等将使航天器发生损坏。主要表现在：①撞击发生在航天器太阳电池阵或其驱动机构（SADA，Solar Array Drive Assembly）等位置，引起航天器能源供给能力下降；②撞击形成的二次碎片云和高温、放电等效应产生的等离子云进入航天器内部并发生扩散，可能导致供电异常、电缆和产品受损。

（4）撞击引起航天器结构损伤，甚至导致航天器部组件爆炸、解体。据NASA 统计[14]，航天器与编目碎片发生撞击导致航天器解体的案例有五起（表 3-2），最近发生的一起为中国云海一号 02 星受空间碎片撞击导致部分解体，并产生了 37 片空间碎片。

表 3-2　五起确认的与编目物体的撞击事故

解体时间	航天器	空间碎片	产生的编目碎片数量
1991 年 12 月 23 日	宇宙 1934	国际编号：1977-062C； NORAD 编号：13475； 属性：任务关联碎片	3
1996 年 7 月 24 日	Burner 2A	国际编号：1977-062C； NORAD 编号：13475； 属性：解体碎片	2
2005 年 7 月 13 日	DMSP 5B F5 上面级	国际编号：1986-019RF； NORAD 编号：18208； 属性：解体碎片	7

续表

解体时间	航天器	空间碎片	产生的编目碎片数量
2009 年 2 月 10 日	铱星 33	国际编号：1999-057CV； NORAD 编号：22675； 属性：失效航天器（宇宙 2251）	2370
2021 年 3 月 18 日	云海一号 02 星	国际编号：1996-051Q； NORAD 编号：48078； 属性：任务关联碎片	37

一般认为，大于 1 cm 的碎片对航天器的撞击即可能导致航天器失效甚至解体，其产生的二次碎片将进一步污染轨道空间，并可能引发级联碰撞，也称"凯斯勒效应"[15]。

从人类进入太空伊始，空间碎片问题就得到了普遍关注。人们从法律法规及工程技术等多方面开展了大量有意义的尝试，总结起来就是"防现量""减增量""去存量"，即做好跟踪监测预防、实施碎片减缓和碎片主动清除工作，为空间碎片治理及太空交通管理体系构建提供重要支撑。

3.3.2　空间碎片的编目监测、演化分析及风险规避

为避免现有空间碎片对航天器的影响，通过太空交通管理机构以法律授权等方式，构设空间碎片监测基础设施与航天器管控单位之间的信息桥梁，依托空间碎片监测网准确掌握空间碎片的演化过程，为空间碎片的碰撞风险规避提供支撑。

太空交通管理针对编目碎片的跟踪监测、演化分析和风险规避的主要任务是：引接空间碎片监测系统数据以及航天器合作式轨道测量数据（或轨道计算数据），统一航天器合作式轨道测量的工程及数据标准，综合国际上其他太空交通管理实体的监测预警信息，充分掌握空间环境特别是大气环境变化对空间碎片及

航天器轨道的扰动情况，演化分析潜在威胁碎片，向空间碎片监测系统补充提报跟踪监测需求，充分了解掌握航天器在轨碰撞风险，指导协调航天器管控单位开展风险规避工作，维护太空环境长期稳定，促进国际太空利用的可持续发展。

当前工程技术条件下，一般认为空间碎片监测系统可对近地空间 10 cm 以上碎片进行编目，其余较小的无法被编目的碎片只能当作空间碎片背景环境。在航天工程领域，开展二者监测、演化分析及风险规避的手段和方法差异性也较大。需要特别指出，10 cm 尺寸界限仅仅是当前空间碎片编目能力的界限，并非一般航天器的防护界限。而且如图 3-2 所示，1 cm 以上 10 cm 以下对航天器构成严重威胁且并不能被稳定编目的空间碎片数量并不在少数。本小节对编目空间碎片、空间碎片环境开展演化分析以及开展风险规避的工程技术进行分别讨论。

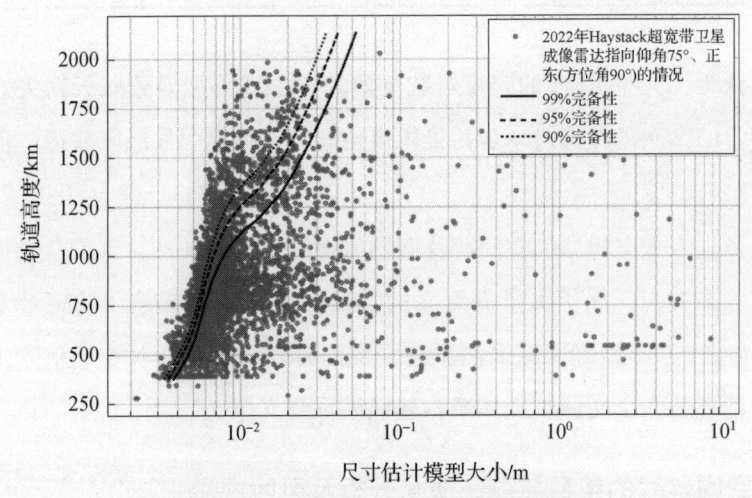

图 3-2 空间碎片大小和轨道高度分布

1. 编目空间碎片

对编目空间碎片的演化分析，遵从一般的轨道力学模型，以经典轨道六根数、春分点轨道根数或位置速度等为状态变量，通过常微分方程描述，按照计算方法，分为解析法、数值法以及半解析法。

解析方法是将轨道根数随时间的变化规律用解析函数来描述，优点在于解的形式可以直接表达根数随时间的变化规律，便于了解各项摄动对根数的影响，并且计算速度快，运行时占用计算机资源少，不需要轨道递推。但由于推导困难，计算模型通常需要简化处理，计算精度有限，一般用于短期轨道预报和快速风险筛查。SGP4/SDP4 模型[16]是空间碎片监测应用中最常见的解析模型,该模型基于 Kozai 平均运动理论,考虑了非均匀地球引力场、大气阻力、太阳辐射压、三体引力等摄动项。刘卫等人[17]的研究表明,SGP4/SDP4 的预报稳定性及精度可以满足空间碎片碰撞预警的一般要求(表 3-3)。但需要指出的是,上述结论依托的观测数据为稳定跟踪的激光测距资料,其预报误差已接近模型误差单因素导致的理论预报误差,不能简单等同于公开编目数据库如 SpaceTrack 或 CelesTrack 公布的 TLE 的外推误差。TLE 是用特定方法去掉了周期扰动项的平均轨道根数,包括空间目标的轨道根数和其他相关信息,由两行 69 字符数据组成。事实上,这些机构发布的航天器或空间碎片的 TLE 的精度还会受到当时观测条件、地磁活动情况等的影响,其外推稳定性及精度差于该结论。除 SGP4/SDP4 模型外,南京大学刘林等人[18]基于一般摄动理论,建立了基于平均轨道根数或拟平均轨道根数的模型,其计算效率略低于 SGP4/SDP4,但轨道预报精度优于 SGP4/SDP4。

表 3-3 SGP4/SDP4 预报误差结论

轨道类型	SGP4/SDP4 定轨精度/km	预报误差稳定性及精度
近地轨道	≤0.60	40 圈小于 5.0 km
低轨轨道	≤0.50	150 圈小于 3.0 km
中轨轨道	≤0.30	300 圈小于 12.0 km
半同步轨道	≤1.50	50 圈小于 15.0 km
同步轨道	波动较大	10 圈小于 40.0 km

数值法通过采用数值积分算法对轨道动力学模型进行积分解算,在积分时间不太长的情况下,数值法很容易达到精度的要求。但与解析法相比,数值法的计算效率比较低,一般用于空间碎片的精密定轨以及高可靠碰撞预警。对于 LEO 空间碎片及航天器而言,数值法模型的核心在于如何建立高精度的大气密度预报模型,从而提高预报的准确性。美国空军太空司令部和空间环境技术公司为提高空间目标的轨道预报精度,在 Jacchia – Bowman – 2008 模型的基础上,在预测区间内引入了 DCA/HASDM 模型进行修正,并利用 Anemomilos 太阳风暴预报模型对太阳活动对大气密度的影响进行预报,建立了 Jacchia – Bowman – HASDM –

2009 模型，但该模型并未公开。因大气模型选用的差异性，使数值法定轨所得到的 C_d 值并不相同。各航天机构在交互定轨所得的航天器瞬时根数时，应对采用的模型细节加以说明。当模型属于私有模型时，需要利用多点迭代的方式进行转换，但显然会引入额外的误差。

半解析法结合了解析法和数值法的优点，在精度和速度之间达到了很好的平衡点。半解析法首先消去系统中的短周期项，再用数值法对剩余的平均化摄动加速度积分，可以快速得到相对准确的轨道预测。但是半解析法在编目空间碎片的轨道外推中应用较少，这里不再赘述。

太空交通管理机构在处理空间物体编目数据时，应根据不同的应用场景，选用不同的空间碎片和航天器的轨道动力学模型。在交互数据时，应确保模型与轨道数据的一致性，避免交互数据时产生误差。目前航天器碰撞预警筛查的交互一般采用星历数据，虽然避免了一定的计算歧义，但星历数据传输量大，外推时需进行模型转换，这给一些应用带来了不便。例如星上开展自主碰撞规避时，如果直接通过地面上注的空间目标星历数据进行处理，星上计算资源不足将影响碰撞规避处置效率。

编目空间碎片的演化分析中，除需对状态变量进行外推预报之外，还需对状态变量的不确定性进行预报。轨道的不确定性主要来源于初始定轨误差以及模型误差，由于轨道动力系统的非线性本质，随着外推时长增加，偏差分布呈现非高斯性。以轨道根数作为状态量的误差的线性特性一般优于以位置速度作为状态量的线性特性。编目空间碎片主要关注其短期如 3 日内的偏差演化情况，在定轨精度较高的情况下，一般可不考虑误差演化的非线性。

编目空间碎片的碰撞风险规避主要目的是降低航天器在轨撞击的风险，从大数效应上维护太空环境的整体稳定。为应对当前太空环境的挑战，特别是编目空间碎片的挑战，太空交通管理主要需开展碰撞预警事件协调处置、轨道机动活动的备案与安全性核验等业务。

2. 空间碎片环境

对未编目的空间碎片，往往只能当作碎片环境进行观测、预报以及防护应对。与编目碎片不同，我们很难给出具体某个碎片的轨道，仅能获得碎片的时空分布规律。

从空间碎片环境的分析方法上，按照碎片云状态的描述方法，分为宏观变量法（如碎片的数量以及分布密度等）和单碎片状态蒙特卡洛仿真法。宏观变量法是通过常微分方程组建立宏观变量的演化模型，对碎片的空间分布进行演化分析[19]。而单碎片状态蒙特卡洛法是建立单个碎片高精度的长期预报模型，对演化过程中可能发生的各类事件如航天器发射、碰撞等进行蒙特卡洛仿真，统计分析碎片分布的期望值作为最后的演化结果。目前常用的演化分析模型大多使用了后一种方法，这是因为对复杂摄动条件下的仿真，其摄动力建模较为简便，如 NASA 的 LEGEND 模型，流星体和空间碎片环境参考模型（MASTER）等。在考虑碰撞解体等事件对空间碎片云的影响时，与编目空间碎片的碰撞预警采用的碰撞概率模型不同，碎片云中因模型精度较差，一般采取体积元方法进行碰撞概率的半定量描述。姜宇等人给出了解体模型、碰撞溅射模型、碎片总量预报模型、碎片受力模型与碎片通量计算模型等与碰撞撞击事件之间的关系，如图 3-3 所示。

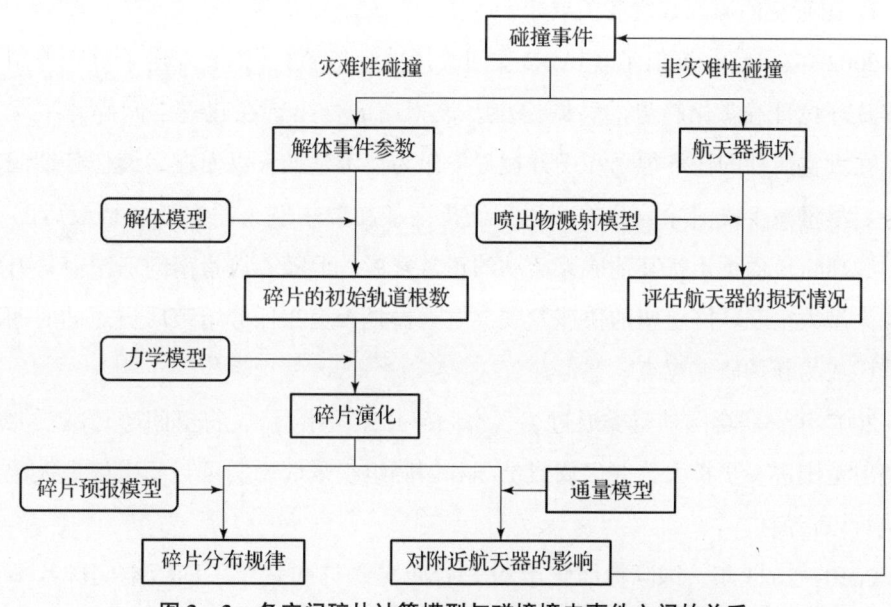

图 3-3 各空间碎片计算模型与碰撞撞击事件之间的关系

太空交通管理致力于维护一个相对稳定的空间碎片环境，从而降低航天器碰撞风险。一是对已发生的航天器解体事件等重大太空事件对空间碎片环境的影响进行分析，关注重大太空事件对太空资产的安全性影响，进而根据当前碎片环境状态，动态提出维护碎片环境稳定的长期性指导意见，供航天政策制定部门以及相关工业部门参考。二是综合考量规划论证中的发射计划，特别是对巨型星座的部署轨道、安全运营方式、离轨方案等进行审定，评估巨型星座对空间碎片环境的影响以及巨型星座受此影响的安全运行寿命，并在部署轨道、安全运营方式、离轨方案等方面给出合理化建议。

3.3.3 空间碎片减缓政策监管落实情况

目前，在空间碎片减缓领域，参与太空活动的国家（机构）已经就空间碎片环境治理问题达成了整体的广泛的发展共识，也形成一系列国际研讨机制和规定做法等内容，并逐步将空间碎片减缓作为一项新要求纳入了太空活动的实施检查和监管指标。美国开展该领域的研究和实施工作较早；中国政府和相关部门也对空间碎片问题极为关注，根据相关发展规划，先后出台了多项空间碎片减缓实施的规定和办法，空间碎片减缓的监管和落实逐步走向深入。

1. 国际空间碎片减缓有关要求

2002年，IADC推出了《IADC空间碎片减缓指南》，正式发出了对于遏制空间碎片环境日益恶化趋势的共同愿望。该指南的推出旨在建立空间碎片减缓准则，在太空活动的任务规划和设计过程中作为参考基准，以便在后续任务期间和任务后尽量减少或消除碎片的产生。该指南最初要求航天器在任务结束后的25年内脱离轨道而不干扰其他航天活动的正常开展。但随着该指南的三次修订升级以及大型太空互联网星座的快速发展，航天器是否应在任务结束后更短的时间内离轨已成为新的研究焦点。

2007年，联合国外空委通过了《空间碎片减缓指南》，将空间碎片减缓要求的辐射范围进一步扩大，并倡议成员国和国际组织采取切实可行的措施最大限度地执行该指南。

2010—2023年，国际标准化组织先后四次修订和发布了四版空间碎片减缓要求，作为有关空间碎片减缓的系列标准中的顶层标准。该标准将作为用户构建空间碎片减缓总要求与低层级实施标准之间的主要接口和桥梁，从而确保其符合性，其目的是将国际认可的空间碎片减缓指南转化为一系列可测量、可验证的顶层要求及与其配套的具体方法和实施程序。

美国政府也加强了对空间碎片的监管和政策的落实。2010年美国政府发布的《国家航天政策》中明确指出，太空的可持续利用对美国的国家利益至关重要，政策加入了"保护太空环境和负责任利用太空环境"的新章节，在空间碎片治理方面提出了"空间碎片主动移除"策略。据此要求，其国内相关管理部门先后发布了 SPD–3、《美国政府轨道碎片减缓标准实践》（USGODMSP, U. S. Government Orbital Debris Mitigation Standard Practices）、《国家轨道碎片研究与发展计划》、《国家轨道碎片实施计划》、《缓解轨道碎片问题标准做法》等相关规定，其目的是规范国家管控范围内的所有航天活动，尽量避免空间碎片的产生。

此外，美国已就空间碎片减缓落实情况对相关企业开出了首张罚单。2023年10月2日，美国联邦通信委员会（FCC, Federal Communications Commission）对美国卫星电视运营商 Dish Network 公司（简称"Dish 公司"）开出首例空间碎片罚单，惩罚其未能按照要求对退役卫星开展离轨处置。2002年，Dish 公司发射了名为 EchoStar–7 的同步轨道广播通信卫星。此后，Dish 公司于2012年获得 FCC 批准实施轨道碎片减缓计划。在计划中 Dish 公司承诺，在任务末期该卫星将会被机动到其运行的同步轨道上方300 km处作废弃处理。2022年2月，由于卫星中剩余燃料不足，Dish 公司仅将其卫星废弃在同步轨道上方约122 km处。FCC 执行局宣布了对 Dish 公司的调查结果并公布了判决，判决结果包括 Dish 公司承认其对事件负有责任，同意追加一份按规定运行的计划书，以及支付15万美元的罚款。

此次处罚，是国际首例关于空间碎片减缓相关的执法案例，是美国空间碎片减缓从政策理论走向实际执行层面的重要阶段，或可对未来国际空间碎片减缓政策制定、措施落实产生深远影响。

2. 中国关于空间碎片减缓有关要求

中国一直在加强空间碎片的治理和监管程序。2009年国家航天局制定和发布了《空间碎片减缓与防护管理暂行办法》，在经过进一步的修订和完善后于2015年形成了《空间碎片减缓与防护管理办法》，明确了航天器和运载器在设计、研制、生产、发射、在轨运行及处置阶段需要规范采取的减少空间碎片产生的措施。中国其他相关部门也积极组织力量开展了空间碎片减缓的技术标准研究，截止到2023年9月，已经发布了9项空间碎片领域的国家标准（表3-4），丰富和完善了空间碎片减缓的管理、技术、程序等相关方面的内容，为落实空间碎片减缓要求夯实了基础。

表3-4 中国已发布的空间碎片领域国家标准

序号	标准号	标准名称
1	GB/T 34513—2017	《空间碎片减缓要求》
2	GB/T 32295—2015	《运载火箭剩余推进剂排放设计要求》
3	GB/T 32308—2015	《GEO卫星任务后处置要求》
4	GB/T 34523—2017	《航天器剩余推进剂质量的估算要求》
5	GB/T 38194—2019	《运载火箭操作性碎片减缓设计要求》
6	GB/T 40536—2021	《航天器剩余推进剂排放设计要求》
7	GB/T 43223—2023	《空间物体轨道数据规范》
8	GB/T 43224—2023	《运载火箭轨道级处置详细要求》
9	GB/T 43225—2023	《空间物体登记要求》

当前，中国航天从业实体也在积极从技术、生产等重要环节为航天器的全寿命、全流程监管做好基础准备，管理、研制、生产、管控等多部门积极协调建立运行机制，对每次航天器的发射计划、控制计划、离轨计划等相关实施程序开展必要的审查，以便从各关键环节出发，进一步落实空间碎片减缓和治理要求。

3.3.4 空间碎片主动清除的技术现状及实施方式

空间碎片的主要危害在于极大增加了在轨航天器的被撞击风险，在此威胁下，也极大挤占了宝贵的轨道资源。太空交通管理需要维持良好的太空环境，减少空间碎片对航天器的危害，通过开展空间碎片主动清除以实现太空环境的长期可持续性。空间碎片主动清除即是通过接触或非接触的方式，主动改变空间碎片轨道使其离开原工作轨道从而降低与航天器之间碰撞风险的技术。

国际上学者提出的空间碎片主动清除的手段主要有增阻离轨、抓捕离轨和推移离轨等。

增阻离轨是指利用在轨道上膨胀泡沫、布撒粉尘等方法，增加空间碎片的面质比，提高大气阻力作用，或通过微量撞击冲量直接降低速度等实现碎片离轨。从工程技术上来说，其可靠性和安全性存在诸多问题。因此在当前技术条件下，具有广阔发展前景的是抓捕离轨和推移离轨方案。

空间碎片的抓捕离轨主要通过航天器对空间碎片进行跟瞄测量、交会对接以及抓捕等操作后，拖离其离开原运行轨道。其主要的抓捕载荷包括飞网、飞爪以及机械臂等。空间碎片的抓捕离轨，主要适用于失效航天器或其他大型空间碎片。

推移离轨主要是通过非接触式的能量束与空间碎片相互作用的力学效应实现碎片轨道改变。能量束包括高能离子束或高能激光。高能离子束推移离轨，主要是通过离子推进器或霍尔推进器产生的高速离子羽流对空间碎片施加作用力。

高能离子束推移离轨时，因受到推力器剩磁效应、离子束的非均匀性等影响，空间碎片与服务航天器之间保持一定距离，离轨效率有所损耗。另外，空间碎片在等离子体羽流中的运动规律并不十分容易确定，随距离变化等离子体羽流密度也会发生变化，高超声速等离子体场中复杂形状物体的运动是一个多场耦合的高度复杂的动力学问题，因此在实际工程上是否能够保持双星系统的稳定性是一个难题。一些学者在这方面做了一部分研究，但缺乏试验和工程验证，还有待进一步研究的开展。

高能激光推移离轨，主要有两种效应，一种是光压效应，一种是高能激光作用于空间碎片表面时产生的反向高速离子射流产生的冲量。根据估算，光压驱动的冲量转换效率较低，产生的冲量仅为 $10^{-10} \sim 10^{-9}$ N·s/J 量级，比脉冲激光烧蚀（冲量为 $10^{-5} \sim 10^{-4}$ N·s/J）低 4~5 个量级。因此国际上目前研究热点集中于高能脉冲激光器烧蚀推进离轨方案。根据激光器的布设位置，分为地基激光推移离轨和天基激光推移离轨。部署于地面的激光器不受平台能源、热控等设计约束，但受大气干扰较为严重。天基激光器不受大气干扰，但对航天器的能源、热控、激光器寿命及可靠性等提出了较为苛刻的要求。因此，有学者提出了在空间站开展激光离轨的可能性方案。需要指出的是，目前这些方案都停留在工程设计和试验验证阶段，尚未见到实际的空间碎片离轨案例。

综上，空间碎片主动移除是航天工程领域的热点方向。总体来说，这些空间碎片的主动移除方案，都需要特别关注编目空间碎片的轨道测量精度及更新频率，工程上必须考虑航天器系统间的信息交互和工作协同问题。换言之，空间碎片主动移除，除了技术本身所需的技术装备，还必须借助于航天基础设施支持，特别是空间碎片监测体系能力支持，继而完成目标选定、任务规划、跟瞄锁定、过程安全性管理以及事后效果评估等既定任务。

（1）目标选定。任何空间碎片主动移除技术都有适用范围，如飞网、绳爪等对目标质量、尺寸等往往存在限制。机械臂等刚性抓捕机构对空间碎片自旋角速度的适应性也较为有限。抓捕移除方案需要航天器与空间目标实现交会对接，轨道大范围机动燃料耗费大、成本高。天基激光烧蚀方案因天基激光器功率限制，往往也需要近距离作用。因此依托地面光学和雷达设备，通过雷达反射截面积（RCS, Radar Cross – Section）、光学望远镜的图像或光度变化情况，才能确定目标的大小、角速度以及轨道等信息，从而筛选出可能的目标集合。太空交通管理机构可对空间碎片主动移除主体实施单位提供该类信息，从而促进空间碎片主动移除技术的发展和成熟。

（2）任务规划。任务目标选定后，需规划任务执行的窗口期。网捕离轨、离子束推移离轨时，因与空间碎片存在软连接，主动移除航天器需进行闭环控制，从而保证组合体运动状态的稳定性，此时响应外部碰撞预警困难。因此，在确定任务执行计划时，应对离轨过程的空间目标威胁态势充分掌握，并尽可能选择与其他空间物体交会威胁最小的机动路径和机动窗口。太空交通管理机构可与碎片主动移除主体实施单位开展任务安全性分析工作，从而确保任务的顺利实施。

（3）跟瞄锁定。在主动移除的交会对接过程中，需要主动移除航天器上的相对导航跟瞄设备实现对空间目标的跟瞄锁定，航天器制导、导航与控制（GNC, Guidance Navigation Control）系统需要实现由地面导引控制到星上自主控制的转换。航天器 GNC 系统中搭载的相对导航跟瞄设备的搜索范围有限，需要通过地面测量得到的空间碎片初始轨道作为导引。碎片主动移除主体实施单位可与太空交通管理机构提前对接，确定空间碎片初始轨道的定轨及预报精度，必要时可协商进行加密跟踪测量，进一步提高跟瞄锁定的成功率。

（4）过程安全性管理。在碎片主动移除过程中，太空交通管理机构需及时对外发布相关空间碎片及组合体轨道信息，协调其他相关航天器开展碰撞规避。

另外对任务实施全过程空间碎片威胁情况进行实时评估,及时干预任务进程,确保任务实施的安全性。

(5)事后效果评估。碎片移除后,太空交通管理机构应及时协调空间碎片监测系统对碎片进行重新编目和测定,确定碎片轨道,分析碎片长期演化规律,估计碎片轨道寿命,辅助开展空间碎片移除效果评估。

3.4 太空交通事故的调查与处置

航天科技的发展为人类开辟了新的探索领域,然而即使经过了60多年的技术积累与创新,太空活动的事故也依然时有发生。太空交通覆盖了航天器进入太空、在轨运行和离轨再入各个阶段的活动,航天器发射失利、航天器在轨碰撞、空间天气异常引发航天器失效等事故偶有发生,给航天器运营方、发射服务提供方等都造成了巨大损失。如何对太空交通事故进行深入调查,采取有效的处置方法以降低事故影响,以及开展事故的预防,是太空交通管理任务的重要内容。

3.4.1 太空交通事故的危害影响

一般来说,太空交通事故是指航天器在发射、运行、回收(或陨落)等阶段中发生的意外事件,并导致资产损失、任务失败或人员伤亡等连带结果。根据事故的性质和影响程度,航天事故可以分为多种类型,如发射事故、在轨运行事故、异常陨落或回收事故等。

1. 发射事故危害

航天器发射是航天器或宇航员进入太空的关键活动,由于运载器携带高能量燃料,且需要达到极高的速度才能进入预定轨道,运载设备与大气摩擦还会产生超过1 000 ℃的高温,当运载设备出现故障时,运载设备及其携带的载荷或人员极有可能在运行过程中因高温、过速等因素导致运载设备爆炸、坠毁,对财产、人员生命造成极大的损失。

1986年1月28日,在挑战者号航天飞机发射飞行73 s后(高度16 600 m),外挂燃料箱发生了爆炸,直接将航天飞机炸得粉碎,化作了一团大火。另外2枚固体助推火箭失去了控制,极有可能坠落到人口密集区,工作人员通过遥控装置将其引爆。在这次发射任务中，价值高达12亿美元的挑战者号航天飞机在顷刻间化为乌有，1 400 ℃热空气席卷机舱，7名宇航员无一幸免，全世界为之震惊。

此外，如载荷分离装置失效、推进装置故障等因素导致的航天器发射事故也屡有发生，对国家、航天器运营方、发射服务提供方都造成了难以估量的巨大损失，甚至人类探索太空的决心也受到了巨大打击。如何防范航天器发射任务失利、降低航天器发射任务失利带来的损失和负面影响，是各个太空活动参与者都在尽全力解决的重大问题。

2. 在轨运行事故危害

航天器在轨运行期间有可能发生航天器与空间目标撞击、空间天气异常影响、无线电频率干扰等事故，进而造成航天器解体、载荷失效，既给航天器运营方造成损失，也使空间环境变得更加恶劣。

1996年7月24日，法国樱桃号军事电子侦察卫星与阿丽亚娜V型火箭残骸相撞，虽然卫星主体没有受到损伤，但是卫星的重力梯度稳定杆被损坏，导致卫星的姿态失去控制，无法正常运行。

2009年2月10日，美国商用通信卫星铱星-33与俄罗斯报废的宇宙-2251卫星在西伯利亚上空以11.6 km/s的相对速度迎头相撞，两个卫星解体共产生10 cm以上大小的碎片超过1 000片，残骸主要分布在700~900 km高度，对该高度的其他航天器安全运行造成严重影响。

由于在轨运行的航天器和空间碎片一般距离地面超过200 km，且目标相对较小，地面对其观测能力有限，很难为航天器提供全面的碰撞风险告警。对于直径小于10 cm的碎片还很难做到风险评估，虽然较小尺寸的碎片并不会直接造成航天器完全失效，但也可以造成部分元器件失能，这样的事故危害在极端条件下也是不可接受的。而空间天气由于受太阳活动影响，目前国际上还没有形成很明确的空间天气异常造成航天器故障的效应关系，因此对于空间天气灾害造成的事故，还需要从加强监测预报、加强航天器防护设计来做好应对。

3. 再入事故危害

航天器在再入大气层过程中，会与大气高速摩擦导致航天器升温，一般不需要回收的航天器在再入过程中会设计成燃烧解体或坠入大海，但如果没有烧蚀干净而撞击到地面，会对地面人员、环境造成重大损害；需要回收的航天器，如果不能处理好航天器升温问题，极有可能导致回收航天器报废，对于载人航天器更是会导致人员死亡；而回收航天器如果不能在最终着陆时完成速度减缓，也同样会造成回收航天器的损毁和人员的伤亡。

1978年1月24日，苏联宇宙954核动力卫星在大气层解体，放射性碎片落入加拿大西北地区，卫星碎片沿着大奴湖和贝克湖之间600 km的路径坠落、扩散到加拿大领土上。事故没有造成人员伤亡，但为了清除碎片带来的放射性污染，加拿大耗费1 400万加元进行处置。

2003年2月1日，美国哥伦比亚号航天飞机在执行STS-107任务返回地球的过程中，因为左翼前缘受损导致飞船解体，机上7名宇航员全部遇难。事故的原因是在发射时，一块泡沫保温材料从外部燃料箱脱落，撞击了飞船的左翼，造成了隔热瓦的损坏，在飞船再入大气层时，高温气流侵入了左翼内部，导致飞船结构失效，最终解体。

除了航天器再入引发的事故，事实上，地外天体的再入对地面人类和环境的危害更为严重。虽然地外天体属于太空环境的一部分，但考虑到本书的太空交通活动主要是与航天器有关的相关人为活动，因此本书并未介绍地外天体撞击地球的有关灾害，读者可根据个人兴趣查阅相关资料。

3.4.2 太空交通事故调查与处置的具体工作

太空交通事故发生后，应当在第一时间开展事故处理救援，在此基础上，可通过国际组织牵头或由事故相关方联合成立事故调查组，溯源分析事故发生的原因，明确造成事故的技术、管理或人为等方面的内外因素，确定责任方和责任人，为补偿、追责等善后工作，以及事故预防工作提供依据。事故调查与处置工作大体可分为以下阶段：

1. 预案准备阶段

太空交通事故调查与处置是一项复杂的系统工程，为有效应对事故处置、开展事后事故调查，需要进行周密的组织和准备，重点工作是制定调查与处置预案。预案是各项工作开展的依据，预案的统筹是否科学合理，直接关系到调查与事故处置质量的高低甚至成败。预案主要应包括适用范围与时机、组织架构、事故应对机制、调查与处置机制、保障与监督等内容。除了预案的编制，还需要开展太空交通事故调查与处置的演练，以提高事故应对能力。

2. 救援阶段

太空交通事故发生后，太空交通管理有关机构应该评估事故危害及其等级，启动对应的事故应对预案，按照职责分工开展灾害救援、风险监测、信息发布、保障与恢复工作，有效降低太空交通事故造成的影响，防止发生次生灾害。

3. 调查取证阶段

调查与处置是一个理论与实际相结合的过程，需要谨慎选择调查与处置人员，组建具有高水准的专业队伍。调查取证阶段的主要任务有：①收集信息。充分利用各种手段，全面收集有关事故的信息。应该综合采用各种科学方法收集信息以保证信息的全面性、系统性和准确性。②分析信息。在收集信息的基础上，调查组人员对与事故相关的原始数据和信息资料进行系统的整理、归类、统计和分析。③得出结论。在分析信息的基础上，调查组运用科学规范的方法，得出调查结果。在调查过程中，调查组人员应保持各类材料的完整性，客观、公正地反映突发事件的前因后果和应急管理工作的实际成效。

4. 处置阶段

调查组就调查结果反映的事故原因，进一步划定主要责任方和关联责任方，形成事故处置建议，由相关方开展责任追究和赔偿处罚。

5. 总结阶段

太空交通管理有关机构就事故处置情况和调查结果进行复盘总结，研究事故预防措施，根据调查结果完善事故处置与调查预案，并根据事故处置需要完善相关的法规机制。

3.4.3　太空交通事故调查与处置的基本要求

航天器及其运行环境的特殊性，加之安全管理和救援手段的局限性，决定了一旦发生重大太空交通事故，处置和查证将异常复杂困难。一是应急救援难度大。太空位置高远，加之救援手段有限，给应急救援工作带来巨大的难度。同时，太空交通事故的处置，可能涉及诸多法律难题。如航天器发生非受控陨落，陨落地点难以控制，尤其落入他国领土时，如何回收飞行器就是一个很大的法律难题，将会遇到一定的国际法障碍。二是事故原因查证难度大。引发太空交通事故的原因非常复杂，查证涉及诸多部门和领域，需要耗费大量的时间、人力、物力和财力，短时间内难以完成，有些事故甚至最终也无法形成明确结论。三是国际舆论高度关注。任何太空交通事故都会给人类的太空探索活动带来重大影响，一旦发生，将会引起国内和国际的广泛关注。如果不能妥善应对，将可能给国际交流与合作造成被动。总结历史上太空交通事故的经验教训，太空交通事故的处置应对可重点考虑加强以下五个方面：

1. 推动安全防范技术发展

应对太空交通事故的实践表明，先进的太空技术在预防和处置太空交通事故中具有举足轻重的地位。应大力发展太空交通管理技术，形成相对完备的太空交通事故技术防范体系。要通过加强自主研发，发展分离模块组合航天器、微型卫星、卫星加固预防技术，提高太空设施的生存能力；探索星载威胁探测告警能力，提高对空间目标碰撞的预判能力；发展快速响应、经济可靠的发射技术，在保证发射安全性的前提下提高太空救援与保障能力；创新发展防护技术、轨道救援技术和高生存能力卫星系统技术，满足维护太空交通安全的需要。

2. 构建高效的事故预警机制

虽然太空交通事故表现出突发性、偶然性，但是根据海恩法则，偶然性背后隐藏着必然性，只要能够及时发现和消除危及安全的隐患，偶然性就失去了根基，重大太空交通事故的发生就可以避免。建立预警机制就是要加强安全建设，强化安全风险监测、评估及管理，从源头上消除太空交通事故的安全风险和隐患，对可能引发事故的环节实施有效监控，制定周全的应对计划与处置方案，并进行相应的专项演练，确保预防工作的扎实有效，从而降低太空交通事故发生的概率。

3. 提升事故应对处置效率

太空交通事故一旦发生，需要及时高效判明问题性质，实时把握状态与趋势，快速作出应对决策，这些举措事关能否在事故发生的初期把握主动权，以及是否有效采取措施，控制事态升级和降低负面影响，提高应对的成效。一方面，针对太空交通事故发生时的状态，根据预案明确应急处置响应等级，迅速调用相关力量作出应急反应，实时控制事态的扩大或连带效应；另一方面，针对太空交通事故发生后的可能影响，综合利用各种手段和方法，开展事故次生影响监测预警与风险化解，尽快完成事故救援与恢复重建。

4. 多方合力开展事故处置

太空交通事故处理，仅靠单一的应对措施难以奏效，因此，需要在统一的组织下，综合运用多种措施手段综合应对。一是要依托太空交通管理有关机构统一开展处置。通过协调多领域的应对行动，有重点、分层次地综合运用各种应对手段；及时隔离地面相关区域，管制相关空域并展开情况调查。二是协调多领域资源开展救援处置。组织各种专业力量及时进行医疗、设备、通信、交通等的救援保障；引导舆论宣传主体积极作为，有效展开宣传，消解民众恐慌；认真进行科学评估与经验教训总结等，尽可能减少或降低负面影响。

5. 依法灵活处置事故影响

太空交通事故发生具有很大的突发性，控制难度大，处理不好有可能引起国内民事纠纷和群体性事件，甚至引发国际争端。因此，要依据国内法与相关国际法，针对太空交通事故发生的性质原因、发展趋势和主要影响，采取灵活的应变策略。对事关国内安全稳定的问题，依法灵活处置，做好必要的调解、抚恤、赔偿等善后工作，确保社会生活的正常有序；涉及国际社会影响的情况，按照国际条约有关要求在国际平台开展协商，与国际社会共同处置好太空交通管理事故。

3.5 太空交通管理的信息化服务

太空交通管理的主要任务包括频率和轨道资源的分配与管理、航天器安全运行活动监管与风险预警、空间碎片的危害预警与应对，以及太空交通事故的调查与处置，通过对太空活动进行规划和协调，或对太空事件进行分析和处置，以消解或降低太空安全风险。其基础来源于空间目标的状态位置、空间天气和电磁环境等太空数据，以及各个航天器运营方、发射服务提供方的联络沟通方式。但是，随着航天器数量的急剧增加，人工进行数据采集、整理和分析的方式已不足以支撑各类太空交通安全事件的高效处置，也不适应星上自主控制的技术发展趋势，太空交通管理将依赖信息化服务开展数据的分析和交互，来实现高效的太空交通活动协调和太空安全风险处置。

3.5.1 太空交通管理的信息化服务设计

太空交通管理的信息化服务需要满足太空活动协调和太空安全事件处置过程中的数据开发利用和交流共享需求。一是对不同空间碎片监测机构、空间天气监测机构、航天器运营方、发射服务提供方的数据进行引接和汇聚，通过数据治理形成权威的太空交通数据，并完成太空飞行安全分析、太空安全风险预测等数据分析应用，使之能够为太空交通管理决策提供支持；二是根据一定的机制和数据交互标准，完成太空数据和安全信息的按需共享和交换，向相关航天器运营方、发射服务提供方及时通报风险信息、提供其所需的数据，辅助各机构开展安全风险的协调和处置；三是可以进一步提供处置协调方面的支持性服务，如碰撞交会风险评估、控制策略辅助制定、在轨活动的安全性评估等。

太空交通管理的信息化服务内容设计，与开展太空交通管理的国家或组织的体制机制和技术基础密切相关，一般根据其太空交通管理的组织运行模式和技术实践情况，针对性地设计数据交互或分析评估支持性的服务。例如，美国太空商务办公室关于太空交通协调系统的服务设计理念之一，就是考虑信息服务系统对商业空间碎片监测数据和商业交会筛查服务能力的融合利用，在提高数据和服务精度的同时，也进一步促进了商业航天的发展；欧盟在太空监视与跟踪（EU SST, European Union Space Surveillance and Tracking）基础设施建设的基础上，设计的太空交通管理服务架构则考虑到了各成员国的重点分工，德国负责完成空间物体编目以及编目数据库的维护，法国和西班牙重点提供交会筛查服务，意大利负责提供再入、解体和碰撞相关分析服务，以充分利用各成员国的技术基础，提高整体运行效益。当然，无论是太空交通管理的数据交互服务还是分析支持服务，其设计和实现都需要依照一定的数据和业务产品标准，才具备推广的可能。

1. 信息化服务涵盖的内容

太空交通管理信息化服务应当满足航天器和运载火箭的服务方、运营方的安全性需求，包括以下几方面：

（1）太空交通安全风险通报服务。通过掌握的空间事件感知信息，提前预测碰撞交会、电磁干扰、空间目标陨落或再入、航天器解体、异常空间天气等太空交通安全风险及其影响危害,向相关用户自动发送通报,以提醒航天器和运载火箭的运营方、服务方规避风险或开展处置。

(2) 太空交通活动的安全性支持服务。航天器发射入轨、在轨活动和离轨再入等过程,受空间碎片和太空环境的影响,可能存在一定的安全风险。由于不同航天器运营方的能力和经验水平不同,可以针对某个具体航天器提供风险评估和处置建议服务,提升航天器运营方有效处置相关安全风险的能力。

(3) 提供太空数据采集和共享服务。为保证太空交通安全风险分析的准确性,需要尽可能获取所有的空间事件感知信息,包括空间碎片监测机构、空间天气监测机构、航天器运营方和发射服务提供方所提供的信息,以便全面掌握当前和未来一段时间内的太空交通活动情况,以及潜在的太空交通安全风险。因此,需要提供太空数据采集相关服务,以汇集必要的数据基础。汇集的数据将用于满足不同用户开展太空交通活动协调和太空安全风险处置需求,通过标准化的处理、融合和分级分类管理,向不同用户权限提供安全、受控、准确的数据共享服务。

2. 信息化服务的设计要求

太空交通管理的信息化服务需要满足一定的设计要求,以保证服务的准确、稳定、可用和安全,确保航天器运营方、发射服务提供方能够获得并共享太空数据。

(1) 服务的长期稳定可用。太空交通管理的信息化服务需要具备对外提供长期稳定服务的能力,并考虑到必要的冗余备份设计,以保证在出现重大异常时尽可能维持基本的服务能力或能够快速恢复服务。

(2) 服务的安全可信。太空交通管理的信息化服务的可能用户包括国内外航天机构、科研人员和航天爱好者等公众用户,其管理的数据可能涉及商业机密,因此,太空交通管理的信息化服务设计应当考虑到潜在的网络安全威胁,通过访问控制、身份鉴别、信息加密、安全审查等手段,加强信息网络安全体系防护能力,确保对外信息交互的安全性、信息的受控传输并防止数据的违规使用。

(3) 数据的时效性和准确性。太空交通管理服务提供的信息需要达到一定的准确性和时效性要求,这需要在设计时考虑数据的生命周期管理和质量监测等方面,检测出过期或不可靠的数据,并控制问题数据的使用。譬如,对于星历数据，其精度将影响轨道分析结果的准确性，可以借助外符合或内符合的方法，对不同来源数据的精度进行评定和分级，以选出可靠的数据用于分析计算。

（4）遵循可靠的技术标准。对于碰撞交会、电磁干扰、异常天气等安全性相关的分析产品和风险告警等类型的服务，太空交通管理的信息化服务设计需要遵循一定的业务分析流程和技术标准。例如，碰撞交会风险的发布需要确定发布的时机、风险阈值门限等，以保证服务的准确性和可靠性。因此科学合理的底层技术标准是太空交通管理的信息化服务基础支撑条件之一。

（5）采用规范的数据交互格式。针对常态化交互的数据，需要区分不同的数据类型，建立统一规范的数据接口格式标准，以支持数据的自动化引接、处理和高效融合运用。太空交通管理涉及的信息标准可以参考国际标准，如空间数据系统咨询委员会（CCSDS, the Consultative Committee for Space Data Systems）导航工作组规定的交会数据信息（CDM, Conjunction Data Message）、轨道数据信息（ODM, Orbit Data Messages）、轨道星历信息（OEM, Orbital Ephemeris Message）、再入数据信息（RDM, Re-Entry Data Message）、跟踪数据信息（TDM, Tracking Data Message）等标准。在设计数据标准时，通常需要考虑包含的信息要素应足以支持太空安全风险的分析和处置，信息格式应采用国际通用的基准框架，数据格式应便于传输等。此外，如能增加额外的数据质量和频次等要求，将对提升数据分析相关服务的质量和效益有较大意义。

3. 信息化服务的基础条件

（1）太空数据采集融合。提供太空交通管理的信息化服务的前提是充分引接空间事件感知信息，通过与空间碎片监测机构、空间天气监测机构、天文观测中心、航天相关业务单位间的信息交换，以获取空间目标、太空交通安全风险、太空环境等支撑系统业务运行的基础数据。

①数据采集。通过规范的信息传输方式对航天器基本信息、航天器运动信息、空间物体轨道信息、太空环境信息等进行获取，包括定义数据传输的类型、数据交互的接口、信息传输的规程等方式，同时对数据的正确性进行校验，实现获取的数据准确可靠，为预测未来时刻可能发生的太空交通安全风险、开展太空交通安全风险分析与协调、制定针对性的风险防范和处置方案提供数据支撑。

②信息融合。对于采集到的太空交通活动及太空环境相关信息，由于信息来

源多样，需要通过有效的信息融合方式，一方面提升数据的准确性，如融合不同轨道弧段的非合作式轨道信息与合作式高精度轨道信息，有效降低航天器轨道位置的不确定性，提高航天器碰撞风险筛查的准确性，支持开展更有成本效益的航天器碰撞规避活动；另一方面形成数据的关联关系，为开展太空交通活动安全运行态势的研判提供广泛的信息支撑。

③数据治理。在信息融合的基础上，在设计和实施之初就按照大数据理念开展太空交通管理系统的建设，通过数据治理提升太空交通关联数据利用率和数据价值，以有效的数据资源管控手段，实现太空交通数据资产的有限管理。

(2) 太空交通管理信息服务平台。太空交通管理信息服务平台是进行太空交通管理的一体化专业平台，是协助太空交通活动参与者有效落实太空交通管理要求的有效载体，主要由太空交通管理信息服务平台基础设施及太空交通管理信息服务平台应用系统组成。

①太空交通管理信息服务平台基础设施。太空交通管理信息服务平台基础设施是支撑太空交通管理信息服务平台有效运行的基础，包括以巨型计算机、信息数据中心为代表的计算基础设施，以互联网、物联网等为代表的数据通信基础设施，以区块链技术、网络安防技术等为代表的网络安全基础设施，确保所有参与者能够安全、便捷、可靠地获取太空交通管理信息。

②太空交通管理信息服务平台应用系统。太空交通管理信息服务平台应用系统支持各参与者依托平台系统开展太空交通管理相关活动的组织协调与信息接收，通过数据分级分类的办法实现各类数据和服务的共享，高效、安全、及时地完成各类太空交通活动的处置，促进航天信息及应用在公众中的推广，增加航天产业的附加值，以信息化手段提高太空交通管理的能力水平。

(3) 太空交通管理系统运行规则。太空交通管理系统运行规则应是各类太空交通法律法规在信息系统中的具象化体现，规范了不同角色的参与者在太空交通活动中的行为准则，具有强制约束性，是确保太空交通有序运行的基础，也是太空交通管理信息服务平台论证设计、发挥效能的依据。

①数据共享规则。数据共享是开展太空交通管理的技术基础。考虑到信息保密和国家安全等因素，需要建立分级分类的数据共享规则，在保证国家安全和企业商业利益的前提下，最大限度开放航天器编目信息、空间天气信息等数据，统

一共享数据规程，实现航天器太空交通活动的统一监管，以透明、及时、可靠的信息支撑太空交通管理服务。

②注册与登记规则。太空交通活动注册与登记是太空交通管理参与者的准入规则。通过注册审查获得参与者资质，并以此为依据提供或享受太空交通管理服务；通过登记规范太空交通活动行为，将航天器基础信息、频率信息、发射信息等统一登记在案，为太空交通活动监管、碰撞规避策略制定、航天器到寿离轨等活动提供依据。

③信息发布规则。信息发布规则是在数据共享的基础上，向享有太空交通管理服务的参与者发布有关信息的各类规定，明确信息发布的类别、格式、内容和时机，以及可以开放给公众使用的信息，确保太空交通管理信息能够及时可靠地提供给各个参与者。

3.5.2　太空交通管理信息服务系统

随着各主要国家太空能力的发展，各类太空数据中心逐渐增加，与太空交通相关的数据如空间碎片监测信息、空间天气信息的类型更加丰富，但这些数据中心主要服务于各自的机构，出于各种原因（如商业机密）而缺少各中心间的信息交互，造成了众多的信息孤岛，难以支撑融合运用。因此需要通过统一的太空交通管理信息服务系统，畅通信息渠道，实现对不同来源的太空数据进行融合，区分不同的太空交通管理活动，综合运用太空数据生成分析产品，从而面向公众提供太空安全事件通报、太空活动的安全性支持、太空数据采集和共享相关的服务。据此可以构建一种太空交通管理信息服务系统的总体框架，系统将主要包含数据管理和对外服务两个部分。

在数据层面，系统重点完成各方向数据融合和分级分类管理，维护受控访问的空间编目信息和太空环境信息，通过数据检验、数据融合确保数据来源可溯、真实可信、信息全面，在满足安全的前提下按照信息归类、分类分级实现数据管理。同时，系统需要管理各类分析计算模型及参数信息，根据引接的数据，适时完成模型中部分参数的更新（如更新轨道预报模型中空间天气相关的参数），为各类服务提供算法模型支撑。

在服务层面，系统需要对外提供太空交通管理相关业务服务，基于汇集的太空数据,提供太空交通安全风险预测、航天器在轨安全支持、空间天气风险预报、空间碎片演化分析、国际信息共享及协调支持等服务,如图3-4所示。

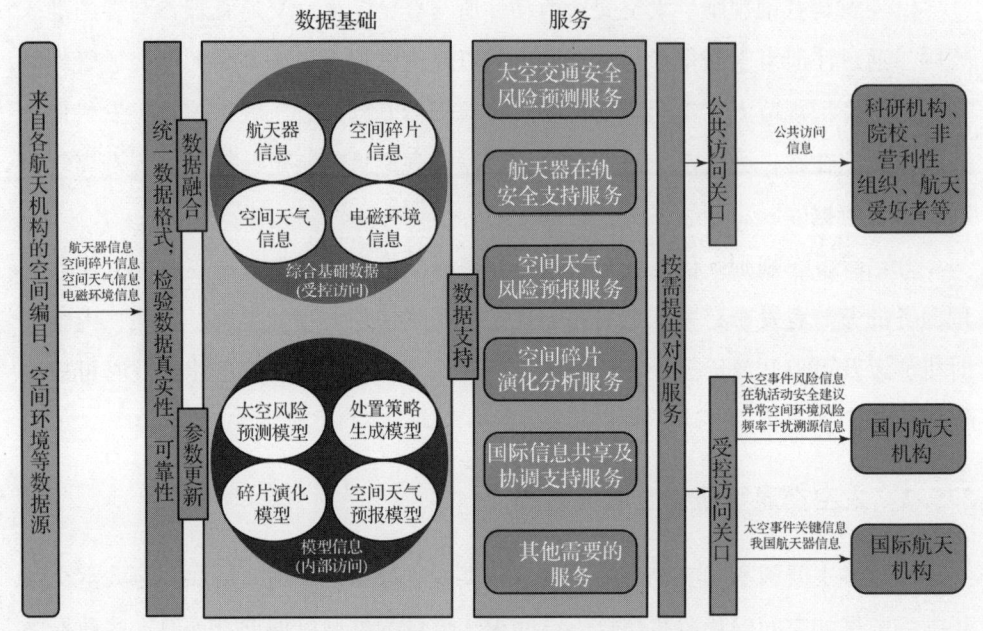

图3-4 太空交通管理信息服务系统总体框架

1. 太空交通安全风险预测服务

通过对太空环境的监测和仿真,对碰撞交会、频谱干扰、再入陨落等安全风险进行预测,提前发现可能发生的太空安全风险及其危害程度,并根据涉及的空间目标通报相应的航天器运营方和发射服务提供方,以支持通过预先协调等方式规避或减缓风险。

2. 航天器在轨安全支持服务

主要服务于航天器运营方,针对航天器可能面临的碰撞交会、在轨故障等影响在轨安全的事件,根据航天器的状态参数等信息,评估其可能的风险程度,提供针对性的处置建议或帮助制定轨道机动计划。由于不同航天器运营方对航天器的控制水平和经验不同,此类服务将在发现太空交通安全风险时为其提供一些必要的建议和支持。

3. 空间天气风险预报服务

通过汇集空间天气数据,掌握太阳活动、地磁活动等的变化规律,预测未来空间天气的发展趋势，评估可能的风险区域，以提供预先的异常天气告警，或为航天器异常处置提供溯源支持。

4. 空间碎片演化分析服务

利用空间碎片和空间天气数据，根据空间碎片的长期演化分析模型，推演空间碎片在三维空间和未来时间的数量、分布、迁移、流动，预测空间碎片演化趋势，为碰撞交会、航天器解体等太空交通安全风险的预测分析提供支持。

5. 国际信息共享及协调支持服务

太空交通管理信息服务系统面向的用户不仅包括国内相关太空交通活动参与者，碰撞交会、频率干扰等太空交通安全风险都可能涉及他国航天器，也需要与国外航天机构进行沟通协调，因此系统还需要考虑到对国际太空交通协调的支持，包括风险关键信息和风险涉及的国内航天器的部分信息共享等。例如，在涉及与他国航天器碰撞交会风险协调的过程中，可能需要提供交会时间、最小接近距离、风险概率等预测结果，以及国内交会航天器当前的轨道数据、控制能力或控制计划，通过双方的数据共享，才能开展进一步的交会风险确认和规避控制活动协商。在设计系统服务时，可以参考国际太空交通协调的通用做法和相关的数据标准，增加相应的支持服务。

太空交通管理信息服务系统需要面向的用户除了航天器运营方、发射服务提供方，还有科研机构、院校、非营利性组织和航天爱好者等，因此系统还需要考虑到信息的安全性问题，不同用户应该具有不同的访问级别，通过适当的认证手段获取相应的服务。

3.5.3 太空交通管理信息化服务发展的机遇和挑战

在太空交通管理的信息化服务方面，美国政府机构与商业公司已经开展了一系列的探索实践。由于美国商业航天发展较快，部分商业公司已经具备了提供太空交通管理领域相关服务的能力，如 LeoLabs（美国近地轨道测绘服务商）可以提供商业空间碎片监测服务，分析图形有限公司（AGI）、美国大气层外分析方案公司（ExoAnalytic Solutions）等可以提供交会预测和避碰支持服务。而政府方面，美国商务部太空商业办公室正在建设太空交通协调系统（TraCSS, Traffic Coordination System for Space），初步规划了该系统提供的服务范畴，并于 2023 年

1月面向航天器运营商、空间碎片监测数据提供商、分析和增值服务提供商、学术界、非营利实体、太空保险提供商和法律界征求意见。从征集结果来看，航天界需求较高的安全性服务主要包括四个方面：

（1）太空交通活动相关安全性分析服务，包括航天器发射、在轨、离轨、再入过程的碰撞风险筛查和安全评估服务、异常空间天气的告警服务等。

（2）碰撞风险处置相关的服务，包括碰撞损伤的评估和碎片生成的预测服务、通过加密跟踪提高交会评估准确性的服务、解释筛查和风险评估产品的人工服务、评估规避机动情况以判断能否降低交会风险的服务等。

（3）数据共享和资产数据库维护相关的服务，包括更新航天器属性、能力、状态和联系方式的服务，星历数据的接收和共享服务，轨道数据质量评估服务（包含定轨和预报误差的评估）等。

（4）航天器管理支持相关的服务，包括通过跟踪数据生成含机动情况（考虑了机动误差）的带协方差信息的星历数据的服务、任务轨道设计支持和轨道机动方案优化建议服务等。

征集结果体现出商业航天公司对航天器全寿命安全管理和异常事件的处置支持有着较高的需求，希望通过太空交通管理服务及时接收安全风险告警，并获取安全性分析相关的支持和异常处置方面的建议，其中，对碰撞风险的精细化评估和处置指导的需求尤为迫切。

此外，国际标准化组织正在拟制《航天系统——太空交通协调》标准草案，该草案于2022年7月进入委员会阶段，并于2022年10月完成了一轮意见征询。其中对太空交通协调系统需要提供的支持服务事项可以开展借鉴，主要包括：

（1）提供数据汇聚和管理方面的服务，包括：①能够融合以合作和非合作方式获取的轨道数据、航天器尺寸、姿态和质量信息、在轨活动计划、异常事件信息、电磁环境信息、空间环境信息等，并通过用户访问权限控制、加密网络通信等手段保障信息安全；②开展融合数据的质量监测和异常分析，对过期、不满足精度要求、更新延迟、轨位异常等数据情况进行提醒；③基于历史数据开展分析，预测航天器后续机动计划，评估航天器及其运营商的异常处置和控制能力。

（2）提供太空交通协调方面的支持服务，包括：①建立航天器运营方的联系方式信息库，响应各方向用户对飞行安全相关信息的查询和数据交换请求，支持航天器运营方和发射服务提供方与空间碎片监测服务提供商、太空交通协调服务提供商以及其他太空服务运营商之间的沟通。②根据太空交通协调领域相关标准，提供碰撞风险评估、碰撞规避策略制定、发射窗口分析、航天器部署策略分析、频率干扰分析、在轨服务和交会对接支持等服务，依据标准程序开展分析，提供分析产品或飞行安全相关通知服务。

从国内外研究和实践情况来看，在航天领域，特别是商业航天公司，对太空交通管理的信息化服务已有迫切的需求。在此背景下，急需着手规划和建立中国的太空交通管理信息化服务框架。当然，信息化服务水平还受制于相关的技术标准和程序规范是否成熟可靠、相关法律法规是否完备等方面。在建立太空安全飞行相关的技术指标和分析处置程序的基础上，如何加快推动行业内的推广实践，形成可靠的标准体系，并适当地与国际标准接轨，是建立太空交通管理信息化服务过程中必须应对的挑战。

参考文献

[1] 翁木云，吕庆晋，谢绍斌，等. 频谱管理与监测 [M]. 北京：电子工业出版社，2022.

[2] 国防科工局关于加强民用航天发射项目许可管理有关事项的通知 [EB/OL]. [2023-03-06] https://www.sastind.gov.cn/n10086167/n10086221/c10129160/content.html.

[3] 包为民，于登云，李伟杰 等. 空间在轨服务系统导论 [M]. 北京：科学出版社，2023.

[4] 杨天社，金光，樊恒海，等. 卫星在轨状态检测与健康管理技术 [M]. 北京：国防工业出版社，2019.

[5] IADC Space Debris Mitigation Guidelines [EB/OL]. [2025-01-31]. https://iadc-home.org/documents_public/file_down/id/5836.

[6] 王劲松，焦维新. 空间天气灾害 [M]. 北京：气象出版社，2009.

[7] 呼延奇，蔡震波. 空间天气事件对航天器的影响 [J]. 气象科技与进展，2011，1 (4)：13-17.

[8] 林芝茂. 太空中的天气变化 [J]. 中学科技，2022 (12)：10-13.

[9] 刘进军. 突破难关上云霄 [J]. 科学24小时，2021 (5)：16-19.

[10] 杨文凯，范磊，黄为权. 太空天气致美40颗星链卫星失效事故的启示 [J]. 生命与灾害，2022 (2)：26-27.

[11] 中华人民共和国无线电频率划分规定 [J]. 中华人民共和国国务院公报, 2023 (23): 13-14.

[12] 闫肃, 刘海洋. 卫星频段常见干扰类型及其监测、查找方法 [J]. 中国无线电, 2010 (11): 52-55.

[13] HOWELL E. Space station robotic arm hit by orbital debris in "lucky strike" [EB/OL]. https://www.space.com/space-station-robot-arm-orbital-debris-strike.

[14] Orbital Debris Quarterly News [EB/OL]. [2021-12-30]. https://orbitaldebris.jsc.nasa.gov/quarterly-news/pdfs/odqnv25i4.pdf.

[15] KESSLER D J, COUR-PALAIS B G. Collision frequency of artificial satellites: The creation of a debris belt [J]. Journal of Geophysical Research: Space Physics, 2012, 83 (A6): 2637-2646.

[16] HOOTS F R, ROEHRICH R L. Space track report No. 3: Models for propagation of NORAD element sets [R]. Peterson: Aerospace Defense Command, United States Air Force, 1980: 1-79.

[17] 刘卫, 缪元兴. SGP4/SDP4 模型预报可靠性分析 [J]. 天文研究与技术, 2011 (2): 1-4.

[18] 刘林, 汤靖师. 卫星轨道理论与应用 [M]. 北京: 电子工业出版社, 2015.

[19] 张斌斌. 空间碎片环境的长期演化建模与安全研究 [D]. 北京: 国防科技大学, 2017.

第 4 章
太空交通管理的组织管理

航天技术的快速升级及其与经济发展的不断融合，在航天事业发展过程中逐渐形成了有影响力、牵引力的产业形态。促进航天产业发展，对促进经济发展和民生改善、增强国家的综合国力、推进人类探索宇宙的事业具有重大意义。由于太空环境复杂多变，随着航天器及空间碎片数量的逐年激增，全球太空形势严峻且极具挑战，因此太空交通管理需要联合多方力量才能有效开展。

根据现代组织管理理念，组织是人们群体活动的主要形式，是人们为了完成和实现共同的目标按照一定的方式相互合作而形成的动态、有序、系统的社会共同体，组织体系包括整个组织的组织目标、组织结构设计、组织运转和组织协调等[1]。本章将结合太空交通管理的业务职能，提出太空交通管理的组织管理需求，建立太空交通管理组织体系和运行机制，为规范太空活动、确保太空系统安全稳定运行和促进航天产业发展提供组织保障。

4.1 太空交通管理的组织管理需求

如前面章节所述，太空交通管理涉及航天器频率和轨道资源的申请与管理、太空活动的监管与风险预警、空间碎片危害预测与应对、太空交通事故调查与处置等业务，需要从基础设施、技术能力、制度规则等方面共同形成合力以支持业务的正常运转。但是这些能力涉及的领域跨度大，仅航天技术就包括空间碎片监测、碰撞预警筛查、近距离交会与操控、航天测量与控制、航天器定轨等一系列工程实践与应用，还有频率申请与管理、航天法规标准制定、国际协调等各类综合业务交织并行，需要依托清晰高效的机制手段来统筹实现太空交通活动有序开展。此外，太空交通管理的基础设施投入大，如空间碎片监测、航天测控、航天器发射等设施设备均属于重资产，除极个别机构能够在有限范围内投入基础设施建设与维护，大部分太空交通管理基础设施需要依托国家来统筹建设。综上所述，太空交通管理的参与者要素涉及国家、非政府机构、商业公司等组织，业务要素涉及航天产业、法律法规、国际事务、信息管理等领域，保障要素涉及基础设施、政策支持等基础支撑，需要构建专业的太空交通管理组织管理体系，统筹规划资源利用和协调国内国际太空交通事件，确保太空系统安全稳定有序运行，实现太空环境的可持续性，维护人类共同开发太空的权利。

4.1.1 美国的太空交通管理组织框架

2016年11月，科学应用国际商业公司（SAIC）向NASA提交了《轨道交通管理研究》[2]报告，提出太空交通管理的主要目标为确保和增强太空安全、保护和增强国家安全利益、保证太空领域和航天产业基础在经济上的活力，并从政策、技术和运营三个层面提出建立太空交通管理框架所需要的要素依据。其中，政策领域主要包含政策、法律法规、行业标准、指南、最佳实践，技术领域要素涉及职能、产品和服务、应用、计算处理平台、传感数据，运营领域则涉及运营方、运营流程和规则[3]。

2018年6月18日，时任美国总统特朗普正式签署发布SPD-3[4]，界定了美国太空交通管理的定义、原则、目标、指南准则、任务责任，从组织架构上明确了由国防部继续开展权威的空间目标编目，商务部牵头促进和提升美国在空间碎片监测、太空交通管理和相关技术方面的商业领导地位的工作，国家太空委员会、国务卿、交通部、NASA、国家情报局、FCC等也参与太空交通管理的有关工作。NASA根据SPD-3对民用太空交通管理进行研究，在参考无人操控空中飞行器交通管理系统的基础上，提出了太空交通管理框架[5]。

2020年，美国国会2020财年划拨50万美元给商务部，用于委托国家公共行政管理学院（NAPA，National Academy of Public Administration）研究最适合开展太空交通管理的组织部门，并于2020年8月形成了《太空交通管理》[6]报告。报告明确了领导民事的太空交通管理机构需要与多个美国联邦机构合作，让私营企业、学术界也要积极参与并发挥作用，能够在国际上开展协调与合作。基于上述职能，NAPA 定义了通知告警、太空技术、轨道碎片管理、太空交通运营协调与管理、立项设计和发射、报废与再入六个方面能力的基本组成要素，分析了在能力组成要素框架下当前和未来履行相应职责的部门及其关联组织机构。

2020 年 12 月，太空商务办公室得到国会批准，开始进行民用试点计划；2022 年 9 月，国防部和商务部签署备忘录，划定两个部门在民用及商业、太空交通管理与协调方面的关系框架；2022 年 7 月，太空商务办公室向公众征询商业数据意见，2022 年 12 月，太空商务办公室与国防部合作，授予 7 份数据分析合同来开展太空交通协调试点工作；2023 年 1 月，太空商务办公室就 23 种不同类型的服务是否都通过 TraCSS 提供服务向公众征询意见，并于 4 月向公众介绍了 TraCSS 基本情况，7 月对更新后的 TraCSS 情况再次进行展示，介绍了未来 TraCSS 的建设路径。

可以看出，美国经过多方面的论证最终确立了以太空商务办公室牵头负责开展太空交通管理业务，并在此框架基础上与国防部、NASA、FAA、商业航天公司、非营利机构等开展了一些太空交通管理与协调的工作，目前已经取得了一定进展。其中，NASA 在空间碎片减缓技术性标准制定领域处于领导地位，FCC 的空间碎片政策在商业航天领域影响最大，FAA 则主要在航天器发射和再入过程的安全方面对商业航天进行约束[7]。

4.1.2 欧洲的太空交通管理组织框架

欧洲在 2017 年提出太空交通管理框架时，主要还是在继承空中交通管理（ATM，Air Traffic Management）体系的基础上，为了确保载人和无人亚轨道航天器在近地空间和大气空间安全飞行而进行的太空交通管理基本框架设计[8]。但是，随着 2018 年美国发布 SPD-3，欧洲认为自身需要在太空交通管理中起到积极作用，既包括发展独立自主的太空监视与跟踪系统（EUSST）来减少对美国空间碎片监测系统的依赖，也包含发展欧洲在空间碎片监测和太空交通管理领域的商业活动解决方案，还涉及制定太空交通管理标准和最佳实践以争取主动权和提升竞争力。因此，欧洲空间政策研究所（ESPI，European Space Policy Institute）于 2020 年发布了《通往欧洲太空交通管理方法》[9]专题研究报告，从战略层面分析了欧洲对安全和可持续性太空环境的利益,强调其开展太空交通管理的三个关键理由:保护欧洲太空基础设施的价值;致力于制定面向服务的政策;加强欧洲自治和领导。报告从欧洲与太空交通管理有关的政策和框架、太空交通监视能力和关联技术、欧洲体制和太空交通管理有关的保障三个方面共 11 个要素分析欧洲实行太空交通管理的现状,提出要从建立联合的欧洲太空交通管理政策和框架、提升欧洲太空交通管理能力和最佳实践、提高欧洲在国际舞台上的地位三个方面开展欧洲的太空交通管理。

2021 年 2 月,欧洲航天工业协会发布了《太空交通管理:欧洲航天将该抓住的机遇》[10]立场报告,建议在现有太空监视和跟踪(SST)架构上设计一种基于开放体系结构数据存储库(OADR,Open – Architecture Data Repository)的太空交通管理框架。该框架将吸纳工业部门和商业提供的数据,提供分级分类的太空交通管理服务,既实现欧洲自主的空间碎片监测需求,也有助于促进欧洲商业航天市场的发展。

2021 年 11 月,欧盟理事会主席在竞争委员会(Competitiveness Council)上,向常驻理事会代表提交了《太空交通管理》主席报告[11],其附件《促进欧洲太空交通管理办法》(无约束力文件,2021 年 7 月 7 日)提出了在欧洲框架下太空交通管理的组织架构建议,主要内容包括:

(1)欧盟成员国和欧空局负责欧洲太空交通管理未来前进方向,包括欧盟成员国主导的太空监视和跟踪系统建设和运营、欧空局审议和提出的倡议和研发方案,以及欧盟成员国和欧空局根据联合国条约所承担的责任。

(2)欧盟委员会主要在执行欧盟太空项目层面发挥作用,尤其是有助于欧洲太空交通管理的太空监视和跟踪配套设施建设,以及根据欧盟条约和国际法开展的其他欧盟太空活动方面。

(3)欧空局主要在欧洲大型系统的研究和合作开发及实施层面提供必要的能力帮助,包括发展太空安全项目原型系统和先导服务,通过在轨技术研发、IADC 等国际论坛上提供经验与能力。

(4)欧洲太空产业,包括下游产业和服务供应商、保险公司等金融服务供应商、监管机构、科研机构、学术界和民间组织等,发展行业的规则和标准,提高欧洲在太空交通管理的竞争力和领先地位。

（5）欧洲标准化组织，如欧洲标准化委员会（CEN，European Committee for Normalization）、欧洲电子技术标准化委员会（CENELEC，European Committee for Electrotechnical Normalization）、欧洲电信标准协会（ETSI，European Telecommunication Standards Institute）、欧洲空间标准化合作组织（ECSS，European Cooperation for Space Standardization）等加强合作，为太空交通管理制定有关标准。

2022年2月15日，欧洲委员会在斯特拉斯堡形成《给欧洲议会和欧洲理事会的联合函件：欧盟太空交通管理方法——欧盟应对全球挑战的贡献》[12]，明确提出在太空交通管理方面，欧盟关于安全、可持续和有保障地利用太空的具体办法，包括：欧洲委员会和高级代表将与欧盟所有利益攸关方建立协商机制，提升太空监视和跟踪服务能力，建立新的欧洲和国际标准，在卡西尼创业倡议框架下发起具体行动，建立实施太空交通管理标准和指南的机制和措施，开展太空交通管理立法，加强国际合作，在联合国建立太空交通管理机构等。

目前，欧盟已经具备高度的政治认知，认为欧盟需要在空间碎片监测和太空交通管理上实现战略自主，欧盟太空监视和跟踪系统成员国对空间碎片监测能力的投入日益增长，并在2023年年初在全球范围内开通了防撞服务；同时，欧盟正在推进一项新的空间法，其中将包括关于太空交通管理和空间可持续性的条款。

4.1.3 太空交通管理组织框架的基本要素

从国际上的太空交通管理运行模式可以看出，无论是建立具体的太空交通协调或牵头部门，还是发展空间碎片与空间天气监测能力，抑或通过最佳实践支持商业航天发展，都需要综合考虑航天产业结构、工业基础、技术积累、法律法规等因素，在结合自身太空体制的基础上发展太空交通管理组织体系。虽然各方面都还在太空交通管理探索和实践阶段，但是已经初步形成了相对确定的太空交通管理组织框架，基本要素包括政策和法规、运行体制、标准规范、基本保障。

1. 政策和法规要素

明确的组织目标是建立一套高效稳定运行的组织体系的基础，政策和法规则是确保组织运行能够达成组织目标的关键制度手段。政策和法规必须充分体现组织目标，既能够指导组织成员按既定的组织目标执行任务，也能够约束组织成员不损害组织利益。太空交通管理组织框架中的政策和法规要素，其根本在于明确太空交通管理的重大意义和应该实现的目标、方法和路径，划定太空交通管理与其他关联领域业务的关系，规范太空交通管理各个参与者的权利与义务，指出太空交通管理的发展方向，确保太空交通管理能在组织层面得到落实。

2. 运行体制要素

运行体制是组织运行模式的具体体现，是组织根据组织成员的特点，综合考虑组织运行效率、组织交互方式、组织职能分工等因素，按照政策和法规要求形成一套完备、合理的组织运转规范。太空交通管理组织体系的运行体制和具体国家、国际组织或非政府机构的组织制度是密不可分的，是组织制度在太空交通管理领域的具体形式。太空交通管理的运行体制要与国家、国际组织或非政府机构的组织要素相结合，明确在现有的组织制度下开展太空交通管理所必需的工作机制、交互关系、业务工作流程等，构建合理可持续的组织生态。

3. 标准规范要素

标准规范是将组织体系中的政策法规和运行体制结合具体工作实践经验，得出的具有普遍适用性且要求清晰的准则。标准规范能够为组织运行提供实现组织目标所必需的基本准绳，防止因工作标准不统一造成组织各个要素之间独立运行、交互效率低下，致使组织无法形成凝聚力。同时，标准规范的建立也为组织评估各要素的运行情况提供了参考依据，有助于实现组织对各要素进行资源的分配与调整，在确保组织各要素顺利对接的同时提高组织的运行效益。太空交通管理涉及发射安全评估、在轨活动监管、太空活动事件处置、离轨再入分析、空间碎片清除等业务，涵盖制造工艺、接口设计、风险筛查、在轨操控等专业领域，需要建立全面可靠的标准规范，支持太空交通管理各项业务安全有序高效实施，既要防止因标准不一致或标准过低造成太空事故发生，也要防止过高的标准打击民营企业参与商业航天的积极性。

4. 基本保障要素

除了政策法规、运行体制和标准规范，还需要基本保障来支持组织的各项业务顺利实施。基本保障包括经济保障、制度保障、基础设施保障、人才队伍保障等，能够为组织运行提供财政、人力资源、设备设施、文化环境等支持，维持组织的日常运转。航天产业具有技术要求高、资源投入大、基础设施种类多样、质量把关严格等特点，开展太空交通管理需要遵循航天产业特点，构建能够支持太空交通管理实施的保障体系，建立健全太空交通管理的制度体系、基础设施体系、人才队伍体系、文化氛围等配套保障要素，从社会意识、大众观念上形成太空环境的可持续性是维护国家发展与安全权益的基本要求，为太空交通管理组织运行提供全方位的基础能力支持，达到太空系统安全稳定运行的目标。

4.1.4 太空交通管理的原则

在充分考虑构建太空交通管理组织框架基本要素的基础上，还需要坚持以下原则以确保太空交通管理的组织框架建设得以落实：

1. 制定最小规则标准规范太空交通管理

市场经济规律决定了宽松的市场环境有利于促进航天产业繁荣发展，严苛的市场环境将导致商业航天参与者对其持观望态度，甚至可能使参与者退出当前国内市场转而进入其他环境更加宽松的国外市场。但是太空活动的无序发展势必影响商业航天参与者对自身太空资产安全的担忧，太空资产的高价值和航天活动的高风险特性需要稳定的太空环境以实现太空投资的高回报，危险的太空环境同样会降低商业航天参与者进军太空市场的信心。因此，要综合考虑太空环境安全和太空市场经济规律对航天产业发展的影响，处理好太空活动监管和商业航天发展之间的关系，在整体市场环境宽松的基础上建立最小标准的太空交通管理规则体系，支撑太空活动安全有序实施，为商业航天繁荣发展提供安全稳定的太空环境。

2. 鼓励技术创新发展推动太空交通管理

技术创新是推动航天发展的动力源泉，太空交通管理理念的创新需要扎根于航天技术的创新，实施太空交通管理更离不了先进太空技术的支撑。空间碎片监测、航天器碰撞规避、空间碎片主动清除、空间天气预报等作为太空交通管理的主要内容，都需要通过技术创新来确保太空交通管理的有效实施。但是，技术创新来源于航天产业深厚的工业底蕴、大量的研发资金投入、丰富的技术人才储备以及鼓励技术创新的整体科研环境，因此需要以积极有效的组织管理为太空交通管理技术创新提供优质的发展土壤，引导各方力量主动发展成本更低、智能化程度更高、系统运行效率更高效、服务质量更优质的航天技术，以服务太空交通管理，助力航天产业稳定可持续性发展。

3. 发展公共基础设施支撑太空交通管理

实施太空交通管理需要功能覆盖全面、满足基本太空交通管理需求的公共基础设施作为支撑。加强建设公共的空间碎片监测系统、空间天气监测系统以支撑掌握太空综合态势，分析研判空间物体、电磁频谱和空间天气对太空活动的影响，及早为太空活动作出风险预警；加强开展航天器发射场、航天测控网建设，前瞻性谋划航天港布局，通过增加更多的航天器发射测控和回收基础设施，扩大太空交通管理覆盖能力，有力促进太空旅游、太空运输等新兴行业发展；加快推动航天基础信息传输系统融合建设，搭建支持航天数据共享与交互的太空交通管理信息服务平台，实现航天器碰撞预警、空间天气预报、轨道机动策略、地面测运控设备调度等信息一体化融合应用，有力提高太空交通管理的实施效益。

4. 建立运行工作机制落实太空交通管理

发挥太空交通管理效益的关键在落实，但是在落实太空交通管理的过程中，需要协调大量的单位共同参与，涉及航天器运营方、航天器用户、空间目标监测、空间天气监测等单位，甚至还有科研院校和工业部门，若涉及的国家不止一个，还需要进行国际协调。此外，除了各个单位之间的协调关系错综复杂，太空交通管理对时效性也有很高的要求，需要明确的信息交互、情况通报、事件处置等工作流程以确保太空交通管理顺利实施。因此，要从组织管理层面构建支持多方协同的太空交通管理运行工作机制，明确太空活动各方在太空交通管理中的权力与责任，建立太空活动基本规范，形成各类太空事件处置协调流程，打通各类信息流转通道，提高太空交通管理运行效率，确保各类太空资产安全稳定有序运行。

4.2 太空交通管理组织管理体系构建

组织的要素包括政策和法规、运行体制、标准规范和基本保障，因此构建太空交通管理组织管理体系需要从这四个方面统筹考虑，在满足太空交通管理任务要求的前提下，按照"分层分类、综合支持"的原则设计太空交通管理组织管理体系。

分层分类是指将太空交通管理的组织管理体系按照职能界面划分层次，并将同一层次间的业务按照相近程度划归为一类，明确太空交通管理、空间碎片监测、航天器所有者/运营方、发射测控服务等各个参与者在太空交通管理组织管理体系下的定位，有助于推动整个太空交通管理活动的参与者能够各司其职建立自身的业务体系，实现太空交通管理组织管理体系各个职能模块的稳定运行；同时建立起各个层级之间的业务交互关系，使各个层级之间能够形成有机的整体，确保太空交通管理组织管理体系能够充分发挥各个功能模块的作用，有效应对各类太空交通风险和事故。

综合支持是指依托政策法规和标准规范两大准绳，在制度要求上对太空交通管理组织管理体系予以支持，规定太空交通管理组织管理体系各要素的具体职能，维护太空交通管理组织管理体系的权威性；在运行机制上形成太空交通管理基本实施方法，使太空交通管理组织管理体系中各个参与者对太空交通管理达成统一认识，按照同样的风险评估和运营规范准则落实太空交通管理要求，推动实现安全可持续性的太空环境。同时，通过推进基础设施建设，支撑太空交通管理组织管理体系上层建筑运行，为实现太空交通管理目标提供基础保障。

按照政策法规、运行体制、标准规范和基本保障要素，可设想构建图 4-1 所示的太空交通管理组织管理体系。

4.2.1 太空交通管理组织管理体系政策法规

太空交通管理组织管理体系的政策法规作为支持和指导实施太空交通管理的总体框架，主要实现两个目标。

1. 建立实现太空交通管理的路径

（1）为太空活动的安全和可持续管理制定运行的政策和法规。从宏观层面明确太空交通管理对保障国家太空权益的重要意义，为太空交通管理的总体定位和目标制定清晰的发展方向，如《太空交通管理发展建设纲要》，并以法规形式为太空交通管理提供权威保障。

（2）充分利用已有太空资源的能力、专业知识和附加值支持太空交通管理。通过政策和法规引导，规范本国内与太空有关的资源支持太空交通管理，从人力、物资、配套设备、技术成果等方面形成太空交通管理的支撑保障。

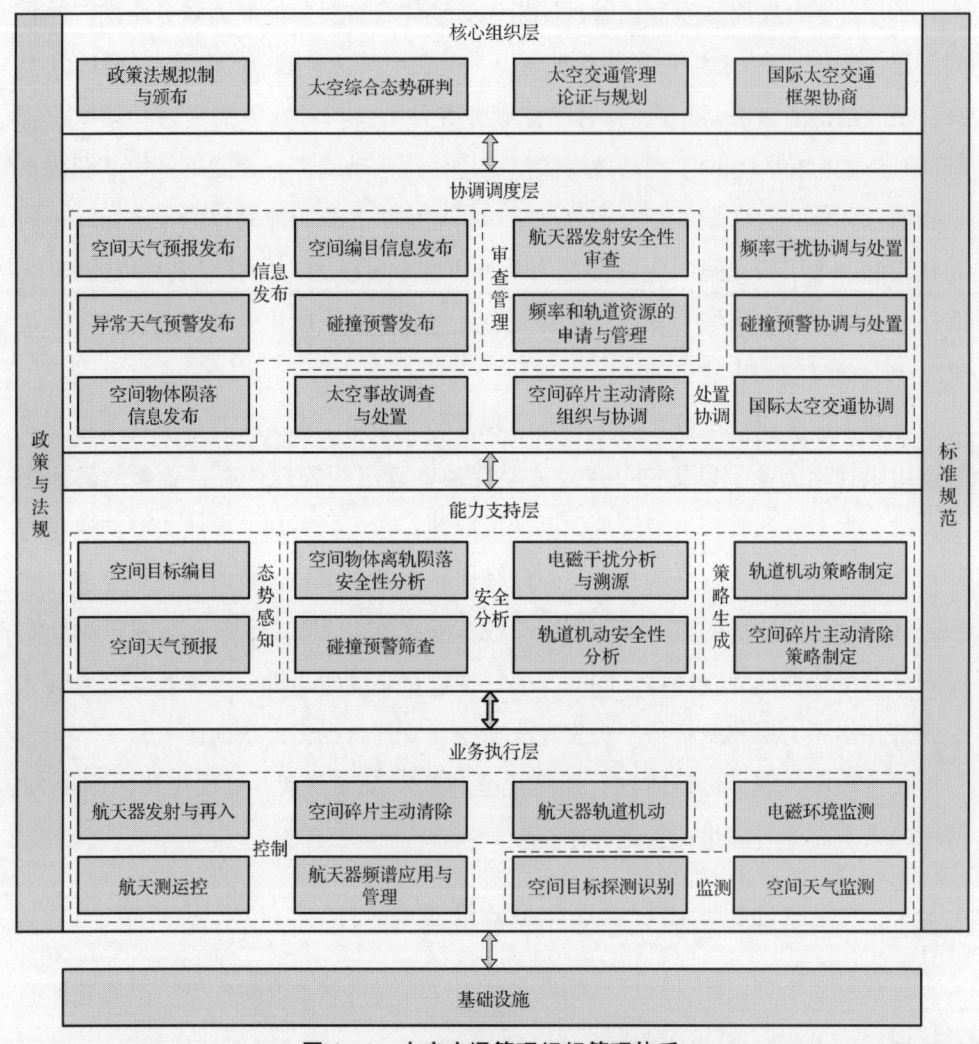

图 4-1 太空交通管理组织管理体系

（3）在统一的框架指导下，通过协调各方资源避免重复工作来最大限度地提高成本效益。通过提供共建共享共用的政策，支持太空交通管理的资源复用，充分释放资源效益，并依托法规保障资源共享的合法权益。

（4）推动太空交通管理在国际社会的认识与理念相协调。以政策和法规为依据，在太空交通管理的国际互动中，促进国际社会的太空交通协调理念与行为标准发展，实现国际的太空交通协调共识。

2. 达成广泛的共识

目前太空交通管理的概念和定义在国际社会尚未形成共识，国内对太空交通管理的认识处于学术研究阶段，未形成系统实践，因此需要颁布太空交通管理政策法规，凝聚国内共识，形成组织合力，推动构建太空交通管理体系。

（1）建立符合绝大多数参与者利益的太空交通管理共同目标和原则。明确的目标是组织建立的根本依据，需要结合本国太空交通管理实际，从政策法规明确相应的组织原则，建立一个各方认可、能够有效提供安全稳定可持续太空环境的共同目标，包括落实空间碎片减缓、防止空间电台频率干扰、确保载人航天飞行安全、促进太空经济发展等任务，推动各方共同开展太空交通管理，统筹实现太空发展与安全的平衡。

（2）建立各个参与者之间富有成效的协调机制。要保证太空交通管理的组织体系有序顺利运行，需要通过建立相应的政策法规，让各个太空交通管理活动的参与者相互对接，明确太空交通管理活动中沟通与协调的必要性，强调信息透明和共享对太空交通管理的重要意义；厘清各方在碰撞规避、频率干扰溯源等过程中的业务关系与流程规范，建立太空交通管理信息共享与沟通协调机制，确保能够提前识别太空交通活动风险，并且及时准确地告知太空交通管理活动的参与者做好相应的处置，实现太空活动风险管控；鼓励各个太空交通管理参与者通过协商就各类太空交通活动的安全行为达成共识，形成太空交通管理的"道路规则"，确保航天器在遵守规则的前提下安全有序运行。

（3）明确太空交通管理参与者的权利与义务。组织的架构能够稳定运行，离不开制度的支持。太空交通管理的政策法规，就是从组织层面明确太空交通管理的运行体制，划分太空交通管理组织管理体系的层级关系，规范太空交通管理各个参与者的职责范围，最大限度避免各个参与者因为职能界限不清楚而互相争夺资源、重复搞建设；在权利与义务方面，既有各个太空交通管理参与者遵守太空交通规则、履行不影响其他航天器安全运行、共享可靠太空交通数据的义务，也要明确各个太空交通管理参与者应享有的权利，从国家层面给予太空交通管理参与者不受外部干扰的保护，享受航天器碰撞预警、空间天气预报、频率干扰定位溯源与协调等方面的服务，同时为商业航天提供更多参与太空交通建设的机会，让太空交通管理组织管理体系的各个参与者能够各尽其责，使太空交通管理组织管理体系成为一个有机的整体，实现太空交通活动健康有序发展。

4.2.2 太空交通管理组织管理体系运行关系

为支持太空交通管理组织管理体系有序运行,可以按照分级分类的思想,在太空交通管理政策法规指引下,构建核心组织层、协调调度层、能力支持层和业务执行层四个层级,通过明确组织内部的职能分工,确保太空交通管理各个参与者各尽其责。

1. 核心组织层

核心组织层是牵头规划太空交通管理政策法规、组织太空交通管理组织管理体系建立、开展太空交通管理国际协作的顶层部分,对于整个太空交通管理组织管理体系的运行起到提纲挈领的作用,是太空交通管理组织管理体系的核心领导组成。核心组织层主要承担四项职能,分别是政策法规拟制与颁布、太空综合态势研判、太空交通管理论证与规划、国际太空交通框架协商。

首先,从宏观层面拟制太空交通管理的政策法规并颁布实施,明确太空交通管理的实现目标和基本原则,为太空交通管理的制度运行模式提供权力支持,重点提出太空交通管理实施的战略意义和运行体制。其次,研判当前国内外太空发展综合态势,分析空间技术、商业航天、太空环境等现状及发展趋势,形成太空交通管理的战略发展路径,为太空交通管理的规则制定、技术发展、产业链构建提供科学的依据。再次,在组织核心统一指导下,协同各方资源,从政策法规体系、技术标准体系、组织管理体系、配套保障体系等要素筹划太空交通管理支撑能力建设,推动太空交通管理组织管理体系的有序运行。最后,秉持互利互惠、友好协商的原则,在国际平台下,以太空交通管理为核心提出与其相关的议题,促进国际间太空交通协调规则、技术标准、组织模式形成。

2. 协调调度层

协调调度层是太空交通管理组织管理体系运转的中心环节,是实施太空交通管理的主体部分。协调调度层通过及时掌握太空资产的运行状态,协调处置航天器碰撞预警、电磁干扰、空间天气灾害等事件,确保航天器在轨安全稳定运行。协调调度层主要承担三项核心职能,分别是太空交通信息发布、航天器审查管理和太空交通事件处置协调。

信息发布方面,协调调度层相关机构接收来自不同方面的太空交通管理关键信息，发布相关情况，确保航天器运营方及时掌握太空交通安全动态并做好应对。审查管理方面，对航天器的频率和轨道资源申请与管理、进出太空活动进行审查，确保航天器发射活动的安全，以及航天器在轨活动期间能够按要求使用频率而不干扰其他航天器在轨运行。处置协调方面，当发生太空交通活动的安全事件时，或者开展重要的太空交通活动时，通过协调各方开展应对与处置，努力在减缓空间碎片、维护太空交通活动有序运行方面尽到调度和指挥的"太空交警"职责。

3. 能力支持层

能力支持层根据不同来源的数据，分析当前太空交通活动的整体情况，研判太空交通活动是否存在安全风险，为协调调度层的协调与处置提供决策依据。能力支持层主要提供三项服务，分别是态势感知、安全分析和策略生成。态势感知是太空交通管理的基础，能力支持层通过提供态势感知信息，为掌握太空交通活动情况、研判当前太空环境风险提供参考依据。安全分析方面，能力支持层为协调调度层开展太空交通管理提供安全决策依据，主要对目标交会、陨落、轨道机动、电磁干扰等开展安全分析，确保太空交通活动能够安全开展。策略生成方面，结合航天器运营方的需求，提供轨道机动策略制定服务，支持太空交通活动遵守"道路规则"；同时根据空间碎片减缓要求，提供空间碎片主动清除服务的策略生成，辅助空间碎片主动清除活动实施。

4. 业务执行层

业务执行层是实施具体太空交通活动感知和操控的主体，主要由各类航天业务运营方组织实施，提供太空交通管理各类活动执行层面的能力保障。业务执行层主要负责两项职能，分别是太空活动控制和太空环境监测。太空活动控制方面，为航天器进入太空、在太空运行和返回太空的活动提供能力支持，管控无线电频谱资源的应用，开展太空环境的长期可持续性实践，按照太空交通管理规则常态实施活动控制。太空环境监测方面，通过空间碎片监测、航天器测控等系统提供航天器位置、电磁环境、空间天气等基础信息，据此为发布航天器碰撞预警、电磁干扰、空间异常天气预报等告警通知提供数据支持，支撑太空交通管理决策。

4.2.3　太空交通管理组织管理体系标准规范

太空交通管理组织管理体系标准规范，是太空交通管理最佳实践成果的科学表现形式，能够统一太空交通管理认识，指导各个太空交通活动的参与者按照标准规范落实太空交通管理规则，既能够加快实现太空交通管理组织管理体系有序运行，也有助于在国际社会推广太空交通管理标准，从而在全球太空治理理念中获得更多共识。太空交通管理组织管理体系标准规范主要包括航天器/运载器碎片减缓设计标准、航天器/运载器交会评估与碰撞规避标准、航天数据共享标准、空间碎片主动清除标准。

1. 航天器/运载器碎片减缓设计标准[13]

空间碎片减缓包括减少空间碎片的危害和减少空间碎片的产生两大部分。开展太空交通管理，要统一规范航天器/运载器碎片减缓设计标准，重点考虑在各研制阶段中应采取的空间碎片减缓措施要求，明确航天器/运载器的设计原则、设计要求、验证项目与要求、碎片减缓性能评估等内容，既突出标准的通用性，又要考虑航天器的差异性，实现航天器/运载器在不发生意外的情况下，从入轨到离轨的全过程落实碎片减缓要求。

（1）确定标准的编制原则。一方面参考国内外标准和相关研究成果，提出当前能够达到同时又能促进相关技术进步的空间碎片减缓标准建议；另一方面，综合考虑空间系统的技术条件、任务目的、周期和费用等因素，通过空间碎片的长期观测，建立空间碎片环境模型、空间碎片对空间系统的危害与损伤的评估和预警、空间碎片防护设计等方面的实践经验。

（2）确定标准的适用范围。一是适用空间碎片环境，包括空间碎片的产生原因、类型、运行、数量和分布、监测和建模；二是适用空间碎片的危害，包括监测、预警和风险分析；三是适用空间碎片防护要求，包括防护方案及防护材料、撞击试验和分析手段、编制防护手册等；四是适用空间碎片减缓要求，包括空间碎片的数量及危害、减缓要求和减缓措施。

（3）确定标准的主要内容。一是技术方面，主要围绕减少正常运行过程中释放的碎片、防止意外爆炸以及故意解体、防止在轨碰撞、任务后的处置四个方面内容展开。二是弃置区，既要考虑 20 000 km 以上高轨废弃航天器应该推入的坟墓轨道区域，也要考虑 2 500~19 900 km 中轨道弃置区域。三是火工品，避免使用可能产生粒子形成空间碎片的固体推进剂，尽量减少火箭发动机产生危险的固体粒子的数量。四是任务后处置，根据轨道高度选择不同的处置措施。五是管理方面，明确管理机构、责任人、方案制定、报备、评审、计划制定等内容。

2. 航天器/运载器交会评估与碰撞规避标准[14]

由于航天器/运载器从入轨到离轨全过程中会存在与不同国家、运营商的航天器/运载器发生近距离接近事件，通过制定适用于太空交通管理交会评估与碰撞规避标准，明确航天器/运载器从入轨到离轨全过程中的交会评估要求，以及对存在风险的交会事件采取的碰撞规避措施要求，可以有效降低碰撞或频率干扰风险，避免造成太空交通事件，确保航天器/运载器的运行安全，这是当前太空交通管理实践中面临的最现实也是最核心的需求。

(1) 明确碰撞预警的流程。一是获取航天器基本数据，包括轨道根数信息、轨道质量信息、航天器属性信息、工作状态等。二是开展轨道预报，明确轨道预报的精度要求和预报时间。三是开展初始筛选，去掉两个航天器之间重复交会计算，排除不可能发生的交会。四是计算碰撞概率，根据门限筛选可能存在碰撞的事件。五是通知发布碰撞预警事件，明确交会数据信息、接近时间等。六是开展碰撞规避，制定规避策略、开展安全性复核并执行。七是开展交会后评估，包括航天器/运载器运行状态、交会后轨道数据、对太空交通的影响等。

(2) 明确碰撞概率的基本计算。一是确定航天器/运载器的危险区域，涉及航天器/运载器尺寸、轨道确定和预报的误差等。二是计算碰撞概率，涉及要素包括交会距离、目标尺寸、协方差矩阵以及计算模型。三是计算最大碰撞概率，在碰撞概率信息不完整时，用最大概率替代碰撞概率，降低数据不完整和模型不准确的影响[15]。

(3) 明确影响规避决策的要素。一是计算生存概率，包括危险交会变化趋势、累计碰撞概率和贝叶斯估计，用于辅助规避决策。二是分析规避的影响因素，包括机动能力、航天器特征、轨道数据质量和碰撞后果评估等，确定开展规避的执行方、执行时机等，在此基础上形成碰撞规避的"路权"原则。

需要关注的是，目前越来越多的航天器配备了电推力器，此类航天器通常采用小推力、长弧段的方式进行控制，因此需要针对航天器的具体设计指标和控制目标轨道来分析确定其规避控制策略,如何规范化地开展此类控制方式的安全性分析和监管则需要进一步开展研究和实践验证。但是,可以确定的是,其核心需求还是需要航天器运营方提供满足一定精度要求的理论控制过程及控后星历(弹道)数据,并及时开展控制效率评估工作。

(4) 明确交会数据信息。一是确定制定信息标准的目的,包括方便交会事件的操作、促进碰撞交会自动化计算、提供关键交会信息等。二是确定交会数据信息内容,包括数据头、相对元数据/数据、元数据、数据、注释信息等。三是明确交会数据信息格式,使用的格式应具有良好的可扩展性、内容与形式分离、遵循严格的语法要求,便于不同系统之间的信息传输,相关标准规范应具有一定的生命周期。

(5) 明确沟通协调的要求。一是明确航天器运营方开展碰撞规避沟通协调的时机、联络渠道,便于航天器运营方明确碰撞规避执行方和执行方式。二是规范航天器碰撞规避协调的通报内容,包括有无机动能力、碰撞筛查数据来源、机动建议等,确保存在碰撞风险的双方能够共享信息,及时做好处置应对。三是涉及国际协调时,要明确统一的技术参考标准,便于双方就相关情况进行核实。

3. 航天数据共享标准[16]

开展太空交通管理,要打通数据共享的壁垒,明确各类航天数据的接入和共享要求、共享使用原则、数据协议格式、数据组成内容等,建立航天数据共享基础,为交会筛查、碰撞预警、航天数据应用、大数据挖掘等提供服务接口。

(1) 建立共享基础标准。研究制定空间碎片监测和太空交通管理产品共享基础标准,促进空间碎片监测和太空交通管理共享平台建设以及数据产品、信息资源的共享,实现空间碎片监测和太空交通管理产品市场规模化应用和协调发展,为数据产品的管理、交换、共享、应用建立统一的标准,包括元数据标准、数据产品分级分类标准、数据产品格式标准等。

(2) 制定数据分发服务标准。数据分发是实现数据共享的重要环节之一,要方便用户获取数据和信息,发挥数据产品的最大潜力,辅助指导用户查询、获取、利用数据资源,扩大数据服务和应用范围,发展大数据挖掘和二次数据开发,支持数据融合应用,提高数据产品的经济和社会效益。

(3) 制定互操作标准。研究制定空间碎片监测和太空交通管理数据互操作标准，实现空间碎片监测和太空交通管理数据共享，以及处理空间碎片监测和太空交通管理数据功能的共享，提供统一的数据访问、操作接口，为不同系统和功能组件提供规范的接口访问数据、调用数据、处理操作，实现数据资源和处理功能资源的集成与共享。

4. 空间碎片主动清除标准

空间碎片主动清除属于新的空间技术，尽管目前仍处于论证试验阶段，但是有的国家、商业公司已经开始了相关技术研发和具体实践。通过建立空间碎片主动清除航天器的适用范围、设计要求、操作规范和注意事项等标准指南，为开展空间碎片主动清除活动提供实践依据。

（1）明确标准的适用范围。一是明确空间碎片的概念，包括空间碎片的产生原因、类型、归属权、法律依据等；二是明确空间碎片环境，包括碎片运行、数量和分布、监测和建模；三是明确空间碎片的危害，包括监测、预警和风险分析；四是明确空间碎片的应对措施，包括碰撞规避、防护、减缓和清除等手段；五是明确空间碎片清除方法，包括推移离轨、增阻离轨、捕获离轨、服务后重用、自主离轨等。

（2）明确标准的主要内容。一是任务需求方面，主要围绕目标碎片筛选、降低现役航天器威胁和限制碎片数量增长三个方面内容展开。二是技术方面，统一开展碎片清除需要的数据接口、物理接口等标准。三是任务程序与步骤，包括任务分析、技术方案比较与评价、任务设计、效果评估、风险预案等内容。四是任务管理，明确管理机构、责任人、方案制定、报备、评审、计划制定等内容。

4.2.4 太空交通管理组织管理体系基础保障

为确保太空交通管理有序运行，在太空交通管理组织管理体系政策法规的指导下，需要以标准规范为参照依据，从基础设施、信息系统、人才培养等方面配套开展太空交通管理的基础保障，推动构建一体化的太空交通管理组织管理体系。

1. 基础设施保障

基础设施是实施太空交通管理的根本保障，航天器发射、在轨控制、空间目标编目、太空环境监测都需要相应的基础设施以支持相关业务开展。太空交通管理的基础设备包括航天器发射场、空间碎片监测网、航天测控网、空间天气监测系统、太空交通管理信息系统和其他配套支持设施，为太空交通管理提供实施、感知、控制等能力。

(1) 航天器发射场。航天器发射场是为进入测试发射流程的运载火箭、航天器（卫星、飞船）及有效载荷的吊装、转运、装配测试、推进剂加注等技术准备和实施点火发射提供物理空间和技术支持的场所，也提供为保证上述工作有效开展所需的通信、气象、计量、水暖电、消防等各种勤务保障设施设备[17]。

随着航天活动形式愈发多样，航天器发射场作为太空交通管理的重要一环，需要提供更多的发射工位以支持更加密集的航天器发射任务，能够支持多样化的航天任务，包括日常发射、载人发射、太空旅游等；满足多任务并行开展测试与发射的需求，发展多功能一体的新型测试厂房和发射工位，支持不同装配方式的吊装和转运，能够支持即时响应发射任务；紧跟商业航天器发射态势，提供可重复使用火箭的回收场所，能够支持临近空间旅游、空间往返等活动的安全着陆需求。加强智能技术在航天器发射场的应用，建成智慧型航天器发射场，提高资源的统筹利用，提升航天器发射的效益和质量；发展满足未来航天器发射需求的太空交通港，实现集物流运输、装配测试、发射、太空旅游、天地往返于一体的交通运行模式，满足航班化的进出太空和进出临近空间需求。重点创新发射场的运营模式，推动发展满足商业航天发展的发射场服务；瞄准未来深空探测需求，发展行星采矿运输能力，不断丰富太空交通管理的内涵和职能。

(2) 空间碎片监测网。空间碎片监测网是空间碎片监测的硬件设施基础，肩负着数据采集与部分预处理任务，用于空间目标发现、识别和测量，为太空交通管理提供最基础的监测服务。

发展太空交通管理需要建立覆盖全面、快速感知的空间碎片监测网，探测频率向更高频段发展，进一步提高空间编目能力，支持探测尺寸更小、距离更远的目标，具有更好的分辨率和目标特征识别能力；满足更强时效性和更高精度的碰撞预警筛选需求，支持识别更多目标的探测和跟踪能力，能够及时响应对重点关注目标的长弧段跟踪需求，具备编目识别任务一键规划、多源数据无缝接入的能力；具备多种空间目标监视能力，既能够通过雷达探测实现全天候目标特征信息的判别分析，也能够通过更大口径的光学望远镜实现航天器运行情况观测，对航天器解体、姿态异常等事件能够快速识别；发展激光探测设备，实现更高精度的定位能力。发展天基的空间目标监测能力，以获取更早、更远、更清晰的探测识别结果，既可以支持航天器空间编目需求，也可以运用于其余太空威胁（如小行星撞击）的观测，进一步提升空间碎片监测能力。开展国际交流与合作的机会，促进国际机构间空间目标监测数据安全有效的共享，进一步提高空间碎片监测网的空间碎片监测能力；发挥商业航天的成本和新技术优势，降低空间碎片监测网的建设和运维成本。

（3）航天测控网。航天测控网是实施航天器控制的基础，支持航天器的发射入轨、轨道维持、在轨操控、碰撞规避、轨道转移、离轨再入等一系列活动的实施，通过接收下行数据掌握航天器的基本状态、精密轨道和载荷服务质量，为掌握太空资产运行状态、确保太空交通活动的有序运行提供能力支撑。

确保太空交通管理有效实施，需要建立测量精度更高、覆盖范围更广、标准化程度更高的航天测控网，具备全域测控与通信的能力，进一步提高航天器在轨控制的时效性和准确性；发展功能集成度高、测控波束更多、频率范围更广、传输带宽更大的多功能航天测控设备，支持随遇接入、测控数传同时工作、软件定义无线电等功能，提高航天测控网自适应、智能化的测控能力。发展天基测控能力，尤其是巨型星座的星间自主测控能力，充分应用人工智能、星间激光通信等新兴技术，提升星座测控技术能力；持续研究天地一体测控资源调度系统，制定更加科学智能的调度策略，充分挖掘资源使用潜能，提升测控资源的使用率；加强航天测控网的网络安全建设，设计更加可靠的安全架构，制定更加适应安全传输的信息传输协议，提高航天测控网抗截获、抗入侵和抗盗用能力。

（4）空间天气监测系统。空间天气监测系统是空间天气预报业务的基础，主要是通过对空间天气所涉及的太阳、磁层、行星际、电离层、中高层大气等区域进行多要素监测，得到开展预报、服务和研究所需的空间天气基本数据[18]。

开展太空交通管理需要建立综合的一体化空间天气监测系统，对日地空间乃至太阳系空间环境开展多参量、多圈层、多区域的综合监测，支持更加精准、时间更长的空间天气预报，为开展太空环境态势研判提供基础支撑；在全球开展多点监测的规划与建设，实现地基的空间天气监测资源全覆盖；发展天地一体的空间天气监测系统网络化布局，融合天地基监测系统的能力优点，构成对近地太空环境在不同地理区域的监测能力，实现探测范围广、探测时间长、精度高、连续性好、定点监测能力强的空间天气监测能力。持续开展空间天气建模研究，重点推动空间天气对航天器、航天员在太空活动中的影响研究，为异常空间天气下的太空交通活动风险应对提供决策依据；发展异常电磁频谱监测与定位能力，为开展频率干扰分析、溯源、协调等太空交通活动提供研判数据支撑。加强与国际空间天气监测组织的交流与合作，不断提高空间天气监测能力，推动国际间太空交通管理的合作与交流。

（5）太空交通管理信息系统。太空交通管理信息系统是连接太空交通管理参与者、有效实施太空交通管理的信息化载体，主要由太空交通管理信息服务平台和太空交通技术支持系统组成。

太空交通管理信息服务平台引接了太空交通管理所有信息，由统一的太空交通管理机构负责维护，提供太空交通管理相关服务，能够有效促进太空交通管理的信息化水平，加快太空交通管理建设和发展。该平台满足相关各方使用需求，具备自动化运行能力，用于支撑太空活动监管、碰撞预警处置、频率干扰溯源等活动开展；在确保信息安全的前提下，通过划分数据安全等级和用户服务权限，建立分级分类的数据与服务管理模式，实现数据共享的安全可控；能够满足相关各方之间的信息交互需求，提供标准化的接口来规范信息交互类别、格式和内容，提供开放的 API 接口支持各参与方利用太空交通管理平台开展更多的研究和应用；具备弹性扩展能力，可以根据太空交通管理的变化及时作出调整，满足更多潜在的太空交通管理参与方的业务运行需求。

太空交通技术支持系统主要提供太空交通复杂事件的分析、评估、策略辅助等服务，能够实时掌握太空交通风险区域，为提前做好风险告警、事件应对和资源调配提供决策支撑，有效开展太空交通风险管控。

2. 专业人才保障

"强国之道，要在得人；得人之要，必广其途以储之。"构建太空交通管理组织管理体系，需要培养造就大批具有复合型技能的太空交通管理专业人才，持续研究太空安全领域的前沿技术，不断在太空交通管理方向创新突破，提升太空交通管理能力。

（1）太空交通管理规划设计队伍。具备太空交通管理的总体规划论证能力，统筹组织太空交通管理体系建设，为太空交通管理的长远发展谋划蓝图；能够综合分析太空交通整体态势，研提太空交通风险防范与化解建议，支撑太空交通管理有序开展；具备政策制定和法规研究能力，为国家制定太空领域政策和法规提供建设性意见；能够在国际平台上提出本国太空交通协调的建议，引导国际社会认同本国太空交通协调理念，为国家参与国际太空治理提供能力支撑。

（2）太空交通活动协调处置队伍。能够全面管理太空资产的基本信息，支持开展太空资产的申请、登记、审查、变更等全流程服务；能够对太空交通风险进行影响分析和协调处置，为保护太空资产安全提供技术支持；能够开展太空交通事故调查与处置，提出专业的事故应对与防范措施，提高太空交通活动的安全性；能够组织指导开展空间碎片清除活动，为太空环境的长期可持续性提供能力支持；能够与国际社会开展太空交通协调，维护国家太空资产权益。

（3）太空交通活动风险预警队伍。能够对太空资产的活动和太空环境开展常态化监视，及时掌握太空交通活动整体态势，识别太空交通活动风险并发出预警，为风险防范提供重要依据；常态搜集各类太空交通活动信息，开展太空交通风险评估和安全检查，及时发现风险隐患苗头，形成太空安全风险信息指南，增强太空交通活动运行安全。

4.3　太空交通管理组织管理体系运行机制

太空交通管理涉及立项研制、审查登记、发射、在轨管控、再入陨落等各类业务，涉及参与者多、涵盖领域广，需要通过各方联合运行的方式，建立常态的运行业务管控机制和事件处置机制，有序推进太空交通活动规范化运行，切实履行总体规划、协调处置、风险研判、常态监测等核心职能，为太空交通管理规范化运行提供体系支撑。综合考虑各参与者在任务目标、组织等方面的差异，主要运行机制包括沟通联络机制、协同处置机制、信息共享机制、联席会议机制。

4.3.1 沟通联络机制

沟通联络是太空交通管理有关机构在监管太空活动、处置太空事件等一系列工作中，收集、报告、传递、分享太空资产、太空环境、太空活动、太空事件等涉天信息的过程。建立健全沟通联络机制可从整体上进一步满足太空风险的时效性要求，也是开展太空活动协调和事件处置的必要支撑。

1. 沟通联络机制建设目标

建立沟通联络机制不仅是太空交通活动信息快速传递的现实需求，更是开展太空交通管理的关键要素。

（1）要便于开展事件协调处置。建立良好的沟通联络机制可以显著加强各太空交通活动参与者之间的沟通协作，通过各太空活动管理、运行和协调单位之间的有效沟通，明确各方的职责分工，进一步打破信息"孤岛"，促进资源的共享共用，大幅提升太空交通活动关联信息的传递效率。

（2）要便于提供能力支撑。太空活动的系统性决定了太空交通管理的复杂性，通过健全的沟通联络体系，可提供太空活动本系统以外的能力支撑。如太空交通管理过程中涉及法律、技术等问题，通过沟通联络机制与相关专家或机构建立联络渠道，为妥善处理各类太空活动提供全面保障。

（3）要方便汇总掌握情况。通过沟通联络机制能够将太空交通管理最末端信息及时传递至决策处置层，以便于作出情况判断和决策，为持续完善太空交通管理体系提供全面支撑。

2. 沟通联络机制的实现路径

（1）明确沟通的目标与内容。针对不同的太空交通活动及事件，各协同方的责任及分工不同，有必要针对沟通的目标及期望达成的效果，细化沟通的内容和主题，做到沟通内容具体。

（2）丰富和完善沟通联络渠道。可按事件处置应对的重要程度，建立多元化的沟通渠道，保障信息使用的及时性，支撑太空交通活动和安全风险的应对工作。

（3）保障沟通内容的安全。建立沟通联络机制过程中，应考虑各类信息的安全保障需求，采取规范的联络渠道、必要的技术手段和完备的管理措施，确保重要信息不外泄，敏感信息或产权信息不扩散。

4.3.2 协同处置机制

太空交通管理涉及的参与者多、领域广，仅碰撞预警的协调处置就涉及空间编目与碰撞预警筛查、预警信息发布、预警响应、沟通协调和避碰控制，参与者有协调调度层、能力支持层、业务执行层各相关单位，如果涉及损伤，还将面临保险赔付、法律维权等。因此，建立基于多部门联合的太空交通管理协同处置机制，可以有效规范太空交通管理中各协同单位职责分工和响应模式，维护太空交通秩序，实现太空资产稳定有序运行。

1. 协同处置机制建设目标

《中华人民共和国突发事件应对法》已经对生产生活中的各类突发事件的预防与应急准备、监测与预警、应急处置与救援、事后恢复与重建等内容作出了明确规定。鉴于太空活动的特殊性以及太空的国际公域属性，太空安全事件的高效处置，有利于维护国家太空发展利益的同时也能促进太空的可持续发展。

（1）明确职能。明确太空活动关联各方的职责，可以有效串联太空交通管理各参与者的职责，实现太空交通管理模式的规范稳定运行。

（2）整合资源。通过协同处置机制，整合各方资源和能力，加强资源的储备和调配，可确保形成合力，在活动管理和事件处置过程中能够有机配置和高效利用。

（3）联动响应。通过技术融合、信息融合、行为协同的方式，在明确职能的前提下，太空交通活动参与者各司其职，确保监测、预警、信息报备等业务能够顺利实施，一旦出现预案以外的突发情况或伤害事故，能够确保及时协调各相关方开展处置应对。

2. 协同处置机制主要内容

（1）明确太空交通管理过程中参与者职责，区分不同太空交通活动下各参与者的职责界面。太空交通安全风险处置需要多方协同，太空交通管理有关机构、航天器运营方、发射服务提供方、航天器研制/技术总体单位以及其他相关部门要构建相互协同关系。需根据太空交通活动的类型和影响层级，细化各协同单位的职责及响应要求，实现活动实施规范化。

（2）通过划分太空交通活动类型，建立太空交通管理协同管理方式。太空活动的分类分级，是开展太空交通管理的基本要求，也是其他领域各类活动实施的基本做法，否则管理过程容易出现不规范、系统性不强及配合力量缺失等情况。因此，需要在活动划分的基础上明确太空交通管理的协同管理方式，为后续开展活动协同的基本支撑和方案建设完善提供依据。

（3）区分日常协同处置和突发事件，明确太空交通管理协同处置流程。日常协同处置主要是常态开展监测、管控、沟通联络、备案、审查、登记等业务的协调处置，突出太空活动管理的规范性和完备性。突发事件的协同处置则是建立特定的组织框架，在此基础上按职责分工协同开展应对处置，以快速响应、综合处置为目标，将相关流程按照监测与预警、应对准备、协同处置、溯源与善后四个阶段划分。

①监测与预警。充分发挥空间碎片监测网优势，重点聚焦事件，落实太空环境监测、空间目标跟踪和事件风险评估等工作。

②应对准备。研究事件处置目标、规则、策略及职责等，建立畅通的事件处置信息流转渠道和协同方式。

③协同处置。评估事件影响域，收集汇总太空交通安全风险演化态势，及时启动风险处置预案，协同各相关单位为风险处置提供技术支撑。

④溯源与善后。处置过程中对风险进行溯源分析，分析研判导致风险发生的深层次原因，避免同类风险再发的同时，丰富突发事件处置的效率。

3. 协同处置机制实现路径

（1）明确太空交通管理的主体责任。通过与各参与者建立联系，互相明确协同处置中的职能分工及运行关系。建立融合太空交通管理有关机构的管理处置协调平台，以空间碎片监测网为依托，以航天器研制、管控、运用单位为协同对象，落实太空交通活动的管理和风险处置应对工作。

（2）建立太空交通活动规章制度与风险处置预案。通过部门规章制度规范太空交通管理协同处置要求、流程和其他事项，并建立完备预案应对太空交通管理中的突发事件。

（3）以法规的形式规范航天从业者和管理单位责任义务。在法律层面对太空交通管理的协同处置予以明确与保护，支持太空交通管理的协同处置。在相关法规论证建设的过程中，突出太空交通活动管制体制类、太空资产设施安全类、资源统筹管理类的法律保障需求，为各协同单位开展太空交通活动提供基本参考，明确太空交通管理中的角色定位，以此树立规范的太空交通活动理念和落实安全风险处置标准要求。

（4）开展常态化的演练。以各类太空交通安全风险管控处置为基本出发点，针对性地开展太空交通管理协同处置的演练工作，进一步理顺各相关方之间的协同处置关系，不断完善方案预案，提高协同处置效率。

4.3.3 信息共享机制

太空交通管理工作的实施涉及的参与者众多，有必要打破信息获取相对独立的状态，通过建立互联互通、实时共享的信息共享机制，为实时掌握太空交通态势、及时展开太空交通突发事件处置行动、改进太空交通管理体系提供决策基础。

1. 信息共享机制的建设目标

信息共享是使参与者（包括人、流程或系统）得到可用的信息，包括文化、管理和技术行为。开展太空交通管理要强化信息共享理念，建设满足共享需求的各类基础设施，在确保信息安全的前提下，统一数据共享规程，实现太空交通活动的监管和处置，以规范、安全、及时、可靠的信息支撑太空交通管理服务。

（1）打通共享渠道。通过建立信息共享标准实现信息接口的匹配，同时建立信息分级分类管理规范，以确保信息交互过程中的安全要求。

（2）促进信息交互。鼓励太空交通管理参与者共享信息，从信息共享中发掘和丰富相关方的职能任务，在为太空交通管理提供信息支持的同时进一步拓展研究范围。

（3）实现信息融合。将汇聚的共享信息通过智能化手段实现融合，挖掘深层次的信息使用潜力，不断提高信息的使用效益，促进太空交通管理能力向深层次发展。

2. 信息共享机制的主要内容

（1）信息采集。确定开展太空交通管理所需的数据类型、采集频率，强化接收数据的质量，开展数据的清洗、预处理和融合，支持各太空交通活动参与者对采集信息的二次开发，提高各类信息在共享和发布过程中的使用效益。

（2）信息共享。划分各参与者在太空交通管理的信息传输规范，制定信息共享标准，确定信息共享的传输协议和接口关系，明确信息共享平台建设应具备的访问和操作接口，畅通信息共享渠道，确保信息透明、及时、可用。

（3）信息发布。根据太空交通管理运行的职责要求，明确对外发布的信息类型，包括碰撞预警、空间天气异常、航天器陨落等信息，支撑太空交通管理业务；同时提供定制化的信息服务，按照分级分类原则发布特定信息。

（4）信息监管。根据信息安全需求划分共享信息等级与类别，指定信息监管的主体部门，明确信息共享和发布时需要监管的内容，规定信息审核的权责与流程，必要时需要通过采取技术加管理的手段对不符合信息安全标准的行为进行管控。

3. 信息共享的实现路径

（1）建好基础设施，重点解决数据的传输与安全问题。太空交通管理的信息共享要联通各参与者形成实时可靠的网络信息传输体系，实现信息资源的随遇接入、统一管控和按需服务。此外，构建的信息共享平台网络系统具备按分级分类要求访问的控制能力，实现网络安全互连、安全共享与安全流转。

（2）做好数据共享，重点关注数据的收集与分发。太空交通管理工作需要对航天器运行轨迹、载荷类型、覆盖范围、燃料使用、运行状态、太空环境等信息进行汇集，通过构建标准统一、权限分级、手段多样的信息共享系统，根据用户需求提供相关信息，也可基于多元条件约束进行信息分类，采用推送、订阅、订购、浏览等多种信息分发模式提供数据共享。

（3）用好数据产品，重点加强数据的分析与挖掘。太空交通管理工作要大力开发基于关联规则和预测的模型，通过信息共享对太空交通管理要素（包括人员、设备、概念和事件等要素）进行关联分析，从而预测太空交通态势的运行变化趋势，实现对太空交通的潜在风险及后果进行评估；通过信息共享与挖掘实现对各类航天器行为模式与异常行为的检查，识别航天器在轨运行安全风险，为太空交通风险防控提供决策依据。

参考文献

[1] 李晓园，陈武. 组织管理思想史 [M]. 北京：企业管理出版社，2022.

[2] BROWN O, COTTOM T, GLEASON M M. et al. Orbital traffic management study [EB/OL]. [2023-08-25]. http://images.spaceref.com/news/2016/traffic.pdf.

[3] 王冀莲, 侯宇葵. 空间交通管理概论 [M]. 北京: 科学出版社, 2023.

[4] National Space Traffic Management Policy. Space policy directive-3 [Z]. USA: 2018.

[5] MURAKAMI D, NAG S, LIFSON M, et al. Space traffic management with a NASA UAS traffic management (UTM) inspired Architecture [C]. USA: 2019.

[6] DOMINGUEZ M, FAGA M, FOUNTAIN J, et al. Space traffic management: Assessment of the feasibility, expected effectiveness, and funding implications of a transfer of space traffic management functions [R]. Washington, DC: 2020.

[7] 段锋. 美国政府空间碎片政策研究 [J]. 空间碎片研究, 2022, 22 (2): 32-39.

[8] TÜLLMANN R, ARBINGER C, BASKCOMB S, et al. On the implementation of a european space traffic management system: Ⅰ. A white paper; Ⅱ. The safety and reliability strategy; Ⅲ. technical requirements [R]. European Space Agency (ESA) by German Aerospace Center (GLR) and partner Institutes and Companies, 2017.

[9] ESPI Report 71: Towards a european approach to space traffic management: full report [R]. Austria: European Space Policy Institute (ESPI), 2020.

[10] Space Traffic Management (STM): An opportunity to seize for the european space sector [Z]. 2021.

[11] Council of the European Union. Space traffic management presidency report [Z]. 2021.

[12] European Commission. Joint communication to the european parliament and the council: An EU approach for space traffic management, an EU contribution addressing a global challenge [Z]. 2022.

[13] 徐春凤. 空间碎片减缓标准研究 [J]. 航天标准化, 2005 (5): 33-39.

[14] 李大卫, 陈凯, 刘静. 空间碎片碰撞预警国际标准 [J]. 国际太空, 2014, 429 (9): 61-65.

[15] 张荣之, 杨开忠. 航天器飞行防碰预警技术 [M]. 北京: 国防工业出版社, 2017.

[16] 徐翠平, 郭经. 卫星遥感数据共享标准浅析 [J]. 航天标准化, 2013 (3): 18-21.

[17] 董学军, 等. 民商航天发射探索与实践 [M]. 北京: 中国宇航出版社, 2019.

[18] 王劲松, 吕建永. 空间天气 [M]. 北京: 气象出版社, 2021.

第 5 章
太空交通管理法律法规体系

"无规矩不成方圆。"开展太空交通管理,需要以法律法规为准绳,在国内规范太空交通活动的行为,为太空交通活动参与者的权利提供保障,督促各参与者遵守太空交通规则,落实维持太空交通秩序的义务;在国际上为太空交通活动的行为提供基本依据,促进国际太空交通合作,降低因太空交通风险导致的国际事务误判发生概率。本章主要探讨太空交通管理的国际空间法基础,提出太空交通管理相关法规体系的基本框架和建设路径,为依法开展太空交通管理、实现太空环境的安全稳定可持续提供法律支撑。

5.1 太空交通管理的国际空间法基础

5.1.1 国际空间法概述

国际空间法通常被认为是一般国际法的分支,它是调整当事国在其领域内或与其领域有关的外层空间及其活动的规则、权利和义务的总称。国际公法通常参照《国际法院规约》的规定,包括第一层级的条约和习惯国际法,第二层级的法的一般原则、权威法学家的著作以及源自国际组织的法规。

从历史上来看,自 1957 年人类首次借助"斯普特尼克 1 号"(Sputnik-1)人造地球卫星进入太空,其发射范围及活动具有清晰的国际性特征,使当时的人们意识到一个在国际层面有效、公平和透明的法律制度应原则上在这些国家(空间法的具体主体)形成。

随着 20 世纪 50 年代地缘政治和人类科技的发展，国际空间法的核心主体从人造地球卫星继续向前发展。美国和苏联两大对立的超级大国在冷战态势下，达成了对于空间法的一般认知，即太空应尽可能排除军备竞赛，保持自由且开放的态度进行科学探索。美国方面感受到"导弹差距"的威胁，苏联方面也担心美国终有一天将达到同样的科技水平并赶超，所以同样希望有国际法律体系来约束美国在太空取得的长期优势。由于这种对自身限制性的相互认知，因此成立了作为联合国大会主体之一的联合国外空委，主要进行编撰和发展国际空间法的工作。

联合国外空委大体上包括所有实质上对空间利益感兴趣的国家，设有科学技术小组委员会和法律小组委员会，主要是为研究和编撰有关调整人类太空活动法律文件的一个平台，从 1993 年起该委员会设在维也纳的联合国外层空间事务厅（UNOOSA，United Nations Office for Outer Space Affairs）。通常而言，联合国外空委的发展历史普遍被认为是国际空间法发展的三个阶段。

第一阶段，联合国外空委起草了一系列具有相当于政治和道义力量的联大宣言、决议，但并不具有法律约束力。其中，最重要的是：1961 年 1721（XVI）B 号决议，该决议规定了射入太空的任何空间物体应向联合国进行登记的原则；1963 年 1962（XVIII）号决议，该决议被称为《原则宣言》，它建立了对外层空间进行全面法律规制的蓝图。

第二阶段，《原则宣言》变为具有约束力的条约，即 1967 年《外空条约》。该阶段在全球太空领域具有领导力的两个超级大国的指导下，对外空活动如何实施的限制达成一般谅解，并以条约形式形成确立其作为具有约束力的法律。

《外空条约》包含的几个不同方面的条文被认为需要在其主要原则和法律规则之外做更为详细的规定，因此《外空条约》第 5 条和第 8 条关于外国宇航员和外国航天器的内容不久在 1968 年通过的《营救协定》做了详细规定；第 7 条关于责任概念的内容产生了 1972 年的《责任公约》。此外，联大第 1721（XVI）B 号决议和《外空条约》第 5 条和第 8 条的内容，在 1975 年产生了对登记事项进行详细规定的《登记公约》。随着作为联合国外空委起草的最后一个条约，即 1979 年《月球协定》的制定，有关空间法律条约制定的黄金期已逐渐进入尾声（表 5-1）。

表 5–1 联合国五大太空条约

法规名称	制定时间	主要内容
《关于各国探索和利用包括月球和其他天体在内外层空间活动的原则条约》	1967 年	简称《外空条约》，条款包括有限和平利用外空、批准与持续监管义务、管辖权控制权、妥为顾及义务、提前磋商义务、通知义务等
《营救宇宙航天员、送回宇宙航天员和归还发射到外层空间的物体的协定》	1968 年	简称《营救协定》，条款包括有义务对他国太空作业航天员施以援助等规定
《关于外层空间物体造成损害的国际责任公约》	1972 年	简称《责任公约》，条款包括发射国认定、赔偿责任"过错"的认定等
《关于登记射入外层空间物体的公约》	1976 年	简称《登记公约》，条款包括空间物体认定、登记国的义务、登记需提供的空间物体信息等条款
《指导各国在月球和其他天体上活动的协定》	1979 年	简称《月球协定》，条款包括禁止改变天体环境、禁止在任何天体宣布拥有主权等（美俄日印、欧空局成员国和中国均未加入该条约）

第三阶段，联合国外空委以实际上没有法律约束力的联合国决议的形式进一步发展国际空间法，希望通过实践使其主要部分成为习惯国际法。基于这种情况，1982 年关于直接广播卫星的第一个主要决议得以起草，但该决议并未达成一致，因为经济发达与不发达国家之间关于在他国进行自由广播问题存在分歧。第二个是关于遥感的决议，由于被认为包括了习惯国际法规则，因而获得了一致同意。第三个是关于在太空利用核动力源的决议，因其本质上是一个技术性指南而获得大会通过。之后，联合国外空委又起草了两个重要决议。第一个决议为"福利宣言"，规定了在太空进行国际合作的一般原则，《外空条约》第 1 条和第 3 条也对该原则做了相关规定。另一个为 2007 年《关于批准联合国和平利用外层空间委员会空间碎片减缓指南的决议》，该决议源自《IADC 空间碎片减缓指南》。

联合国外空委主导发展的空间法一直处于不具有约束力的宣言和决议的水平，就目前国际太空规则谈判进展来看，全球大多数具有太空利益的国家在外层空间事务中难以一致达成具有法律约束力的条约。对大多数联合国观察员来说，联合国外空委对空间法进一步发展的主要贡献似乎将继续以这样一种方式前行：一系列正式的、不具有约束力的原则和指南不久将具有习惯国际法的地位。

太空作为人类对陆地、海洋、航空探险后的第四个领域，国际空间法框架内应考虑各种太空活动或对太空活动造成影响的重要因素，因此空间法所涉及范围的广泛性也许是我们无法想象的。空间法作为国际公法的重要领域，尚有很多已知和未知的工作需要开展；尤其是空间法中的核查机制及相关监管机构尚未建立健全，这将是未来空间法需要重点发展和推进的国际性工作。

5.1.2　国际空间法对太空交通管理的支撑依据

太空活动发展至今，已经容纳了各种人类活动，在科学、政府管理、打击犯罪和反恐怖主义、商业以及人道主义等方面发挥着重要作用，因此制定规范上述行为的规则愈发重要。以目前的情况而言，广义上的空间法已经逐步包括许多其他法律制度，在知名度和对国际空间法的直接影响方面，大致可以按归属范围降序分类：①国际空间组织的内部章程、规章和习惯法；②为特定空间项目特别制定的具体制度；③志趣相投的国家就太空活动的具体范围所签订的多边或双边条约；④一系列双边协议，涉及地面基站托管安排到长期合作的内容；⑤更多在太空范围之外制定的制度，这些制度至少对太空活动中的某一个领域产生重大影响。太空交通管理作为规范广泛太空活动的重要措施，也需要在国际空间法框架下制定规则以促进太空交通活动的有序进行。

从法理的角度看，太空交通管理关系应当包括主体、客体和内容三个要素。该关系的主体即管理者（一国政府及相关部门）、被管理者（航天活动主体，包括航天器运营方、发射服务提供方等）以及国际治理的协调主体（联合国相关机构和国际平台）、治理参与者（国家、政府间国际组织）；该关系的客体即人、物和行为等管理或治理对象，如航天员、太空游客、空间物体、太空资源、航天器发射、在轨操作、再入等行为；该关系的内容则是指形成的各种管理和被管理关系（国内层面）以及共同治理关系（国际层面），前者如许可、登记、通知、赔偿等，后者如透明度、空间碎片减缓要求、太空使用核动力源要求以及国际空间法的基本权利义务（自由探索和利用原则、不得据为己有原则、和平利用原则、国际合作原则、妥为顾及义务、提前磋商义务、避免有害污染义务）等。

其中，国内管理手段包括制定政策、法律、行为规范、技术标准、程序要求等；从国际视角看，治理手段包括单方政治承诺（如中俄倡导的不首先在外空放置武器），以及制定准则、守则、倡议、建议和条约等。

自由探索和和平利用外层空间既是开展太空活动的最终目标，又是其根本原则。制定国际空间法的根本目的是自由探索和和平利用外层空间。而太空交通管理的着眼点正如国际宇航科学院空间技术委员会对它的定义：促进安全进入太空、在太空操作和从太空返回地球而不受物理或无线电频率干扰，最终目的亦是维护太空活动的安全性、稳定性以及可持续性。因此，太空交通管理与国际空间法的制定在本质上有着共同的目标。

随着人类航天活动的不断开展，在轨空间物体数量剧增，太空交通管理已得到越来越多航天国家和机构的关注和重视。关注的焦点主要涉及：太空作业可持续性；太空信息管理与互操作，及时、可用的编目、跟踪数据和太空交通管理服务对太空活动的重要性；如何通过定期修订碎片减缓准则、标准和政策，减缓轨道碎片及规避碰撞。

对于太空交通管理关注的焦点问题，国际空间法已有相关的规则制度作为太空交通管理的支撑依据。尽管针对空间碎片减缓，《外空条约》并未明确提及空间碎片问题，但为防止空间碎片形势持续恶化，维护太空活动和太空环境安全，国际社会遵循联合国空间法体系确立的原则，逐步构建了以相关规范和标准为主体的空间碎片减缓国际机制。2002 年，IADC 发布了在相关国家和国际组织做法、标准、规则基础上编制的《IADC 空间碎片减缓指南》。在此基础上，联合国外空委于 2007 年通过《空间碎片减缓指南》文本，并在同年 12 月得到联大决议核准。ITU 在 1993 年和 2004 年文本基础上，于 2010 年修改形成《地球静止卫星轨道的环境保护》建议书（ITU – RS. 1003 – 2），就 GSO 内的卫星处置给出指导意见。国际标准化组织也编制形成一系列空间碎片标准和技术报告，如 ISO – 24113《空间系统——空间碎片减缓要求》，以及配套的具体方法、程序和实践等。

太空交通管理还涉及太空活动的长期可持续性。在这方面，国际社会针对太空活动长期可持续性（LTS，Long Term Sustainability of Outer Space Activities）的问题，继法国2008年提出外空活动长期可持续性议题后，联合国外空委在2009年第52届会议上决定，自2010年起将LTS项目列入联合国外空委科技分委员会的会议议程。LTS工作小组历经8年，形成了由序言和21项准则组成的《外层空间活动长期可持续性准则》，并于2019年在第62届联合国外空委大会上通过。该准则为太空活动的可持续性发展、安全性和稳定性提供了有力的支撑，也为推动太空交通活动有序开展提供了基本准则。

太空交通管理的基础是掌握空间物体的基本情况，需要各国对所属的航天器基本信息公开，这就涉及太空活动透明度的问题。针对太空活动透明度，2010年联大65/68号决议（中俄主提）要求联合国秘书长成立一个TCBM（外空透明与建立信任措施）政府专家组（GGE，Group of Governmental Experts）；2011年GGE正式成立，专家组15人（五个常任理事国各1人，联合国五大区域集团各2人）；2013年GGE提交最终报告并获联大通过，鼓励成员国审议并执行建议措施；2015年联大一委与四委召开联合特别会议，共议太空安全与可持续发展。2015年联大70/53号决议要求联合国提交一份关于联合国系统TCBM报告，并在附件中呈列各成员国的看法；2017年再次召开类似会议。TCBM已经成功地发展为一个各国普遍接受的措施，各国每年都积极向联大汇报本国的执行情况和进展。在TCBM规则下，各国基于航天器的能力和行为建立透明度和信任措施，有助于推动太空交通活动的协调。

另外，太空交通管理中涉及的空间信息共享、空间碎片监测数据共享等问题，在《外空条约》中均有相应的条款可作为参考和依据。《外空条约》第11条"在外层空间包括月球与其他天体在内进行活动的本条约各缔约国同意，在最大可能和实际可行的范围内，将这类活动的性质、进行情况、地点和结果通知联合国秘书长，并通告公众和国际科学界"，第12条"在月球与其他天体上的一切站所、设施、装备和航天器，应在对等的基础上对本条约其他缔约国的代表开放"，均强调了各缔约国空间信息共享的要求。

国际空间法是建立太空交通管理相关法律法规的基础性法规和根本原则。从国际层面看，空间法为各国开展太空交通管理提供了必要的基础性原则，通过国际法律框架对太空交通活动起到发展引导作用；从国内实践运行看，在国际空间法的研究基础上，各国通过承接国际义务，制定国家航天政策、国家太空交通管理政策、相关配套法律法规，形成太空交通管理法规运行的基本路线。

5.1.3　太空交通管理法律法规建设需求

目前国际社会尚无综合性的太空交通管理相关法律法规来指导太空交通管理规则的建立。因此近年来各国及区域组织出于自身需要，开始探索各自太空交通管理制度的制定，试图引领未来相关领域的发展。美国和欧洲在这方面发展较快，但各国及组织就太空交通管理的法律法规而言很难达成一致意见。太空交通管理涉及航天器运营方、各国政府机构及太空交通管理服务提供方的利益，各利益相关方之间存在的分歧主要集中在太空交通管理相关规定的性质、范围、主体责任单位和严格程度等。另外，各方在自我监管方面也存在很大差异和局限性。如果没有某种程度的共同限制，将不太可能实现太空活动安全和可持续性的共同目标。但如果各方规定的限制内容有所区别，那么相关规定条款又会成为太空交通管理的敏感问题。此外，太空交通管理涉及政府、公共、私人组织在内的各方参与者之间的主体责任问题，涵盖空间编目、跟踪、测量数据的收集、分析、分发、共享等信息隐私，进一步加剧了各方对太空交通管理的分歧。

美国于2018年6月发布SPD-3，对美国各机构在太空交通管理方面应履行的职责进行了规定，标志着美国对太空交通管理的重视程度达到新的高度。欧空局于2017年发布了《执行欧洲太空交通管理制度》白皮书，对太空交通管理进行了界定，并提出欧洲太空交通管理体系框架和发展路线图，强调通过国际合作确立欧洲太空交通管理的话语权。俄罗斯在太空交通管理方面暂未出台正式文件，但俄罗斯曾多次正式表达关于太空交通管理的态度：没有有效的空间操作安全框架，太空交通管理将难以实施，必须通过国际合作实现空间物体数据的共享，实施更多技术层面的研究和协商。日本太空政策调查研究中心于2019年发布《太空交通管理的现状和发展的调查研究》，对日本太空交通管理的现状及面临问题进行总结，指出实施太空交通管理的必要性。

中国在太空交通管理的法律法规方面也取得了一些进展。在部门规章和管理制度方面，形成了频率和轨道资源申请、空间物体登记、航天发射项目许可、空间碎片减缓、促进商业航天器发射和微小卫星发展等一系列涉及太空交通活动的管理规范，支持太空交通活动的实践与发展。在此基础上，中国还需要进一步以制度规范太空交通管理相关机构之间的职责、权利和义务划分，完善监督、核查、沟通等机制，促进不同机构间协调联络，提升合作质效和信息共享力度，实现资源高效利用，推动相关职能机构发挥职能作用；考虑将保护太空环境、国际合作以及其他太空条约规定的基本原则等作为国内太空交通管理立法的根本依据，系统形成太空交通管理法律法规体系，以立法形式指导管理实践，补齐法律空白，统筹国内各方太空交通活动参与者，建立太空交通管理领域的法律法规，确保各参与主体依法依规行事，达到科学决策和规范管理的要求。在国际层面，太空交通管理的特殊性和相关国际法律文件的缺位，决定了修改现存法律并制定新法律的必要性。目前太空交通管理的部分职能分别由不同的国际组织承担，而其中涉及的太空活动规范也分别由不同的制度文件做了相关规定。中国作为太空活动的主要参与者，需要积极参与到国际社会太空交通管理法律法规问题的讨论当中，为构建国际太空交通管理规则体系贡献中国方案。

5.2　构建太空交通管理法律法规体系

构建太空交通管理法律法规体系，需要充分考虑国际空间法的赋权约束和限制，参考借鉴陆海空领域交通管理法律法规体系建设框架，结合太空治理的需要，加强太空交通管理法治建设的顶层设计和体系规划，既能够衔接国际空间法，履行国际义务，也能够规范太空交通行为，促进太空活动的繁荣有序发展。

5.2.1　总体目标

综合太空交通管理在不同国家间的概念研究，太空交通管理主要通过对太空交通活动进行监测、规划和协调，确保航天器进入太空、在太空运行以及从太空返回地球时免遭物理或射频干扰影响，最终实现太空环境中活动的安全性、稳定性和可持续性发展。因此，太空交通管理的法律法规职能主要体现在三个方面。

（1）太空交通管理的法律法规应当维护太空交通活动秩序，保障太空交通活动参与者的权益，明确获取和共享空间物体编目、跟踪数据以支持太空交通管理的权利和义务，鼓励和支持开展太空交通管理建设，实现太空交通管理的法治化。

（2）太空交通管理的法律法规应包括太空交通管理信息管理与共享的规则、太空交通管理服务与管理的规则、太空交通管理的执行规则，为建立健全空间碎片监测和信息共享平台、开展太空交通管理提供制度保障。基于太空活动的发展现状和趋势，太空交通法律法规应涵盖发射、在轨运行以及返回地球的各个阶段，并包括一些特殊的规定，如载人航天飞行、亚轨道飞行等。

（3）构建涵盖空间碎片减缓与碎片主动清除的太空交通管理法律法规体系。目前在联合国制定的各种外空条约中没有对空间碎片作出过明确的定义，与其最相关的定义是空间物体。2007年，联合国外空委在向联合国大会提交的《空间碎片减缓指南》中纳入了空间碎片的定义，它将碎片定义为"地球轨道上或重返大气层的所有不再发挥功能的人造物体，包括其残骸和组件"。这个定义代表了国际初步共识，即空间碎片的定义侧重于"无功能性"和"人造物体"。空间碎片问题现已十分严峻，而且存在继续恶化的趋势。现有的努力将空间碎片的治理重点放在了如何减少空间碎片的产生上，取得了一定的效果。然而，这样的努力远远不够，空间碎片主动移除也将成为解决空间碎片问题的重要手段，但空间碎片主动移除仍面临着法律上的不足。考虑到太空交通管理将太空活动视为太空领域整体的交通管理，在太空交通管理框架下建立的系统性机制有利于协调各国参与空间碎片主动移除。

综上所述，太空交通管理制度的建立，是源于太空的严峻形势及未来有序开展外层空间探索活动的紧迫需求；而建立太空交通管理相关法律法规体系框架，更是为了促进国家间更好地开展太空交通管理、提高太空环境监测能力以及数据资源共享。空间数据收集和共享以及太空交通规则的制定和执行，有利于太空交通活动的有序展开，避免太空交通事故的发生；一个整体性的监管制度也有利于改善太空的严峻现实。太空交通管理的法律法规体系将通过建立太空安全可持续的运作规则，改善太空交通活动的无序现状，促进国际社会向共同开展太空交通管理方向发展。

5.2.2 法律法规体系构成

考虑到太空交通管理涉及频率登记与管理、航天器发射、在轨活动、离轨陨落、碎片清除等方面，需加强太空交通管理法治建设的顶层设计和体系规划，形成一个由上至下、处于不同位阶、具有不同效力，覆盖太空交通活动各领域，科学合理规范、内外配套衔接的太空交通管理法律法规体系。结合太空交通管理活动的发展特点，构建覆盖太空交通活动全过程全领域的以法律、条例、部门规章为主体的太空交通管理法律法规体系，如图5-1所示。

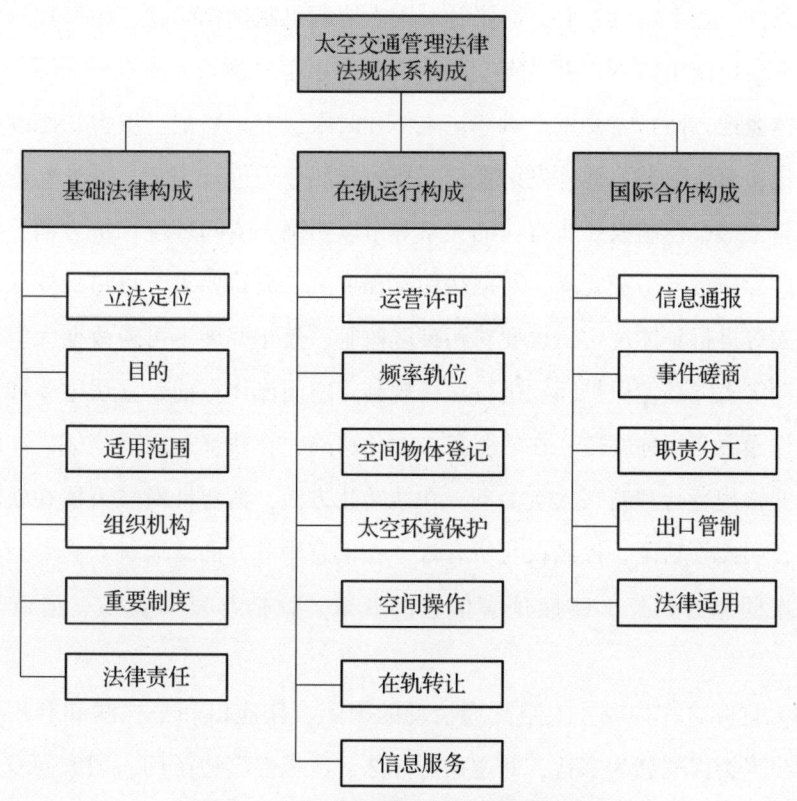

图5-1 太空交通管理法律法规体系构成

（1）基础法律构成。以法律法规的形式对立法定位、适用范围、组织机构等加以明确和规定，构建太空交通管理体制，有利于在统一的组织框架下形成明确的分工体系，使太空交通管理有关机构发挥作用，避免重复建设或职能重叠。立法工作可以首先明确太空交通管理相关条例、规章的立法定位；其次可以明确立法目的是监管哪些活动和主体、促进哪些产业、履行哪些国际义务，确定属人管辖/属地管辖、太空交通活动定义、各类主体航天法律地位、指导思想、组织机构设置及分工等；最后明确法律与政策的关系，形成太空交通管理的法律法规体系。

(2) 在轨运行构成。航天器在轨运行活动形式多样、周期长、流程环节多，是国家统筹太空交通管理运行法规体系需要规制的重点环节。立法工作需要对运营许可、频率轨位、空间物体登记、太空环境保护、空间操作、在轨转让、信息服务等方面进行规制。运营许可方面，可以对商业通信、导航、遥感卫星设置运营许可条件。频率轨位方面，需要针对国内协调机制优化问题、频率轨位申报规划、频率轨位使用监管（拍卖转让）、频率使用争端解决机制等进行补充规定。空间物体登记方面，需要重点对登记主体和时限、卫星登记、重大状态改变时的变更登记、离轨登记、地外发射登记、在轨释放登记进行规定，另外对空间物体登记与管辖权、控制权、所有权的关系等予以明确。空间环境保护方面，既要落实空间碎片减缓与防护要求，对减缓标准和要求、离轨要求、可追踪要求、规避安全距离等进行具体规定，也要对污染区监管、禁止开展不可逆改变太空环境的相关活动等太空环境保护问题进行法律规制。空间操作方面，立法主要涉及规制空间操作、改变标称轨道、在轨服务、主动移除、在轨释放空间物体、在轨交会评估等非常规运行和新兴太空活动。在轨转让方面，需要针对航天器在轨转让设置许可，明确管辖全、控制权与所有权。在信息服务方面，通过立法对空间天气信息、空间态势信息、碰撞预警信息的获取、评估与发布资质、渠道等进行规制。

(3) 国际合作构成。太空交通活动的国际合作应以和平探测和利用外层空间，为全人类谋福利为宗旨，并遵循国际法、区域性多边条约、国家间双边条约等规范的约束。立法主要规制信息通报与信息透明、国际规则和事件磋商等问题，明确国际合作目的、国际合作原则、优先开展国际合作的领域、国际合作管理机构职责分工、出口管制、国际合作的法律适用等。

目前，中国已经在相关方面制定了太空交通管理的有关规定，如表 5-2 所示。

表 5-2 中国现有太空交通管理规定

序号	活动分类	文件名称	相关规定 （原文引用或内容简介）	备注
1	碰撞规避	《关于促进微小卫星有序发展和加强安全管理的通知》	微小卫星应具备一定的避碰轨控能力，以组网或星座等方式部署时，还应采取技术措施避免相互发生碰撞	
			国家有关部门按职责开展微小卫星在轨碰撞预警、规避策略安全复核、风险研判等工作。微小卫星拥有者在发现在轨碰撞风险时，应积极进行碰撞规避，并在发现风险的 1 小时内向国家有关部门报告有关情况及处置方案	
			微小卫星拥有者应在发生在轨碰撞事故 1 小时内，向国家有关部门通报事故情况	
2	空间碎片减缓	《民用卫星工程管理暂行办法》	国家国防科技工业局监督管理民用航天器、运载器空间碎片减缓与安全防护工作，组织制定相关管理办法和标准。在工程研制、发射和在轨运行过程中，有关单位应按《空间碎片减缓与防护管理办法》要求，履行空间碎片减缓责任	
		《空间碎片减缓与防护管理办法》	适应性原则； 继承性原则； 可操作性原则	

续表

序号	活动分类	文件名称	相关规定（原文引用或内容简介）	备注
2	空间碎片减缓	《空间碎片减缓要求》	本标准规定了适用于进入或穿越近地空间的无人航天系统所有飞行物体的空间碎片减缓总要求，包括运载火箭轨道级、工作中的航天器，以及正常运行或处置行动过程中释放的任何物体。 本标准中规定的要求旨在降低空间碎片的增长，通过确保航天器和运载火箭轨道级能以一种恰当的方式进行设计、运行和处置，从而防止其在轨道寿命期内产生碎片。 本标准不考虑发射阶段的安全性，有关的特殊准则将在其他的文件中规定	2017年11月1日发布，2018年5月1日实施
		《运载火箭操作性碎片减缓设计要求》	本标准规定了运载火箭（或上面级）操作性碎片减缓技术的设计原则、设计要求、验证项目与要求，以及碎片减缓性能评估。 本标准适用于运载火箭从入轨到离轨的整个运行过程中操作性碎片减缓处理的设计工作	2019年10月发布，2020年5月实施
		《航天系统——运载火箭轨道级空间碎片减缓详细要求》	主要制定了避免释放操作性空间碎片、预防在轨解体、预防碰撞、离轨处置、再入等相关内容	2022年7月发布，由航科集团主导制定

续表

序号	活动分类	文件名称	相关规定（原文引用或内容简介）	备注
3	离轨钝化	《空间物体登记管理办法》	依本办法所登记的空间物体的状态有重大改变（如轨道变化、解体、停止工作、返回及再入大气层等）时，空间物体登记者应在空间物体状态改变后60天内进行变更登记	
		《航天系统——运载火箭轨道级空间碎片减缓详细要求》	主要制定了避免释放操作性空间碎片、预防在轨解体、预防碰撞、离轨处置、再入等相关内容	
		《关于促进微小卫星有序发展和加强安全管理的通知》	微小卫星应具备必要的能力以利于实施离轨，避免长期占用常用轨道，所采用的离轨技术应成熟可靠。任务结束、终止或寿命到期后，运行轨道高度不超过2 000 km的微小卫星轨道驻留时间不大于25年，运行轨道高度超过2 000 km的微小卫星应主动进入坟墓轨道或非常用轨道。微小卫星应采取必要技术措施，避免在轨产生分离性碎片，包括脱落、丢弃、抛洒等；避免燃料贮箱、电池等蓄能部件发生爆炸等解体事件	
		《民用卫星工程管理暂行办法》	卫星丧失主要业务功能性能或丧失主动离轨能力前，由主用户部门牵头向国家国防科技工业局申请卫星退役。国家国防科技工业局按程序核准退役并会同有关部门统筹安排卫星拓展应用、离轨处置等工作	

续表

序号	活动分类	文件名称	相关规定（原文引用或内容简介）	备注
4	在轨操控	《空间物体登记管理办法》	依本办法所登记的空间物体的状态有重大改变（如轨道变化、解体、停止工作、返回及再入大气层等）时，空间物体登记者应在空间物体状态改变后60天内进行变更登记	
		《关于促进微小卫星有序发展和加强安全管理的通知》	微小卫星应具备一定的避碰轨控能力，以组网或星座等方式部署时，还应采取技术措施避免相互发生碰撞	
			微小卫星发射入轨、在轨状态改变时，拥有者应按《空间物体登记管理办法》有关规定，向国家国防科技工业局提交登记材料，履行空间物体登记或变更手续。微小卫星使用的频率和运行轨道发生重大变化时，其无线电频率使用人应按无线电管理有关规定，办理相应许可的变更、注销或重新申报手续	
			微小卫星开展轨道转移、交会对接、碎片移除、在轨维护等操作前30天，拥有者应向国家有关主管部门通报有关情况。操作实施中出现重大安全风险，应及时终止或调整实施方案	

续表

序号	活动分类	文件名称	相关规定 （原文引用或内容简介）	备注
4	在轨操控	《关于促进商业航天发展的指导意见》	国家有关部门负责微小卫星运行轨道状态、主动离轨活动的日常监测与评估等工作。微小卫星在轨运行期间轨道和状态等信息发生变化时，拥有者应及时向国家有关部门告知有关变化情况。对未按要求实施离轨和报送相关信息的，国家有关部门可视情采取相关措施	
		《民用卫星工程管理暂行办法》	卫星、地面、应用、测控系统协同配合，加强在轨卫星全寿命期技术支持保障，开展卫星状态监测，做好空间物体危险碰撞预警、规避和应急保障，实现卫星既定功能与任务	
		《关于促进商业航天发展的指导意见》	完善政策法规。建立商业航天活动市场准入负面清单，制定完善商业航天活动准入、退出及过程监管政策，优化商业航天器发射许可审批制度，进一步建立完善商业航天产品质量和安全放行审查机制	
			强化过程监管。国家主管部门依法依规加强对商业航天活动过程的安全监管，严格从业资质、发射和回收许可、空间物体登记、安全保密、损害赔偿等审查，不得危害国家安全、公众利益，不得构成不正当竞争	

构建太空交通管理法律法规体系，可以采用"母法+子法"的法律架构，以航天基本法作为航天领域统领性法律，解决航天领域综合性和基础性法律问题，发挥母法或上位法作用，为航天领域法律法规体系建设创造条件，牵引航天领域法律法规体系全面建设，为太空交通管理提供基本法框架。

一方面要制定处于统领地位的航天法。其作为相关领域的基本法，对太空法律法规体系中的顶层问题作出明确规定，以法律的形式对立法宗旨、立法定位、适用范围、管理机制和重要制度等加以规定，在统一的框架下形成明确的分工体系，涵盖太空交通管理体制、规范太空活动和促进航天产业发展，对太空交通管理运行模式中的各个方面作出规定。在太空基本法立法条件尚不成熟的情况下，也可先推出太空交通管理相关的条例或法规，以规制该领域内的活动。另一方面，为细化落实顶层基本法，还需要制定适当的条例及办法、实施细则。通过制定有关太空交通安全风险的应急处置、太空交通活动的安全监管、太空信息发布通报、太空信息共享、国际联络协调等工作的机制规范，进一步支撑太空交通管理法律法规运行的各项需求。

(1) 太空交通活动的安全监管规范。太空交通活动的安全监管主要是指以规范太空交通活动和保障太空安全为目标，在研制立项、实施发射、在轨运行、离轨钝化等全寿命阶段，对航天器实施的有计划、有标准、有要求的管控行为，确保太空交通活动的安全实施。太空交通管理有关机构为规范开展航天器太空交通活动的安全监管工作，需要明确航天器太空交通活动涉及的监管原则、术语定义、工作职责、指挥协同、处置流程等内容，制定关于太空交通活动安全监管的规范。

(2) 太空交通安全风险的应急处置机制。太空交通安全风险是指对太空交通安全造成或者可能造成风险的情况，主要包括空间碰撞、电磁干扰、空间极端天气等。太空交通安全风险的应急处置主要是指为减轻或消除太空交通安全风险危害，根据太空交通安全风险的等级，由太空交通管理有关机构，通过协调联动各方力量、统筹调动各方资源、依据各级各类预案，有效化解和防范太空交通安全风险的过程，制定关于太空交通安全风险应急处置的机制规范涉及责任分工、协同关系、处置依据、预案规范等内容。

(3) 太空信息发布通报规范。为规范对外信息发布工作，及时、准确、安全地掌握发布要求及信息交互的时机，太空交通管理有关机构需制定关于太空信息发布通报的规范。对外信息发布通报的内容主要包括太空环境信息、太空资源信息、太空交通活动信息、太空安全风险信息等。

（4）太空信息共享机制。依据太空交通管理相关职能，需要推动各太空交通活动参与者通过共享太空资源信息、地面设施基础信息、使用需求信息、接口信息、使用计划信息及太空安全信息等内容，实现航天器资源和数据信息统筹管理、共同利用的合作机制。因此，太空交通管理有关机构需制定关于空间信息共享的机制规范，以确定共享内容、范围、方式、时效要求和责任单位等。

（5）国际联络协调机制。太空交通管理涉及的风险处置不仅仅是一国之内，很多时候还要与国际上的航天器运营方、发射服务提供方开展安全风险方面的协调，在国际协调交往中形成更加合理有效、符合各方利益的太空交通协调规则，因此在法律法规体系中还需要建立国际联络协调机制，明确国际协调交互的信息、时间、责任部门、基本要求等内容。

有关政府管理部门还可以根据实际工作需要制定部门规章，对太空交通管理机制规范的相关规定在操作层面进一步细化[1]。

5.3 参与国际太空交通管理规则制定

目前，太空交通管理领域并未形成统一的国际规则；在国家法层面，美国、俄罗斯、法国、日本等国家出台了一些具体规则，但这些规则并不具备域外效力。在当前情况下，各国需要结合自身太空交通管理实践，密切关注太空交通管理的动向，积极参与国际太空交通管理规则谈判，提出有利于人类命运共同体发展的理念和规则。

5.3.1 对现行条约进行明确和修改

1. 空间物体的定义

关于空间物体的定义是否要包含空间碎片，学界一直存在争论[3]。从太空交通管理的观点来看，虽然无论空间碎片是否属于空间物体的范畴，其都是太空交通管理的对象，但是明确空间物体与空间碎片之间的界限，以及确立放弃对空间碎片权利的程序仍然非常重要。从太空交通管理者的角度来看，所有空间物体都是避免碰撞的目标，但显然功能性的空间物体相较于非功能性的空间碎片在碰撞的保护上拥有更高的优先权，毕竟这些物体不可能自己移动以避免碰撞。因此，就空间物体的定义而言，有必要区分空间碎片与空间物体，使操作人员能够确定该物体是功能性的航天器还是仅仅是空间碎片。

2. 发射前通知制度

《登记公约》没有规定发射前通知制度，目前这一制度主要出现在反弹道导弹控制相关体制中。根据《反弹道导弹扩散国际行为守则》（简称《海牙行为守则》）的规定，各国应当进行发射前通知，说明弹道导弹和空间运载火箭的发射和试验飞行情况。根据该守则，通知应包括下列内容：弹道导弹和空间运载火箭的种类、计划发射通知窗口、发射地点和拟定的方向[4]。虽然这一制度并不具有强制性，但发射前通知制度可以有效提高太空活动的透明度以及空间主体之间的信任度，也可以降低空间物体发生碰撞的可能性，值得在制定太空交通管理制度时参考。

3. 提供空间物体的寿命信息及提供轨道机动和离轨的通知

《登记公约》中，关于登记信息的相关规定在当前的太空活动中存在信息不足的情况，可以增加空间物体的轨道变化、脱离轨道和解体后的登记和公告义务。更改这些登记义务之后，在发生空间物体碰撞时，《责任公约》可以将违反此登记义务的行为视为"过错"，这样可以促进缔约国更有效地执行《登记公约》，另外，它也可以抑制新的碰撞事故，进而有效维护太空交通管理的秩序。

5.3.2 制定太空交通管理的专门规范

太空交通管理规则的构建需要从安全、责任承担以及经济的角度加以考虑，由于仅修改现有条文不能完全解决建立太空交通管理制度的问题，因此可以建立专门规范太空交通管理的国际法。

构建太空交通管理制度是一项系统性的工程，讨论其具体规则条款的情形虽然尚不成熟，但无论如何，以下领域的规则制定都具有重要的意义，可以包括在太空交通管理相关的法律文件中。

1. 信息通知规则

无论在发射阶段、在轨阶段还是返回大气层阶段，信息通知规则都至关重要。在规则方面可以提出三条要求：第一，界定与轨道以及频率有关的数据类型；第二，规定有关信息来源的条款，无论信息来自政府、私人还是有关资助方；第三，建立信息数据库和信息分配机制以及空间天气的信息共享制度。信息通知制度发布的信息需要比《登记公约》规定的参数更加详细，提供空间物体全寿命周期的信息资料，预先通知涉及轨道机动和离轨等有关信息。

从安全角度考虑，可以建立太空道路规则或者太空安全认证制度。如果发射者提供的信息不足以保证太空交通安全，该活动将不能得到许可。从责任角度考虑，还需要建立强制的信息通知制度，可以参考《登记公约》有关规定建立有关信息责任制度。同时，在国内立法层面也需要将信息通知责任制度放在首位，尤其在私营实体参与太空活动时，国内信息通知制度显得更为重要[5]。从经济角度考虑，可以考虑建立某种标准或者一个相对公平的开放的发射或其他太空交通服务的市场，可以通过多边服务贸易协议来实现信息管理，例如，通过世界贸易组织的机制来实现。信息通知规则的构建不限于发射阶段，在轨阶段和再入阶段都应要求充分的信息提供以及适时的通知制度。

2. 太空交通安全规则

根据数据库的使用情况，太空交通管理规则需要提供避免碰撞的安全规则，包括：

（1）发射安全规则。其包含但不限于，发射前应对该发射活动与其他空间物体碰撞的可能性进行评估，在此基础上提供一个可参考的数据，根据此数据决定是否要求太空活动操作者采取必要的机动措施以避免碰撞等。

（2）载人航天器的安全规则（包括太空游客）。例如，规定一定轨道区域内只能由载人航天器使用，其他商业或私人空间物体不得进入的规则[6]。

（3）分区规则（对轨道的选择）。例如，可以划定轨道的高度范围，在此高度范围内划分若干个区域，规定区域之间的间隔，以及每个轨道上可以进入的空间物体的位置和数量等，当然这种分区有赖于技术手段来加以实施。

（4）在轨阶段的先行权规则。具体规定在轨空间物体谁可以优先通行的规则。

（5）机动的优先次序规则。一般要求机动性强的空间物体要让位于机动性差的空间物体。

（6）GSO 规则（与 ITU 规则协调）。例如，GSO 上的航天器的操作者应该至少在 48 小时前通知有关预定轨道的在轨运行以及改变轨道的情况，鼓励运营方将其产生的原始数据通过太空交通管理机构授权邻近 GSO 上的其他航天器的操作者使用等。

（7）返回大气层的安全规则。很多小型的空间物体在再入大气层的过程中已经烧毁，而一些较大的空间物体在再入过程中能存留下来并在地球表面碰撞着陆。因此，要有规则保障在再入过程中与轨道上的空间物体不发生碰撞、不造成频率干扰以及在地面上不造成对地面设施和人类的损害等。

（8）环境保护规则。例如，限制空间碎片产生的数量，降低运行中的空间操作中断的可能性，避免在轨碰撞，限制已经完成任务的航天器出现在低地球轨道或 GSO 上，主动开展空间碎片清除等。

太空交通管理的具体规则不限于此，随着太空活动的发展，规则的具体内容也将不断调整和丰富。

3. 争端解决规则

太空交通管理制度的争端解决规则可以同时参考 ITU 的争端解决机制及航空法的争端解决机制。

ITU 在其创始文件中规定了争端解决机制。根据 ITU 公约，成员国经过协商，可以通过外交途径解决有关适用章程、公约及有关管理规则的争议，根据它们之间双边或多边条约建立的程序。如果达不成解决方案，争议的成员方可以根据公约的规定进行仲裁。然而，ITU 的争端解决只适用于 ITU 事项而无法适用整个太空交通管理事项。如果将其适用于整个太空交通管理事项，将涉及对 ITU 组织法及公约的修改。

鉴于这将涉及所有成员国的利益，决策过程会比较漫长。对于 ITU 成员方而言，ITU 的解决方案是整体的，因为当时是政府间以及私营实体间达成的。私营实体成员方包括通信政策制定者和管理者、网络运营者、设备制造者、硬件和软件开发者、地区标准制定组织和财政部门等。

《国际民航组织公约》（简称《芝加哥公约》）第 18 章规定了争端的协商、

上诉、仲裁程序以及违反责任义务的惩罚措施。《芝加哥公约》框架下，在有诸多可以选择的争议解决方式下，争议方必须决定同意遵从哪一种争议解决方式。然而实际上，自 1944 年成立以来，国际民航组织理事会一直未能通过行使司法权来有效地维护《芝加哥公约》确立的多边纪律，也未能采用"判例法"的方式执行该公约，其司法绩效不尽如人意。

自 1978 年以来，随着国际航空运输自由化的发展，大多数新的双边自由化航空运输协定已取消了理事会事先裁定双边协定下争端的授权，并转交给临时仲裁庭解决。这种变化不仅导致国际民航组织争端解决机制的利用率降低，而且还表明了缔约国对这一机制的"不信任"，并进一步削弱了各国根据《芝加哥公约》向该机制提出争端的意愿。[7] 因此，在具体的制度建设中，太空交通管理体制下的争端解决机制应当根据以上机制取长补短，争取建立起合理高效的争端解决机制。

参考文献

[1] 吴伟仁，唐玉华，王大轶，等. 我国太空活动现代化治理体系发展战略研究 [M]. 北京：中国宇航出版社，2022.

[2] 刘冰钰. 论空间交通管理的国际法律制度构建 [D]. 深圳：深圳大学，2020.

[3] 廖敏文. 论空间碎片的法律定义及其与空间物体的关联性 [J]. 空间碎片研究，2017 (2)：35-48.

[4] 反弹道导弹扩散国际行为守则 [EB/OL]. [2003-02-06]. https://www.un.org/zh/documents/treaty/A-57-724.

[5] 娄耀雄. 论信息空间的主要法律特征 [J]. 北京邮电大学学报（社会科学版），2009，11 (6)：13-18.

[6] 宣增益. 载人航天法律制度：挑战与完善 [J]. 政法论坛，2015，33 (5)：66-80.

[7] 周亚光. 国际民用航空组织争端解决机制司法化改革论析 [J/OL]. 法律科学（西北政法大学学报），2020 (1)：1-9 [2020-01-14]. https://doi.org/10.16290/j.cnki.1674-5205.2020.01.005.

第 6 章
太空资产管理规则

太空资产管理是确保人类有序进出太空、安全利用太空的关键，涵盖了关于频率和轨道申请、航天器发射许可和航天器登记管理等方面的内容。对太空资产有效的管理和协调，可以有利于人类最大限度地平等而自由地利用太空资源，共享太空利益。频率和轨道资源是运行在国际公认的规则、工作流程和技术标准之下的全人类共有的国际资源，不可再生也不会消失，但会因人为地过度占用而枯竭。相比频率和轨道申请，航天器发射涉及巨大的能量释放和复杂的技术操作，其活动的特殊性可能对周围环境和公共安全产生无法预期的影响，需要通过合理的许可审查与通报登记，以维护国际秩序和稳定。航天器发射入轨后，航天器登记管理有助于确保航天器在轨安全运行，规范和监督航天器的活动，有效维护太空环境的安全和长期可持续性。因此，频率和轨道申请、航天器发射许可和航天器登记管理三者密切衔接、相互协作，共同构建了太空资产的管理规则，为实施太空交通管理提供了基础支撑。

6.1 频率和轨道的申请及管理

中国的无线电频率主管部门为工业和信息化部无线电管理局（简称"无线电管理局"），由国务院批准授权，对外代表中国政府在ITU履行国家权利和义务，对内负责无线电频率的管理。中国依据《无线电规则》，制定了《中华人民共和国无线电管理条例》《中华人民共和国无线电频率划分规定》《中华人民共和国无线电管制规定》等顶层法律法规，以及《设置卫星网络空间电台管理规定》《建立卫星通信网和设置使用地球站管理规定》《地球站国际协调与登记管理暂行办法》《关于进一步做好卫星网络申报协调及 ITU 周报处理等相关工作的通知》《关于进一步加强和改进卫星网络国际信函协调工作的通知》等一系列规范性文件。其中对中国执行 ITU 规定，开展卫星频率和轨道资源申请的流程进行了明确。

6.1.1　对于航天器频率和轨道申请的基本要求

ITU 作为联合国主管信息通信技术事务的专门机构，既是世界各国政府或其电信主管部门之间协调电信事务的国际组织，也是国际电信界最具权威的标准化组织。ITU 在联合国《外空条约》《组织法》等国际法规框架下，在尊重各国主权的基础上，通过协调各种力量，为实现"消除不同国家无线电台之间的有害干扰及改进无线电通信业务中无线电频谱及卫星轨道的使用"的目的而工作。

ITU 对无线电频率资源的管理分规划和非规划两种。规划是 ITU 为保护所有成员国的利益，将预先划分出的频率和轨道资源分配给各成员国，各成员国在想要使用该无线电频率资源时即可使用。而对于非规划的频率资源，ITU 实行"先登先占"原则。根据《无线电规则》的规定，凡是希望得到国际承认并要求国际保护的卫星网络，都要按照《无线电规则》规定的程序和要求向 ITU 提出应用申请，只有符合 ITU 规定的卫星网络资料才会被登入国际频率登记总表。

1. 程序规则

卫星网络要登入国际频率登记总表，通常需经历提前公布阶段（A 阶段）、协调阶段（C 阶段）和通知阶段（N 阶段）。对于 GSO 的通信卫星、气象卫星和中继卫星等的卫星网络，需要履行 C（Part A + Part B）+ N 程序；对于卫星广播业务规划以及卫星固定业务规划频段附加使用或修改规划的卫星网络，需要履行 C + N 程序，在具体实施上与 C + N 程序存在一定差异；对于 NGSO 遥感卫星的卫星网络，需要履行 A + N 的程序。经协调阶段的卫星网络，其协调资料的收到日期非常重要，代表"先登先占"的顺序，决定着卫星网络登记的地位。地位优先的网络具有优先使用的权力，地位落后网络的使用不能对地位优先的网络造成有害干扰。所属卫星网络地位落后的国家应向可能受影响的网络地位优先的国家发出协调请求，商讨解决干扰问题的方法，以征得他们的同意。各国均应尽一切可能的努力，通过双方认可的办法解决干扰问题。只有完成全部协调的卫星网络才能正式作为合格记录登入国际频率登记总表。对于未完成协调的卫星网络，ITU 备注并将其具体信息登入国际频率登记总表，一旦领先的卫星网络提出有干扰产生，地位落后的卫星网络应无条件给予解决。对于来自地位优先卫星网络且符合双边协议的干扰，地位落后的卫星网络需自行解决。

2. 时限要求

ITU 的规定中包括很多时限要求，所有工作必须在限定时间内完成，如果逾期就会导致权力、地位的丧失以及行动无效等。例如：

（1）提前公布资料或协调资料的申报应在卫星网络计划启用日期前 7 年内，且最好不迟于该日期前 2 年向 ITU 报送。

（2）非规划卫星网络的申请有效期为 7 年，即自 ITU 收到提前公布资料或协调资料的日期起，7 年内必须报送该卫星网络投入使用的通知和决议 49 号行政应付努力信息，否则会被删除。

（3）对于卫星广播业务和卫星固定业务等规划频段卫星网络，分为两种情况，一是启用规划，二是申报附加使用或规划修改，对于后者，启用时限为 8 年。

（4）各国主管部门需在卫星网络资料公布后要求的时限内（如 4 个月）及时提出意见。尤其对于规划频段或者 NGSO 卫星网络资料，如果没有在规定期限内向 ITU 反馈干扰意见，则被视为同意该申请，不反对其使用。之后，如果技术分析认为已有地位优先的卫星网络可能受到该卫星网络的有害干扰，但因未在限定时间内提出意见，则会丧失其优先地位而不受后来者保护。

对于各项卫星网络资料申报，如果内容不完整或有必要作进一步澄清，ITU 会给相关国家发函并要求在限定期限内回复。如果没有按期回复，ITU 会采取函中所述的相应行动，包括默认某种情况或者删除等。

3. 技术特性

ITU 对各种卫星网络资料的申报内容都有明确规定，各国主管部门必须使用 ITU 指定的软件（如 BR SOFT），按指定的格式进行申报，且申报内容必须完整，否则会影响资料的签收时间，并可能进一步影响其申报地位。其中，提前公布资料及协调资料包含轨道、具体频率分配计划、业务和台站类型、带宽、噪声温度、极化、天线类型、功率谱密度、覆盖区等值线图等主要参数。通知资料申报内容与提前公布资料或协调资料的申报内容类似，应含有且不能超出协调资料申报的参数特性范围，重要的是需补充与该卫星网络资料中各频率指配涉及国家的频率协调状态。对于决议 49 号行政应付努力信息，申报方需明确卫星网络标识、航天器制造商、运载火箭供应商、合同执行日期、将启用的频率范围等。

4. 行政应付努力信息

行政应付努力信息，是指某一主管部门或代表一组主管部门行事的主管部门向国际电联无线电通信部门（ITU – R, International Telecommunication Union – Radiocommunication Sector）报送的关于卫星网络或系统航天器制造商、发射提供商等航天器发射方面信息的文件[1]。在卫星网络登入国际频率登记总表前，还必须申报"投入使用信息"。该要求是 1997 年世界无线电通信大会（WRC – 97）决定的，为了防止"纸卫星"（仅存在于纸面上、未实际投入使用的卫星网络）占用轨道和频谱资源的一种措施。ITU 规定，对于申报卫星广播业务、卫星固定业务和卫星移动业务并需经协调阶段的卫星网络（包括规划频段），申报国需在航天器网络有效期内按照决议 49 号要求向 ITU 报送行政应付努力信息，具体包括卫星的商业名称、航天器制造商提供并经认证的航天器频率规划或有关载荷描述的相关资料（频率规划、转发器数量、功率、带宽、预期轨道飞行任务时间等）、航天器在轨测试结果、卫星网络运营商许可申请、转发器租赁合同等。此外，对于 GSO 卫星，只有当其在所申报的轨道位置上具备并保持发射或接收相关频率指配 90 天的能力时，才认为该频率指配已启用。申报国必须在自 90 天期限结束之日起的 30 天内，将上述各类信息通报 ITU。

5. 财务要求

鉴于卫星网络资料不是每个成员国都申报，为弥补 ITU 财政经费的不足，ITU 制定了第 482 号决议，向申报卫星网络资料的国家征收处理审查费用。各申报国需在限定时间内按照规定缴纳卫星网络资料的成本回收费用，否则资料将被删除。每个会员国每年可为一份卫星网络资料申请享受免费待遇。另外，对于不需要进行技术或规则性审查的卫星网络资料、报送地球站的通知资料、卫星业余业务卫星网络资料、规划范围内的卫星固定业务和卫星广播业务规划卫星网络资料、卫星固定业务规划中给新成员国增加划分的卫星网络资料等，ITU 不收取成本回收费用。

6.1.2　航天器频率和轨道申请的国内流程

1. 论证阶段

航天器用户单位应当在航天器系统立项之前，尽早明确航天器的频率和轨道需求，并就相应申报、协调、有效使用等事宜进行可行性论证，明确频率使用计划，提出频率、轨道设计方案。

2. 申报阶段

航天器用户单位根据频率、轨道资源的使用计划和设计方案，按照《无线电规则》的具体要求，使用 ITU 专用软件完成卫星网络资料数据库的编制，提交工业和信息化部无线电管理局。经技术审核合格的资料，无线电管理局将通过邮件的方式征求国内所有其他卫星用户单位的协调意见，10 个工作日后若无卫星用户单位就资料提出反对，无线电管理局将以中国名义向 ITU 提交该份卫星网络资料，同时汇总征求意见期间收集到的协调意见，连同地面业务部门提出的协调意见，共同作为申报单位后续开展国内协调工作的基础。

3. 协调阶段

卫星网络资料的申报单位应在航天器发射前，按照无线电管理局公布的国内协调对象名单完成所有国内技术协调工作，并按照 ITU 公布的协调对象名单以及其他国家通过信函、邮件、会议等方式发起的协调要求履行国际协调义务。当航天器用户单位与国内某协调方就协调要求不能达成一致时，可以请求无线电管理局的帮助；若与国外某协调方就协调要求不能达成一致时，可以通过无线电管理局寻求 ITU 帮助评估干扰。

4. 通知、登记阶段

航天器用户单位应在提前公布资料或协调资料接收之日起 7 年内通过无线电管理局向 ITU 报送通知资料，但送交日期最早不得早于该网络启用前 3 年；对于规定期限内未启用的频率指配，ITU 通知无线电管理局后予以取消。按照国内制度规定，在航天器发射前，卫星用户单位须通过无线电管理局完成空间电台执照和频率许可的办理；在航天器发射后，在指定位置连续发射、接收相关频率指配

90天后，还须通过无线电管理局向ITU报送投入使用相关信息。

5. 维护阶段

航天器用户单位收到无线电管理局转发的国内其他航天器用户单位申报的卫星网络资料时，应在10个工作日内及时提出协调意见。航天器用户单位收到载有其他国家卫星网络资料的ITU频率信息周报后，认为本单位卫星网络或系统将受到影响时，可以通过无线电管理局将意见反馈给ITU。

6.1.3 大型星座频率和轨道申请的现状及发展建议

1. 大型星座频率和轨道申请的现状[2]

近年来，NGSO特别是近地轨道通信卫星业务规模发展迅猛，各国对频率和轨道资源的需求也逐渐扩大，竞争态势愈发严峻。为应对NGSO航天器频率和轨道资源的监管需求，2019年召开的世界无线电大会（WRC-19）以非静止轨道通信卫星的频率和轨道资源分配机制为对象进行了相关规则的调整。

（1）WRC-19更新了NGSO航天器系统投入使用的概念。对卫星固定业务、广播业务和移动业务频段内具有发射或接收频率的空间电台规定了告知投入使用的时间，即要求在轨保持的时间达到90天，并在90天之后的30天内报送投入使用信息，并对此过程中的暂停和恢复使用的概念也进行相应更新。

（2）WRC-19的重要内容是里程碑决议的达成。里程碑协议对NGSO资源的实际使用效率具有重要指导意义。协议要求在2021年1月1日前到期的卫星网络资料，里程碑起始日期从2021年1月1日开始计算，否则按照以卫星网络7年的申请寿命期限为起始日期。同时为了防止"纸卫星"现象的泛滥，协议要求在起始日期起算后的2年内必须投放申报航天器总数的10%，5年内需要投放的航天器数量至少占航天器总数的50%，7年内需要全部完成航天器投放，如果没有完成规定的投放任务，其申报的航天器规模会受到一定的限缩。

（3）里程碑协议还提供了一些缓冲措施，为各国留足过渡空间。如2015年世界无线电大会（WRC-15）结束前申报的NGSO航天器可不受2年内部署的数量要求，但申报方需按照决议要求在规定日期内提供相应的航天器系统详细说明，经审查通过后才能正式启动前述的缓冲措施。WRC-15决议要求卫星系统在完成里程碑节点后，其在轨的卫星数量需达到95%以上。如果在6个月的连续期间内无法满足该要求，需要及时向无线电通信部门报告，并提交详细的补星计划。

2. 大型星座频率和轨道管理发展建议[3]

总体来看，NGSO宽带通信星座正处于机遇和挑战并存的发展黄金期，而且其频率和轨道资源相关的管理及技术问题异常复杂，不管是对无线电管理部门还是星座建设单位来说都是极大的挑战。

（1）在规则及政策研究方面。密切跟踪ITU规则及主要国家管理政策，结合具体星座的规划方案开展风险分析及应对方案论证。

一是星座建设单位密切关注NGSO卫星网络的动态变化，特别是2015年11月28日前申报网络的发展及其审查情况，适时调整NGSO星座系统的设计、制造和发射计划，以确保满足里程碑部署要求。二是主管部门需要加强规则的宣贯和风险提示，尽早制定适应国情的NGSO系统管理政策，引导相关产业科学合理、健康有序地发展。三是加强对国外NGSO系统的落地监管，研究制定相关落地政策和流程，在确保国内太空网络信息安全的前提下促进国内外NGSO系统的和谐共存。

（2）在资源储备申报方面。参考国际上商业航天公司的思路，多管齐下进行频率和轨道资源储备。一是通过商业合作方式争取协调地位较高的ITU网络，如OneWeb使用L5和MCSATLEO，Leosat使用MCSAT-2LEO-2，KLEO使用3ECOM-1/-3。二是考虑从多个国家/地区同时储备申报，避免在申报流程及管理政策上的壁垒。三是多方案、多轮次滚动申报，提前布局多份网络资料，适时根据频率和轨道资源的竞争态势和工程实施情况进行联动调整。

（3）在星座设计方面。一是加强NGSO宽带通信星座与其他系统的兼容性研究。关于NGSO系统与地面业务及GEO系统间的兼容问题虽然已有部分解决方案，但需要开展在轨技术验证以进一步确定满足工程实际的兼容保护标准；而非NGSO星座之间的干扰问题目前几乎没有公认有效的办法，需要探索新的解决思路，并积极尝试多星座联合设计以减少协调难度。二是加大在自主兼容分析工具开发方面的投入，提高星座设计的效率和准确性。三是建议加强频率和轨道共用技术的研究，引入频谱感知、多维资源智能调度等先进技术，积极探索星地、星间、系统间的频率和轨道资源共用的可行性。

（4）在协调策略方面。探索高低轨航天器运营方合作共赢的新模式，甚至可以考虑构建 GEO – NGSO 或者 NGSO – NGSO 混合系统，一方面可形成战略同盟，分担前期投入，实现市场互补，降低投资风险；另一方面，有助于干扰规避策略的设计、验证及迭代修改，减小协调难度，有效推进全球化协调进程[4]。

（5）在国际化运营方面。考虑各个国家或地区对于卫星通信经营资质和地面站建设许可采用的管理政策差异较大，建议一方面跟踪和研究主要国家的"落地"监管政策；另一方面，因地制宜，探索实施不同的运营策略。在监管严格的国家或地区，可考虑通过国家层面合作，互换"落地权"，或者可采用开放式运营模式，寻求当地合作伙伴，获取当地卫星落地许可资质。

6.2　航天器发射的许可审查

航天器发射活动涉及国家主权和安全，一旦出现无法掌控、难以预期的情况，对国家财产安全和人身健康造成的损害将难以获得完善的事后补救。21 世纪以来，国际发射服务市场的竞争主体逐渐从国家转向企业，建立一个合理的航天器发射许可审查制度显得更加迫切。当前，对于航天器发射许可审查的内涵还未形成统一认识，主流观点认为其需涵盖审查有意进出太空、经营太空的基础设施，通过制定和实施各种标准开展各类太空活动，并在获得许可证后对航天实体开展的太空活动进行审查和监督。在国际上，多数国家航天监管机构在收到航天实体的发射申请后，会向符合法律标准的实体依法授予法律资格，并对已经确认的活动或行为进行终身监督。

航天器发射许可主要包括两类：一是航天器早期的设计、生产和销售许可，二是航天器发射许可审查。目前，航天实体在航天器发射许可审查中参与程度高、竞争激烈。许可审查制度通常要求航天实体无论是在本国还是国外，须通过本国航天监管机构的许可审查，并获得其颁发的进出太空活动许可证，否则，其开展的航天活动将被视为非法，甚至需要承担必要的管理责任。

6.2.1 航天器发射许可审查的发展历程及现状

1. 美国航天器发射许可审查发展历程及现状分析

《商业空间发射法》是美国航天发射许可的主要依据。该法案的适用范围非常广泛，要求任何个人或私营实体在美国境内进行发射运载火箭或运营发射场等太空活动必须获得许可；同时，对在美国管辖范围外从事太空活动的美国公民或根据美国法律成立的私营实体也需要获得许可。然而，对由于属地原则或美国政府与其他政府达成的协议而属于外国管辖范围的航天活动，则无须在美国获得许可授权，但美国仍对发射、操作或重返大气层等活动拥有管辖权。

对于商业航天器发射许可申请，申请人必须获得 FAA 的安全许可，以确定该申请不违背国家安全或外交方针。如果 FAA 认为该活动将危及公共安全或人身健康，许可将不会被批准。《美国联邦法规》第 14 编中的法案实施条例规定了发射许可证的程序、经营发射场的牌照、可重复使用的运载火箭的发射和再入许可证、经营重返大气层场地的牌照、可重复使用运载火箭以外的运载工具再入许可证[6]。

与商业航天器发射许可证相比，商业遥感运行许可证和通信卫星许可证的规定相对简单。但面对日益复杂的国际热点问题，美国也在不断地完善制定法律法规，以解决航天领域出现的新问题，同步改进其空间法规体系。2004 年，美国国会修订了《商业空间发射法》，指定交通部为负责管理商业载人航天飞行的运营和安全机构。此外，交通部还在开展新的实验许可机制的验证运行，规定可重复使用的亚轨道发射操作员可以进行测试活动、合规演示和机组人员培训等的许可程序。2015 年，《商业空间发射竞争力法》通过了一系列条款来规范太空游客的权利，以进一步刺激私营航天活力。

2. 俄罗斯航天器发射许可审查发展历程及现状分析

苏联是发射第一颗人造地球卫星的国家，其航天技术在同期一直处于领先地位，然而它并没有制定相关的法律来规范太空活动，直到苏联解体，俄罗斯的太空立法才开始起步。俄罗斯的太空立法采用"母法主导"模式，其太空开发许可证制度主要由两类法律监管：一是俄罗斯的母法；二是基本规范性法规——《俄罗斯联邦空间活动法》和《空间活动许可证颁发条例》。

1993 年出台的《俄罗斯联邦空间活动法》规定了太空活动的许可证发放程序，此法是俄罗斯太空发展许可证制度的法律基础。该法 2006 年修订版第 9 条规定，在俄罗斯境内进行的所有太空活动均应根据法律获得许可和授权，开展太空活动的私营实体必须是出于科学和社会经济目的，适用对象包括俄罗斯组织和公民，以及受俄罗斯管辖的外国组织和公民。同时，该法规定总统全权负责国家的太空活动，审查和批准与太空活动有关的国家政策文件，政府审查并批准联邦太空计划、国家太空设备和太空基础设施的开发。为太空活动而设立的各种基础设施也需要进行核实，在完成每个设施的认证程序后，方可颁发证书并获得许可证。该法进一步阐述了许可证的种类、形式、有效期等原则，规定未取得许可证从事航天器发射活动或者故意违反有关规定的组织和公民将承担法律责任。

此外，该法第 27 条规定了在俄罗斯联邦管辖范围内从事太空活动的外国组织和公民的法律地位，明确声明外国组织和公民需遵守适用于俄罗斯组织和公民太空活动的法律制度，俄罗斯联邦将保护其技术和商业秘密。

1996 年的《空间活动许可证颁发条例》基本确立了俄罗斯太空发射活动许可证制度的框架，明确建立许可证制度的目标和任务是维护国家利益，遵守俄罗斯联邦在外层空间研究和探索方面的现行法律和国际义务，发展太空市场，维护参与者的利益。该条例规定，申请人除提交一般性行政许可申请所需的材料外，还需根据申请许可的活动类型提交相关专业文件。当申请人使用俄罗斯运载火箭发射外国航天器时，还需提交由其航天器注册国签发的担保函。当管理机构对申请人提交的材料存有异议时，可成立专家委员会对相关问题进行补充和评估。

此外，该条例还规定了许可证的变更、转让、暂停和撤销的相关要求，并授予俄罗斯联邦航天局监管权力，授权其控制、检查和监督许可证申请开展的一系列太空活动。为保护申请人的利益，当申请人对俄罗斯联邦航天局的相关决定和监管工作有异议时，可根据规定提出申诉，包括向航天局、法院或法律允许的其他手段提起上诉。

3. 英国航天器发射许可审查发展历程及现状分析

2010 年 4 月 1 日，英国正式成立航天局来管理太空活动。在此之前，英国没有独立的机构来管理太空事务，主要由商务、创新和技能部负责拟制英国的太空法规和太空活动监管制度。

在制定太空法方面，英国行动较早。1986年制定的《外层空间法》规定在太空进行的任何活动，无论是发射或诱导发射空间物体，还是操作空间物体，都需要取得许可证。这项法律广泛适用于在英国或其海外领土设立的从事太空活动的所有自然人或私营实体。在进行航天器发射活动时，申请人须至少提前6个月向负责机构提交许可申请，包括申请人申请的太空活动的目的；财产证明，包括最近2年的经过核实查证的账户；发射活动的所有技术细节，以及在紧急情况下采取的应急措施的一系列详细信息。

该法还规定私营实体必须遵守联合王国承诺的国际义务，任何航天器发射活动都必须避免对地球和太空环境造成污染。在获得许可的太空活动结束时采取适当措施处置空间物体，并立即通知负责机构；从发射到执行任务以及回收后，对获得许可的太空活动的任何变更请求都需要事先批准，并允许行政机构检查和监督航天器发射活动的执行情况，包括相关文件和设施。

对于许可证的转让、修改和终止，该法规定转让许可证需要获得国务大臣的书面同意。经申请人同意，许可证可以被吊销、修改或暂停使用。此外，如果国务大臣认为申请人没有遵守许可证的要求，或者出于公共卫生或国家安全利益的考虑，可以撤销、修改或者暂停许可证。

随着国际太空活动和太空问题的复杂化，2018年3月15日，《英国航天工业法案》出台。该法案明确了其制定的目的和作用，特别是针对小型卫星发射操作和亚轨道活动。而且，增加了对太空港的法律规定，明确未经许可任何人不得在英国从事太空活动或在英国经营发射场。当申请发射场许可证时，申请人须满足该法案规定的所有要求，包括申请许可证的一般要求和安全要求，以避免发射场运营过程中可能发生的公共安全事件。

此外，该法案规定了申请许可的豁免条件[7]：

（1）已获得理事会证明英国与另一个国家之间已作出安排确保遵守英国国际义务的个人不需要许可证即可进行太空活动；

（2）在国务大臣确定的几种情况下，其他活动或个人可以通过本法或监管机构豁免许可，但豁免是有期限的。

该法案中还特别提到了"范围控制服务"，包括确定应用太空活动的适当范围，确保可以发出通知以保护航天器及其可控范围内的其他潜在危险，监测太空活动以确定其是否符合范围限制,是否遵守申请期间通过的计划等。提供"范围控制服务"需获得单独的许可证。

4. 日本航天器发射许可审查发展历程及现状分析

2008年8月,日本第一部国家太空立法《宇宙基本法》颁布,旨在发展一个鼓励私营实体参与太空活动的市场环境。该法明确了私营实体在外层空间开发和利用中发挥的重要作用。其中第16条规定,国家应通过多种方式促进私营实体开发和利用外层空间,不限于采取税收和金融等必要措施吸引和促进私营企业对外层空间开发项目的投资。

近年来,日本私营实体经营的航空航天业务逐渐扩大,代表性的案例包括与SpaceX合作发射火箭。随着大量私营实体启动火箭发射和商业卫星运营等太空开发项目,日本深度耕耘商业航空航天器发射市场,并开发出可在日本重复使用的火箭发射技术。为了促进日本私营航空航天企业的发展,2016年11月9日,日本建立商业太空发射活动的许可证制度,颁布的《卫星发射和卫星管理法》规定了卫星发射和管理的规则和责任,以提高政府对私营实体各种行为的预测性,确保私营实体按照法律规定开展与太空有关的发射活动。颁布的《人造卫星发射法》内容涵盖了发射卫星许可制度和第三方损害赔偿相关制度;其中第4条第1款规定,任何使用位于日本的发射设施或具有日本国籍的船舶或飞机发射人造卫星等,申请应获得首相的许可;第2款规定,计划获得前款规定许可应向总理提交申请表以及《内阁办公室条例》规定的项目。

对于许可证的变更,《人造卫星发射法》第7条规定,"根据第4条第1款获得许可的,在试图改变第4条第2款至第5款所列事项时,应根据《内阁办公室条例》规定再一次获得首相的变更许可。第8条规定,私营实体进行发射活动时,应严格遵循申请许可时提交的相关运载火箭的设计、制造和发射要求,并在授予许可证的发射场进行发射活动。"

《人造卫星发射法》第5条和第12条规定了无法获得许可证并可能导致取消许可证资格的事项。第5条规定,任何违反本法或其他国家相关法律法规的行为将导致许可证被吊销;第12条规定被吊销许可证时,自吊销之日起3年内未经批准,不得重新获得许可证。严格来讲,第12条是对第5条的补充,详细列明了一系列可能导致资格被取消的事项,如通过欺诈或其他不正当手段获得许可证,未经批准更改已批准的事项,或设计不符合消防安全标准的卫星等。

6.2.2 航天器发射许可审查的基本要素

航天器发射许可审查是一项具有相应法律约束力的具体行政行为,主要通过国家设立专门机构,通过发放许可证,航天实体获得参与太空活动的资格和受保护的权益。国家通过许可审查制度管理进入航天领域的组织和个人,管控太空探索和利用活动的进程,宏观调控此类事关国家安全和发展利益的活动。航天器发射活动许可审查制度的实施主体是许可制度运行的推动者,在太空活动中负责监督管理并发放许可证;客体则是实施主体开展相关活动所围绕的对象;而航天发射器许可规则则是约束双方共同完成航天器发射活动许可审查的依据。

1. 航天器发射许可审查的实施主体

按照不同国家制定的航天器发射活动许可审查标准来划分,实施主体大致可以分为三类:①设定的总体机关来统筹国家全部航天活动。②成立的主管机构负责具体的空间活动事项与许可颁发。③各主管机构下设业务部门或授权指派专业技术单位,负责许可资料的审核。

2. 航天器发射许可审查的适用客体

航天器发射活动许可审查制度包括对国家和私营实体开展的发射活动的许可审查。目前,各国建立的航天器发射许可审查制度面向的客体主要是从事太空活动的私营实体。在航天器发射服务领域,国家早已不是仅有的参与者,一些私营实体已经能够独立地研发和发射空间物体,并积极参与到这个领域中来,进而带动了商业航天器发射许可的制度化和规范化。商业航天器发射活动许可审查制度的适用客体非常广泛,既适用于所有自然人与私营实体在本国管辖范围内的一切航天器发射活动,也包括具有本国国籍的国民、私营实体在本国管辖范围之外进行的一切航天器发射活动。此外,许可的审核和监管不局限于许可证发放之前进行的活动,还包括对获得许可证之后的自然人或私营实体进行的一系列后续监督和管理行为。就典型的商业航天器发射许可而言,它是一种由私营实体提出申请,由国家专门机构批准其从事各种航天器发射活动资格的行为。当事人的申请是启动许可程序的先决条件。因此,私营实体是否行使这一权利由申请人自行决定，而获得许可证的最终决定权仍在主体监管部门。

3. 航天器发射许可规则

航天器发射许可规则最重要的内容是授予许可的条件，总结起来，授予许可一般应满足如下条件：①申请人应具备开展航天器发射的技术能力；②申请人应具备充足的开展相关活动的财力（包括充足的资金或者保险等）；③相关活动应保障公共健康、公共安全以及人员和财产安全；④申请活动应满足国家签署的国际公约的义务要求；⑤相关活动应保护太空环境，应满足包括但不限于空间碎片减缓等要求；⑥申请活动应满足国家对外政策、国家利益以及国家安全的要求[8]。并且随着商业航天的发展，发射许可审查制度的有效性不仅应存在于许可证审查和颁发的简单过程中，还应贯穿申请人开展太空活动的整个过程，如航天器全寿命的监督。商业航天器发射许可审查不仅是私营实体进入航天行业的严格门槛，也是其对公众、国家和国际社会责任的体现。因此，在不降低监管要求前提下，制定清晰、透明且简便的航天器发射许可审查规则对促进商业航天发展是有必要的。

6.2.3 中国航天器发射许可审查的主要流程

根据《民用航天发射项目许可证管理暂行办法》第三条审批依据中的内容："民用航天发射项目实行许可证管理制度。凡从事民用航天发射项目的自然人、法人或其他组织，应当依照本办法的规定申请审查批准，经审查合格取得民用航天发射项目许可证（以下简称许可证）后，方可从事民用航天发射项目"。第四条："国防科学技术工业委员会（简称"国防科工委"）对民用航天发射项目实行统一规划和管理，负责审查、批准和监督民用航天发射项目（以下简称项目）。"2008年3月通过的《国务院机构改革方案》中组建工业和信息化部，不再保留国防科工委，因此，民用航天发射项目许可证的受理机构为国家国防科技工业局。

1. 申请与受理

申请人需满足许可要求的申请条件，按照规定格式提交书面申请，并提供必要的技术与资料。许可审查机构在接到申请后，应在规定时间内对申请材料进行完整性审查，并决定是否受理。如申请材料不完整或不符合要求，审查机构应告知申请人进行补充或修改。申请人应当如实向行政机关提交有关材料和反映真实情况，并对其申请材料内容真实性负责，不得隐瞒有关情况，不得提供虚假材料。

（1）申请条件包括：遵守国家法律、法规，保守国家秘密；申请的项目不危害国家安全，不损害国家利益，不违反国家的外交政策和已签署并发生效力的国际公约；申请的项目不会因重大过失或故意行为对公众的健康、安全和财产构成无法补偿的危害；具有国家有关部门发放的从事所申请项目的相关许可文件；具备从事所申请项目的技术力量、经济实力及完善的技术资料；法律、法规、规章规定的其他条件。

（2）不予批准的情形包括：申报项目违反国家有关法律、法规以及国家间的保密协定；项目申报单位一年内发生过重大泄密事件的；项目申报单位两年内存在吊销民用航天发射项目许可证的；项目申报单位与主管单位拒不执行国家国防科技工业局作出的处理决定，在彻底整改前，国家国防科技工业局将不再受理其民用航天发射项目许可证申报；项目申报单位未申请取得该项目中华人民共和国无线电台执照的；项目申报单位未按照国家有关规定购买发射空间物体的第三方责任保险和其他相关保险的。

（3）许可申请材料包括：民用航天发射项目许可证申请书及许可证申请人资料审查材料；证明该项目符合国家环境保护法律、法规的有关材料；国内执行发射场工作阶段的项目，需提供项目预定发射时间，卫星、运载火箭、发射和测控通信系统之间的技术要求，运载火箭详细轨道参数及落区或回收场区的勘察报告，卫星详细轨道参数、频率资源使用情况的文件；国外执行发射场工作阶段的项目，需提交运载火箭、卫星轨道参数等具有法律效力的文件副本，以及使用有关频率资源的许可文件副本；中华人民共和国无线电台执照；与项目相关的安全设计报告及保障公众安全的材料，关键安全系统的可靠性、运载火箭发射过程中正常及故障状态对发射场附近及发射轨迹范围内的财产及人身安全构成的影响、如何避免污染和空间碎片问题以及其他有关安全的补充材料；涉外项目，须提交政策性评估和保密安全性评估材料；该项目已生效的第三方责任险保单及相关文件，以及相关已生效保险保单副本。

2. 技术审查

对申请的航天发射项目进行技术风险评估，确保其安全性和可靠性。审查发射设施、设备及技术方案的合规性。对发射过程中可能遇到的风险进行评估，并提出相应的预防和应对措施。

3. 行政审查

审查发射活动的合法性，包括是否符合国家法律法规、政策文件等。核实申请单位的相关资质和条件，确保其具备发射许可的必要条件。对涉及国家安全和保密的发射活动进行特别审查。

4. 现场核查

对申请单位的发射场地、设施、设备等进行实地核查，确保其符合安全要求和技术标准。对申请单位的技术和管理人员进行现场考核，确保其具备相应的专业能力和管理水平。

5. 审查结论与决定

根据技术审查和行政审查的结果，以及现场核查的情况，得出审查结论。根据审查结论，决定是否给予发射许可，并明确许可的有效期和相关限制条件。如未获得发射许可，申请人可提出复审申请。

6. 结果公示与执行

将审查结果进行公示，确保透明度和公正性。获得发射许可的单位需按照许可要求进行发射活动，并接受监管部门的监督检查。对违反许可规定的单位进行相应的处罚和纠正。同时，依据《中华人民共和国行政许可法》《中华人民共和国行政复议法》等，申请人依法享有陈述权、申辩权、向行政机关提出行政复议申请和向人民法院提起行政诉讼的权利。

6.2.4 航天器发射许可审查制度的发展趋势

航天器发射许可审查是确保航天器发射安全的关键环节，但在实际工作落实过程中，仍存在一些制约航天产业发展的问题，具体体现为：①许可审查周期较长。在竞争激烈的航天市场，需要航天企业对市场变化和技术进步作出快速响应和灵活应对，这就在一定程度上限制了航天器发射的频率和速度。②技术创新易受阻。由于新技术风险较高，严格的许可审查制度可能在一定程度上约束航天技术创新。③费用高昂。复杂的许可审查流程往往伴随着高昂的审查相关费用，例如往往依托于专业化的第三方团队，这些费用增加了航天器发射的整体成本。

因此，针对以上制约因素，未来航天器发射许可审查制度的发展趋势可能包括以下四个方面：

1. 许可审查制度的统一化与标准化

随着航天技术的全球化发展，各国航天器发射许可审查制度逐渐呈现统一化和标准化的趋势。为了确保各国航天器发射的安全性和可靠性，国际组织如国际宇航联合会（IAF, International Astronautical Federation）和国际空间法学会（IISL, International Institute of Space Law）正在推动全球航天器发射许可审查标准的制定和实施。通过制定统一的许可审查标准和程序，可以确保各国航天器发射的安全性和可靠性，减少事故风险，并促进航天技术的国际合作与交流。

2. 许可审查制度的透明度与可操作性

随着公众对航天器发射的关注度不断提高，各国航天器发射许可审查制度也越来越注重透明度和可操作性。各国政府和监管机构正在加强航天器发射许可审查的公开化和透明度，提高公众对许可审查制度的认知和理解。同时，各国也在不断完善许可审查程序和操作规范，提高许可审查的可操作性和效率，以适应快速发展的航天技术。

3. 许可审查制度的灵活性与适应性

随着航天技术的快速发展和不断创新，各国航天器发射许可审查制度也越来越注重灵活性和适应性。各国政府和监管机构正在加强与航天企业的合作与交流，了解最新的航天技术发展趋势和市场需求，并根据实际情况及时调整和优化许可审查制度。同时，各国也在探索建立灵活多样的许可审查模式，以满足不同类型和规模的航天器发射任务需求，促进航天技术的可持续发展。

4. 许可审查制度的智能化与数字化

随着信息技术和人工智能的快速发展，各国航天器发射许可审查制度也越来越注重智能化与数字化。各国政府和监管机构正在探索应用人工智能、大数据、云计算等先进技术手段，提高许可审查的智能化和数字化水平。通过智能化和数字化的许可审查，可以大大提高审查效率和准确性，减少人为因素和经验主义的影响，为航天器发射提供更加可靠的技术支持和管理保障。

6.3 航天器的登记管理

太空资产登记管理是太空交通管理的重要组成部分，完备的航天器登记管理制度是构建有效太空交通管理体系的必要前提之一。正如海商法中的船舶登记制度之于海商法的重要性，完善的航天器登记管理制度同样有利于对太空中的航天器实行有效的保护和管理，确保各主权国家自由而又有序地开展有关外层空间探索等活动，以及承担其相应的责任。

6.3.1 空间物体登记管理的意义与现状

空间物体登记制度始建于美苏两个超级大国主导太空活动并相互抗衡的阶段，太空活动军事色彩明显。空间物体登记的初衷是提高各国射入太空物体的透明度，避免大规模杀伤性武器被偷偷射入轨道，同时可以对所有被射入太空的物体进行有效的识别、管理和控制，以解决未来可能产生的责任问题。

1961年，联合国大会通过的第1721B号决议建立了空间物体自愿登记制度，决议明确指出"请凡发射物体进入轨道或越出轨道之国家迅速经由秘书长向和平利用外层空间委员会提供信息，以便登记"。1963年12月13日，联大第1962号决议确认了《各国探索和利用外层空间活动的法律原则宣言》，明确对登记过所发射空间物体的主体具有以下权力：管理权与控制权；所有权的持续性；空间物体的归还请求权。1967年，《登记公约》发布，该公约是对登记制度的发展和现有国际法的完善，表达了建立强制登记制度的意愿，同时指明登记制度的建立可以帮助辨认空间物体，有助于管理探索和利用外层空间的国际法的施行和发展。1975年，《登记公约》最终文本开放供签署。

自1976年《登记公约》生效以来，国际太空活动发生了巨大的变化，人类从事太空活动的领域愈加广泛，包括通信、遥感、导航、国际空间站建设、月球开发等诸多方面，以及自20世纪80年代开始的太空利用商业化趋势。随着各航天强国的竞争发展和大型商业航天公司的快速崛起、新技术新产品的逐渐成熟，全球航天业由此前"多极争霸"转变为"一超多强"的新格局。虽然不同国家和组织对太空交通管理的概念有不同认识，但都体现了对太空的综合治理意愿和国际合作趋势，目的是更加注重太空共同利益和环境的保护。因此，作为基石的航天器登记管理显得尤为重要。特别是对于空间物体的轨道交会安全、权属状态、保险状况、承担的责任等方面，需要对在太空运行的、可识别的物体获得确定的身份，如同在马路上行驶的汽车需要唯一标识牌照一样。

在空间法律制度层面，关于空间物体的登记问题在不断发展和协调过程中。联合国外空委就适用"发射国"概念进行基本明确，一些国家的法律和国际协定中也包含关于射入太空物体登记的国际责任条款。FAA 在美国联邦条例中规定：为了协助美国政府履行《登记公约》第 4 条的国际登记义务，在许可的发射成功进行之后的 30 天内，空间物体的发射方应当向管理局提交其已经通过许可发射的放置于太空的物体的相关信息。俄罗斯一贯主张空间物体的登记信息应当透明，由于空间物体在发射之后进入最终运行轨道前通常会通过几个临时转移轨道，一些国家在其登记实践中往往只提供临时转移轨道的参数，而俄罗斯的登记实践表明其一直坚持向联合国秘书长告知其空间物体经历的各阶段轨道参数，并提交最终运行轨道的参数，该登记实践为其他国家树立了榜样。除了俄罗斯和美国，阿根廷、巴西、荷兰、意大利、韩国等国也在其空间立法中确立了相似的空间物体登记制度，对本国发射的空间物体进行了国家登记，并按《登记公约》规定向联合国进行国际登记[9]。

中国于 2001 年 2 月 8 日首次确立了空间物体登记制度，由原国防科工委（现为国家国防科技工业局）和外交部联合发布《空间物体登记管理办法》。该办法对登记主体、责任主体、登记内容、登记要求等进行了明确，对中国的航天器太空活动管理和指导具有突破性作用。2015 年，国家相继出台了《民用卫星工程管理暂行办法》《关于促进微小卫星有序发展和加强安全管理的通知》《关于促进商业运载火箭规范有序发展的通知》《民用航天发射项目许可》等一系列政策，并于 2023 年发布了国家标准《空间物体登记要求》，形成中国的空间物体登记制度框架。在太空活动日益频繁的背景下，中国建立国家空间物体的登记制度，一方面对于《登记公约》中涉及的缔约国义务进行了履行，另一方面对于统筹管理本国发射的空间物体以及维护中国作为空间物体发射国的合法权益也起到了积极的作用。

6.3.2 空间物体登记管理的规则

国际法中支撑空间物体登记的条文主要是《外空条约》和《登记公约》两项国际公约。

1. 国际空间物体登记规则

（1）登记依据和主要做法。《外空条约》第8条规定，"凡登记把实体射入外层空间的缔约国对留置于外层空间或天体的该实体及其所载人员，应仍保持管辖及控制权。"该条款明确了对登记的空间物体应有的管辖及控制权，强调了"登记"这一项措施，为《登记公约》制定提供依据，明确登记空间物体的具体操作细节。

《登记公约》第1条界定了发射国和空间物体的术语，确定了登记国的概念。在此基础上，《登记公约》确定了国内空间物体登记制度。《登记公约》第2条明确规定，"发射国在发射一个空间物体进入或越出地球轨道时，应以登入其所保持的适当登记册的方式登记该空间物体"，并且"每一发射国应将其设置此种登记册事情通知联合国秘书长。"如果存在两个或两个以上发射国时，各国之间应共同决定由哪一国进行登记，如1999年4月发射的INSAT-2E由印度登记，而阿丽亚娜-4火箭的第三级推进器由法国登记；1999年9月发射的MuKungHwa-3号卫星由韩国登记，其运载器阿丽亚娜-4火箭的第三级推进器则由法国登记。《登记公约》第3条则对联合国秘书长提出要求，规定其应保持一份登记册，且此登记册所载信息应充分公开，以供查阅。

《登记公约》第4条规定了登记国向联合国秘书长提供的登记册应载的信息：①发射国或多数发射国的国名；②空间物体的适当标志或其登记号码；③发射的日期和地域或地点；④基本的轨道参数，包括轨道周期、倾斜角、远地点、近地点；⑤空间物体的一般功能。同时，要求登记国随时向联合国秘书长提供登记册所载空间物体的其他信息。如前所述，FAA在美国联邦条例中作出相关登记规定。

在此基础上，2007年联合国大会《关于加强国家和国际政府间组织登记空间物体的做法的建议》的决议中规定了有关空间物体附加信息的内容，包括：

①所适用的 GSO 位置；②运行状态的任何变化（特别是当空间物体不再发挥功能时）；③衰变或重返的大致日期，如果国家能够核实该资料的话；④将空间物体移至弃星轨道的日期和实际状况；⑤空间物体正式资料的网络链接。此外，登记国还应在切实可行的最大限度内尽快将其曾提供信息的原在地球轨道但现已不复在地球轨道内的空间物体提供给联合国秘书长。

《登记合约》第 5 条规定，每当发射进入或越出地球轨道的空间物体具有第 4 条所述的标志或登记号码，或二者兼有时，登记国在依照第 4 条提送有关该空间物体的情报时，应将此项事实通知秘书长，在此种情形下，联合国秘书长应将此项通知记入登记册。

（2）现行国际登记制度存在的问题。作为专门规定空间物体登记制度的《登记公约》距今已近 50 年，现行联合国空间物体登记制度在实施过程中出现了很多问题，如空间物体未登记或未及时登记、各国提交的登记信息难以协调一致等，逐渐暴露出《登记公约》在一些关键定义和描述中的模糊和笼统。

以登记客体为例，《登记公约》第 1 条仅界定了"空间物体"的范围，未明确其实质内涵，实践过程中引发了诸如无功能物体是否需要登记的争议。国际上，一些国家将"空间物体"解释为包括无功能性物体，如火箭末级和空间碎片等，因而会向联合国提供发射时和发射后产生的所有无功能空间物体的关联资料。有些国家主要考虑提供关于具备有效载荷航天器的资料。如此边界不清晰的定义可能会导致在遇到如空间物体解体后的碎片造成损害时，将难以确定其发射国。

以登记主体为例，《登记公约》第 2 条第 1 款规定"发射国"有义务登记空间物体，但"发射国"的界定并不清晰，尤其是关于"促使发射"的含义缺乏权威解释。此外，《登记公约》第 2 条第 2 款规定，当空间物体有两个以上发射国时，各国应共同决定由哪一国进行登记，但公约没有规定发射国之间缺少约定或无法达成一致时该如何处理。在多年的太空活动实践中，美国、法国、俄罗斯等国家在帮助其他国家的政府或私营实体发射空间物体时，并不会将相关物体登入其国家登记册，而是默认由该物体的所有者或经营者对应的国家进行登记。然而，如果相关国家未进行登记，将导致登记职责的缺位。此外，空间物体还可能被多个发射国重复登记。

从登记内容来看，《登记公约》第 4 条规定了登记国应向联合国秘书长提供的信息，但该条中"在切实可行的范围内尽快""一般功能""其他信息"等用语模糊。各国在具体的登记执行过程中存在着很大的差异，其中的原因可以归结为对公约义务条款的理解差异、空间物体的军事敏感性以及国家安全和政治因素的影响。就基本轨道参数而言，有些国家提供临时驻留轨道的参数，而有些国家只提供最后运行轨道的参数。关于空间物体的功能，各国作出说明的程度也不尽相同，有的用两个字笼统概之，而有的则详尽地说明了任务目标、有效载荷和无线电频率等信息。

2. 中国的空间物体登记实施规则

中国现行的《空间物体登记管理办法》是开展航天器登记管理的重要条文依据，该办法涉及航天器登记管理的主要内容包括以下五个方面：

（1）在适用范围方面，该办法重述了国际条约中对于空间物体、发射国的界定，明确了该办法仅适用于在中国境内发射的所有空间物体，以及中国作为共同发射国在境外发射的空间物体。

（2）在登记主管部门方面，该办法第五条规定国防科工委（现为国家国防科技工业局）负责空间物体的国内登记管理工作，日常事务由国家国防科技工业局国际合作司负责。涉及其他共同发射国的国内登记，必要时由国家国防科技工业局协调外交部确定登记者。

（3）在登记内容方面，该办法第六条规定国家建立和保存空间物体国家登记册。国家登记册的主要内容包括登记编号、登记者、空间物体所有者、空间物体名称、空间物体基本特性、空间物体发射者、运载器名称、发射日期、发射场名称、空间物体基本轨道参数、空间物体的发射及入轨情况等。同时还规定了标准的国家登记册模板。登记内容涵盖了《登记公约》规定的范围，并作出更加全面具体的要求，体现了中国践行国际条约的责任。

（4）在登记流程方面，该办法规定空间物体应由空间物体的所有者进行国内登记，有多个所有者的空间物体由该物体的主要所有者代表全体所有者进行登记。同时需要关注的是，在中国境内发射的空间物体的所有者为其他国家政府、法人、其他组织或自然人时，应由承担国际商业发射服务的公司进行国内登记。

例如，若由某中国航天器发射代理商承担国际发射业务时，应由该代理商向国家国防科技工业局履行由其发射的相关卫星的登记手续。这种登记是以国内行政管理的方式进行的，是有别于国际法上的登记手续的。

中国的登记期限为空间物体进入太空轨道 60 天内。所登记的空间物体状态有重大改变（如轨道变化、解体、停止工作、返回及再入大气层等）时，空间物体登记者应在空间物体状态改变后 60 天内进行变更登记。

（5）在国际登记层面，该办法依照《登记公约》的有关规定，由国家国防科技工业局完成空间物体登记手续后，经由外交部向联合国秘书长登记。当中国作为共同发射国时，由外交部根据《登记公约》的有关规定商定登记国。

然而，在太空活动数量迅猛增加的背景下，《空间物体登记管理办法》和相关登记实践也需要与时俱进，包括对一些重要的术语进行解释和界定，以及对未尽到登记义务的行为主体明确规定法律责任，如具体涉及如果有义务进行空间物体登记的主体没有履行登记或延迟登记，需要相对应的法律责任进行规定[9]。此外，还需要在空间碎片的登记管理相关方面建立制度以支持未来空间碎片主动清除业务。

6.3.3 航天器登记管理的发展趋势

太空是全人类共同探索发展的空间和资源，有别于领土和领空概念。近年来，人类探索太空的脚步进一步加快，太空越来越拥挤，如果持续以这种"无序"的方式开发利用太空将导致太空环境恶化，致使人类失去太空这一重要的发展空间，没有任何一个国家可以"独善其身"。因此，太空探索活动应该从"无序"走向"有序"，这也对太空资产的登记管理提出新的要求，包括太空活动透明度、目标可追踪性、编目数据共享、碰撞交会事件协调等，这些与航天器登记密切相关。

按照当前的航天器在轨管理模式，航天器发射入轨后，需及时、准确对其进行识别和编目，以保证及时监测到可能存在的碰撞风险等。登记应对目标的可追踪性（尺寸、反射特性等）进一步细化描述，辅助开展空间物体编目，防止错编、漏编等情况。此外，随着碰撞接近事件的频次增多，协调处置时效性要求也随之提高，航天器的机动能力、运行状态、所属方等信息对于协调工作具有重要支撑作用。

联合国外空委鼓励各国自愿提交有关空间物体操作状态变化、空间物体监管关系变化、空间物体所有者或运营方等信息，但是，目前提交这些信息并不属于必须履行的国际义务[10]。面对世界各国航天领域参差不齐的发展现状，具有相关监测能力和交会评估能力的国家或组织，正逐步公开提供发布编目信息、碰撞交会信息等服务，呼吁各国秉持可持续的态度开展太空活动，主动登记报备有计划开展的太空活动，促进太空活动稳定有序开展。但是目前国际社会关于太空活动的登记报备机构和有关运行机制还存在巨大分歧，短期内难以达成一致，重点还是就各国在国内的太空活动登记开展实践与立法。

随着中国航天事业的发展，航天器发射频次和航天器数量逐年增加，商业航天发展方兴未艾，中国正从航天大国向航天强国逐步迈进。面对当前登记管理制度存在的诸多与发展不相适应的地方，航天器登记管理应在履行《登记公约》等国际义务基础上，顺应环境的变化、认知的提升和科技的发展，拓展统筹到太空交通管理、全国太空资产一体化运用等方面，从不同维度粒度对航天器登记管理信息进行分层细化，以满足不同背景条件下对航天器信息的需求，详细掌握航天器基本信息、能力特点、在轨活动信息等，动态掌握航天器全周期的状态。

1. 在履行国际义务层面

登记内容应当覆盖《登记公约》《关于加强国家和国际政府间组织登记空间物体的做法的建议》所要求的登记信息，需要在《空间物体登记管理办法》明确的登记信息基础上，增加航天器运行状态变化、轨道衰变或再入/陨落的大致日期、移至弃星轨道的日期和实际状况等信息，主动承接国际义务，展示负责任国家形象。在必要条件下，还可协助辨别空间物体，以便协助《责任公约》的执行。

2. 在加强太空交通管理层面

实施太空交通管理，需要及时掌握航天器的在轨运行位置和状态，为碰撞预警、无线电干扰、太空交通事故处置等提供信息支撑。因此，可以建立健全登记备案制度，重点对航天器在轨安全运行能力进行登记备案，包括航天器推进系统技术指标（推进方式、推进工质、推力大小、比冲、总冲、剩余燃料等）、轨道机动能力、碰撞预警规避控制能力、在轨运行期间计划开展的控制活动、离轨钝化处置等可能涉及太空安全的活动。对于登记备案的信息，需加强持续跟踪实施过程中的安全性评估、过程可靠性管理等事项，开展信息核验、状态监管等工作，避免责任落空、监管失效。

6.3.4 完善航天器登记管理制度的建议

为实现有效的太空资产管理，需对太空资产范围进行界定、对关键内涵进行定义分类，有针对性地提出相应的管理方式。主要可以考虑从以下三个方面推进登记管理要求落实：

1. 完善太空资产管理制度

（1）区分类型。区分类型是指对太空资产进行准确分类。从不同维度分类管理航天器，如运行状态、属性、载荷类型、轨道高度等，为不同航天器及其附属设施赋予相应的标签属性进行分类管理，并建立相应管理标准，促进太空资产管理向使用效能转换。

（2）明确要求。设立太空交通管理相关平台，制定相应太空资产登记管理机制规范并监督实施，明确航天器发射入轨登记、在轨运行期间活动监管和安全事件处置要求，以提高太空资产管理效率，保证航天器在轨安全运行。

（3）确定职责。明确政府机构、民营企业、非营利性组织在航天器登记管理中的职责，清晰了解各自的权利和义务，践行业务协同关系，形成有效的登记管理运行机制，实现资源的合理配置，有效规范主体行为。

2. 明确管理范围和内容

（1）登记报备管理。登记报备管理是指各太空资产在使用前必须依规登记，且运行期间状态发生变化需及时进行变更报备。

（2）运行维护管理。运行维护管理是在太空资产使用过程中相关事项的管理，主要包括太空资产使用、运行协调、结果输出、收益管理、技术支持和实时监控。

（3）事件活动管理。事件活动管理主要对有计划开展的轨道控制、编队飞行等太空活动进行登记报备，对太空资产在轨运行期间遇到的碰撞预警、空间天气预警、电磁干扰、航天器异常等涉及航天器安全的事件进行协调和管理。

3. 建立科学高效管理体系

（1）制度化。制度化是实现高效太空资产管理的保障，通过将太空资产管理所涉及的内容整体纳入制度框架内，建立和巩固一整套便利、有效、有约束力的规则和制度体系，为太空资产管理提供可靠的保障。

（2）标准化。标准化是通过构建通用的监管规范和技术执行标准，实现太空资产管理的统一与协调，建立标准的基本原则是"通用、规范、协调、优化"。

（3）专业化分工。太空资产管理的专业化分工，有利于提升国家机构、民营企业和非营利性组织对太空资产的登记、管理和维护水平，实现太空资产管理的高价值产出。

（4）迭代化。迭代化是根据科技发展或者项目需要更新而对太空资产管理的制度和手段进行迭代，使太空资产管理水平能够与时俱进。诸如针对新出现的航天器轨道类型、控制技术、应用载荷等，迭代改进太空资产登记的信息类型和监管方式，并利用人工智能、大数据等技术手段，进行数据分析挖掘，辅助开展太空资产管理。

参考文献

[1] 潘冀，石会鹏，张晓燕，等. 卫星频率轨道资源国际申报与协调 [M]. 北京：人民邮电出版社，2024.

[2] 杨宽，侯美佳. ITU 卫星频率和轨位资源分配机制的新发展及其完善 [J]. 中国航天，2021，(11)：38-42.

[3] 刘全，葛新，李健十，等. 非静止轨道宽带通信星座频率轨道资源全球态势综述 [J]. 卫星与网络，2022 (1)：66-69.

[4] SACHDEVA S. Enabling a GEO – NGEO hybrid system [EB/OL]. https://www.nsr.com/enabling-a-geo-ngeo-hybrid-system/.

[5] 钟诗颖. 商业航天发射活动许可制度研究 [D]. 深圳：深圳大学，2019.

[6] Code of Federal Regulations [EB/OL]. [2023-12-31]. https://www.ecfr.gov/current/title-14/chapter-Ⅲ.

[7] 翁木云，吕庆晋，谢绍斌，等. 频谱管理与监测［M］. 北京：电子工业出版社，2022.

[8] AOKI S. Practical background of national space law［M］//HOBE S, SCHMIDT – TEDD B, SCHROGL K U. Cologne commentary on space law：Ⅲ. Cologne：Carl Heymanns Verlag, 2015：518.

[9] 龙杰. 外层空间物体登记制度的立法问题［J］. 地方立法研究，2019，4 (3)：95 – 110.

[10] 王国语，卫国宁. 低轨巨型星座的国际空间法问题分析［J］. 国际法研究，2022 (2)：84 – 97.

第 7 章
太空交通安全风险处置原则与方法

截至 2023 年年底，已经有超过 9 000 个在轨航天器和大量的空间碎片在地球轨道运行，随之而来的空间碰撞、频率干扰等多种危险事件，给处于外太空的航天员和航天器带来越来越大的安全风险。另外，极端太空环境、航天器本身异常、地外天体撞击等事件也给太空交通带来巨大的安全风险。在过去的几十年里，航天器碰撞、频率干扰、极端空间天气等因素已经导致了多次太空交通安全事故，给太空资产安全带来了严峻挑战，亟须制定太空交通规则来处置和防范太空交通事件。本章在总结历史太空交通安全事件特点的基础上，提出了太空交通安全风险的处置原则和方法，并结合碰撞预警、频率干扰、空间天气异常等太空交通安全风险提出具体的处置规则。

7.1 太空交通安全风险处置的一般原则

太空交通安全风险的处置，本质上依然隶属于突发事件应对的范畴，虽然太空事件有它本身独有的特点，但基本的应对逻辑和处置思路依然与各领域突发事件有着相似性。风险处置的预防与准备、检测与预警、处置与恢复等核心阶段，流程上可重点对照突发事件应对方法的要求，内容层面兼顾太空交通的业务，形成太空交通安全风险处置中需要遵守的一般原则。

太空交通安全风险应急处置的一般原则是各类太空交通安全风险处置的基础，应当包括与事件处置相关的明确的术语定义、明确的风险处置协调机制和职责分工，以及明确的处置流程规范。执行过程中，在协调机制的统筹下，各参与要素积极配合，共同完成风险的处置和预防。

7.1.1 明确的术语定义

太空交通安全风险主要是指在太空交通活动中可能导致安全问题发生的各种危险的统称，可根据国情不同进行分级分类，根据不同的类型、级别制定相应的预案。考虑到太空交通安全风险处置涉及大量的专业术语，需要在总体处置方法中对这些术语的含义和覆盖范围进行明确界定，确保风险处置与防范的行为和流程清晰明确，以免发生歧义。例如，对太空交通安全风险预防、太空交通安全风险处置机制等基本术语，以及太空交通安全风险的分类，都需要明确其含义和覆盖范围。在明确的术语定义基础上，根据不同类型太空交通安全风险的特点，为原则的设计提供概念基础。

7.1.2 明确的职责分工

太空交通安全风险处置原则，是根据太空领域国际国内相关规章制度，参考突发事件应急处理有关法规，根据太空交通事件特点制定的基本处置规则。其核心目的是规范太空交通安全风险应急处置行动，明确在处置准备、监测与预警、协同处置、溯源与善后等活动中各参与机构的职责与行为规范。

具体而言，国家应建立太空交通安全风险处置机制来负责统筹太空交通安全风险的协调处置工作，按照"集中协调，分工负责"的原则，会同相关业务实体建立协调联动的预防和处置体系，共同加强太空交通管理工作。各业务实体按照各自管辖范围，在太空交通安全风险处置机制的协调下，具体负责本单位管辖范围内太空交通安全风险的处置和防范工作。

7.1.3 明确的处置流程

风险处置流程是原则设计的主要内容，需要在流程中明确两个方面的内容：一是日常的行为规范，即在日常运行过程中为了防范风险，各参与方应当遵守的基本行为规则；二是风险处置方案，即在明确出现风险情况下，参与处置的各方为了尽快化解风险，避免影响扩大所采取的必要处置措施。在考虑太空交通安全风险处置的基本内容时，需要同步考虑风险的预防和应急处置两个方面内容，从处置的准备、风险的监测预警、协同处置以及溯源与善后等方面，建立起职责和流程清晰的风险处置流程。

7.2　航天器碰撞预警处置原则

随着空间物体数量的爆发式增长，碰撞预警事件发生频次显著增加，常态化的航天器避碰协调并非一家航天运营单位、一个航天联盟机构乃至一个国家或地区可以完全自行处置的，需要通过有效的沟通和协调来提高碰撞规避处置效率，否则一旦错过最佳的处置期，将可能造成严重后果。为此，针对航天器近距离接近产生的风险，亟须制定碰撞预警处置原则，作为航天器运营商开展碰撞预警协调处置工作的基本遵循，提升航天器碰撞预警事件处置时效性，最大限度降低对太空交通安全的影响。航天器碰撞预警协调规则与国际社会热议的"太空路权"问题紧密相关，这是构建未来太空交通规则的基础。虽然国际社会在这个领域还没有达成广泛的共识，但是从现实的航天器碰撞规避事件的处置协调实践上看，机动能力强的航天器主动规避机动能力弱的航天器，科学试验用途航天器主动规避提供重大国计民生服务的航天器是一般采取的通常做法。

7.2.1　航天器碰撞规避处置原则建立的必要性

据统计，世界各国已发布计划的大型星座航天器总数已超过 13 万个。这些航天器的部署将导致在轨碰撞风险急剧上升，给各国太空资产安全带来重大威胁。2019 年 9 月，SpaceX 的星链卫星与欧空局风神卫星险些发生碰撞，欧空局被迫实施航天器规避操作。2021 年 7 月、10 月，两颗星链卫星先后抵近中国空间站，中方被迫两次实施预防性碰撞规避控制。可以预见，类似事件会越来越频繁地发生。

20 世纪六七十年代制定的国际空间法五大公约及其后形成的系列联合国太空法律文件，更多的是规定了自由、和平和安全利用外层空间的基本原则，国家监管、妥为顾及、提前磋商等基本义务，营救返还、损害赔偿、空间物体登记等基本制度，以及通知通报等基本机制，而并没有规定详细的碰撞事件处置原则。例如，当两国空间物体存在在轨碰撞风险时，哪方享有先行权，哪方应承担主动规避责任等，都需要站在国际太空领域的发展角度，以必要的原则作为牵引，让碰撞预警处置工作更加契合当前国际太空产业发展的风险处置需求。

美国等西方国家也针对航天器碰撞预警处置出台了多项规范或最佳做法，如 NASA 发布的《航天器交会评估和避碰标准做法手册》，美国太空军司令部发布的《卫星太空飞行安全操作手册》，均就航天器碰撞预警处置整体实施程序做了系统规定。美国太空安全联盟 2023 年颁布的最新版《可持续性太空行为最佳实践》提出包含了用于协调物体之间机动的道路规则，描述了不可控、小范围可控（只能在很小范围内进行变轨）、可控（能够在短时间内进行轨控并解除碰撞风险）、自动避碰（可在没有人为干预的情况下规避机动）和载人航天器等五类空间物体间避碰机动规则（GEO 航天器碰撞概率 >1/10 000 或最近距离 <5 km、LEO 航天器碰撞概率 >1/10 000 时，执行碰撞规避）。但是美国太空安全联盟作为商业性质的公司团体，其路权规则的提出也仅适用于其团体内部，是否能够得到团体外组织、国家乃至国际社会的认可还有待商榷。太空路权的话题涉及国际法、国内法、技术能力、协调机制等多个方面，是一个非常复杂的问题，要在该领域达成国际共识可能是一个漫长的过程。

中国相关部门也在积极关注和促进此类事件处置规范的发展，在《关于促进微小卫星有序发展和加强安全管理的通知》中明确提出，"国家有关部门按职责开展微小卫星在轨碰撞预警、规避策略安全复核、风险研判等工作。微小卫星拥有者在发现在轨碰撞风险时，应积极进行碰撞规避，并在发现风险的 1 小时内向国家有关部门报告有关情况及处置方案。"该通知明确了航天器拥有者在航天器出现碰撞预警后应承担的规避义务，但还需制定具体、可操作的航天器碰撞预警处置原则，规范协调处置航天器碰撞预警事件流程，统筹组织航天器管控单位开展碰撞规避控制，支撑航天器碰撞预警处置工作落实落地。

随着在轨航天器数量持续增长，各国将深入开展碰撞规避处置做法与规则的研究，但是要在国际上形成协调一致的碰撞规避标准原则，各国还需要在该领域付出长期努力。

7.2.2　航天器碰撞规避策略制定的基本要求

对碰撞预警事件开展碰撞规避，需要综合考量风险高低、危害大小以及航天器的机动成本。在有意义的预报时长下,航天器以及空间碎片的位置预报误差远远大于其物理尺寸,这里的有意义是指定轨时刻到预报终点之间的时间长度应大于航天器开展碰撞规避的响应时长。在此工程约束下,以较大(如50%)的置信度开展碰撞预警是不可能的。通常,需要根据筛查计算得出的碰撞概率和最近距离等参数来确定碰撞风险等级。经过多年的研究,碰撞概率计算方法已经比较成熟,线性相对运动情况下,以垂直于相对速度的相遇平面为基准平面、以相对速度矢量为基准方向建立相遇坐标系,将两目标的联合误差协方差和联合球体投影到相遇坐标系,碰撞概率计算问题就可以转化为二维概率密度函数(PDF,Probability Density Function)在圆域内的积分问题。碰撞规避机动方法是以碰撞风险计算为基础,给出规避机动的实施准则和判断标准,研究最优碰撞规避机动的计算方法和实施策略,包括推力方向和作用时间的选择。在执行碰撞规避机动前不仅要分析最优的机动策略,还应充分考虑机动对航天器任务的影响以及后续的附加风险[1]。

目前,关于碰撞风险等级设定,国际上并无广泛认可的标准。NASA 的自动化交会风险评估分析(CARA,Conjunction Assessment Risk Analysis)所确定的红色碰撞预警的碰撞概率阈值为 1E-4。该项目认为高于红色碰撞预警门限时,航天器应进行轨道机动规避风险。红色碰撞预警并不意味着航天器一定会发生撞击,但从轨道预报精度、航天器机动成本、工程实施代价以及太空公域综合安全效益进行权衡,在红色碰撞预警情况下进行轨道机动规避是较为经济且风险防范效益更高的选择。可以认为,当前的红色碰撞预警门限并不是一成不变的,例如随着航天器及碎片的轨道/位置预报精度的提高而收窄,随着航天器推进系统效费比提升和空间碎片环境继续恶化、航天器数量级增加而放宽。

需要注意的是,航天器开展碰撞规避机动并不总是意味着航天器寿命的缩减。事实上,卫星的载荷应用任务一般都有轨道保持的需要,只是根据设计不同,其保持的目标有所差异,如轨道高度、轨道倾角、地面轨迹网、升降交点、星下点地理经度、星座相位等。航天器的碰撞规避往往可以和某些轨道控制进行合并实施,从而降低对航天器寿命的影响。

根据当前国际形成的通用碰撞预警筛查流程和通报机制,当筛查存在碰撞风险时(在交会时刻前24小时~7天),太空交通管理有关机构将向航天器运营方通报相关碰撞预警的信息，航天器运营方应当根据航天器自身状态情况（是否具备规避控制能力）、测控资源满足情况等制定碰撞规避策略，确保实施规避控制后该航天器与另一空间物体的碰撞风险得到解除。对于航天器运营方而言，完成航天器规避策略制定应做到以下几点：

（1）积极响应太空交通管理有关机构通报的碰撞预警风险，组织专业人员及时评估航天器当前状态及任务执行情况，并按照协调机制明确开展碰撞规避的航天器运营方。

（2）确定开展碰撞规避的航天器运营方尽快协调测控资源，组织专业人员以解除碰撞预警情况为控制目标尽快制定规避控制策略，保证规避控制指令能够顺利上注，并在交会时刻前指定的时间范围内将规避控制策略及理论控后星历数据提交太空交通管理有关机构，经安全性核验通过后进行轨道机动指令的上注。

（3）开展碰撞规避的航天器运营方及时跟进航天器在轨运行状态，若航天器的轨道控制出现异常，及时将有关情况通报太空交通管理有关机构，根据态势变化视情组织补充控制以降低碰撞风险。

7.2.3　航天器碰撞预警处置程序

1. 航天器碰撞预警处置原则

由于航天器碰撞预警风险协调及处置的复杂性，需要有明确的协调处置原则作为相关方开展风险处置的基本共识。参考国内外航天器碰撞预警处置的经验，可以从以下三个方面考虑：

（1）时效性原则。鉴于航天器碰撞预警事件的时效性要求以及可能造成的严重后果，航天器运营方应积极响应、主动作为，以维护太空交通安全为基本准则，在收到红色碰撞预警通报信息后，做到能控早控、应控尽控，及时、可靠地规避碰撞风险。

（2）重大任务及载人任务优先原则。对载人空间任务或重大航天任务（如火星探测、月球探测任务）等，应予以最高避让优先级，即使另一方规避成本更高，也应考虑由其进行规避控制以避让载人航天器或深空探测任务。

（3）制造风险一方主动避让原则。当交会风险是由一方进行大范围轨道机动或者计划外的操控引发的，则该方原则上应承担主动避让责任。

2. 风险处置主体及职责

当太空交通管理有关机构发布空间碰撞预警风险后，需要由太空交通管理有关机构负责总体协调，如需要某一航天器实施规避控制，由航天器运营方具体实施，并向协调机构推送实时处置状态。在交会时刻前后，由太空交通管理有关机构、航天器运营方协调资源对航天器进行加密跟踪。具体职责参考如下：

（1）太空交通管理有关机构职责。指导和协调航天器运营方处置碰撞预警风险；向航天器运营方通报相关信息，掌握航天器工况和处置准备情况；协调确定实施规避控制的航天器运营方；指导航天器运营方确定规避控制策略；组织对规避控制策略进行安全性分析复核；协调航天器运营方对所属航天器实施加密跟踪与状态监视；综合分析航天器状态信息和空间目标监视与跟踪结果，评估碰撞规避处置情况。

（2）空间碎片监测相关机构职责。掌握空间目标编目和轨道信息，发布碰撞预警信息；对交会目标实施加密跟踪与精密轨道确定；通报目标交会后的跟踪监视结果。

（3）航天器运营方职责。向太空交通管理有关机构提供航天器状态、轨控能力等基本信息；制定规避控制策略，并由太空交通管理有关机构完成复核工作；制定跟踪计划，按计划实施碰撞规避控制；向太空交通管理有关机构提供控制过程实施情况、定轨结果、目标交会后的航天器在轨状态以及处置过程中其他突发情况。

3. 碰撞规避处置过程

（1）预警通报。空间碎片监测相关机构或航天器运营方按协调沟通联络要求，向太空交通管理有关机构通报空间碰撞预警事件信息。

（2）预警协调准备工作。收到预警信息后，太空交通管理有关机构向航天器运营方通报具体信息，并获取目标航天器当前运行状态、有无轨控能力等关键要素信息，协调其做好航天器工况分析、规避控制准备等工作。根据碰撞预警风险程度，协调航天器运营方进行加密跟踪监视。

（3）协调确定碰撞规避主体。当空间碰撞预警触发红色碰撞预警门限时，原则上至少需要通过协调交会航天器中的某一个实施轨道控制来规避碰撞风险。当交会航天器均不具备规避控制的实施条件时，太空交通管理有关机构协调空间碎片监测机构、航天器运营方，在交会时刻前后对航天器实施加密跟踪和状态监视。

（4）规避控制实施。航天器运营方根据航天器自身轨道保持要求，制定并向太空交通管理有关机构提供规避控制策略及控后理论轨道、航天器跟踪计划等信息。太空交通管理有关机构组织相关能力支持方开展对规避控制策略的安全性复核。航天器运营方按计划实施规避控制并监视评估控制过程，控制实施后向太空交通管理有关机构提供实施情况。若碰撞规避控制未正常实施，航天器运营方需要及时向太空交通管理有关机构通告相关情况。

（5）规避控制评估。太空交通管理有关机构对控后精密轨道数据进行安全性复核，并向相关单位提供复核结果。目标交会后，空间碎片监测机构向太空交通管理有关机构提供目标跟踪监视情况；航天器运营方向太空交通管理有关机构提供航天器状态。太空交通管理有关机构在风险处置完成后对相关数据和情况进行归档。

7.3 频率干扰溯源处置原则

近年来，随着物联网、卫星互联网、5G 网络等信息通信系统的不断普及，航天器频率资源成为现代社会信息化发展不可或缺的资源。SpaceX、OneWeb 等商业航天公司正在快速构建低轨巨型卫星网络，Telesat 和 Kuiper 逐步推进巨型星座计划，中国也在加快发展低轨互联网星座，低轨互联网星座对频率/轨道资源的占用，导致空间频率资源紧张的状况日益突出，航天器间、星地台站间、地面台站间遭受无线电干扰的风险随之增加。目前已规划的低轨卫星网络，大多采用 Ka、Ku 等频段，SpaceX 和 OneWeb 的用户链路均采用 Ku 频率，卫星到地面站之间的链路以及馈电链路采用 Ka 频段，而 Telesat 系统仅使用 Ka 频段，星座系统间采用的频段存在重叠，如果因星座构型造成卫星分布相似，星座运行中将极易造成干扰[2]。

无线电干扰是指由于一种或多种电磁发射、辐射、感应或其组合对无线电通信系统的接收产生的影响，这种影响可能导致航天器电子装置、设备或系统性能下降甚至失效[3]，影响航天器业务的正常开展；由于航天器应用可能具有国际性、战略性，干扰严重时甚至会造成重大的经济损失或较大的社会影响。例如，中国的鑫诺一号卫星、亚太六号卫星曾遭受恶意干扰攻击，导致广播电视内容无法解码，甚至出现非法内容，造成了一定的社会影响。因此，航天器频率干扰事件需要及时开展处置，通过消除对频率的非法和不当使用，保证频率资源的合法合规利用。

7.3.1 频率干扰分类

航天器频率干扰事件根据干扰来源的不同，大致可以分为自然干扰、地面干扰、空间干扰、人为干扰四类[4-6]，详细分类及其产生原因如表7-1所示。

表7-1 频率干扰分类及其来源

干扰来源	干扰类型	产生原因
自然干扰	恶劣天气	雨滴、雪花、冰晶等会对通过的电磁波产生一定的吸收和散射，从而增大卫星信道的传输损耗和噪声，形成干扰，即所谓的雪衰和雨衰[7]
	日凌	通常发生在每年的春、秋分前后，当航天器、地球和太阳位于一条直线上时，地球站天线指向航天器时也近似指向太阳，太阳的辐射噪声将对地球站的接收信号造成干扰，可能引发链路中断等现象[5]
	电离层闪烁	电离层结构的不均匀性和随机时变性，引起无线电信号幅度、相位等的快速无规则变化
地面干扰	杂波干扰	由于设备问题，导致载波信号中包含无用的杂波，影响信号传输效果[9]
	电磁干扰	地面的广播电台、导航设备、搜索雷达、微波中继站等发出的射频信号，可能干扰地面观测设备或影响航天器信号的正常传输
	互调干扰	当航天器通信链路中存在两个以上不同频率的载波信号时，产生的组合频率分量，可能对相近的载波信号造成干扰；此外，上行发射功率过大，也可能导致航天器转发器下行互调特性恶化，造成干扰[10]
	交叉极化干扰	由地面发射站设备异常状况导致，天线损坏或天线交叉极化隔离度未达到要求时，会造成干扰

续表

干扰来源	干扰类型	产生原因
空间干扰	相邻信道干扰	上行频率载波分布与邻近信号的频段产生交迭，造成干扰
	邻星干扰	由于星间距离较近或星上的发射功率较大，导致某航天器发射的信号对邻近航天器造成干扰；或某航天器与其邻近航天器有重叠的地面覆盖区，卫星地球站同时收到该航天器信号及其邻星信号，形成干扰[11]
人为干扰	盗用干扰	非法用户在没有取得航天器运营商许可的情况下，擅自在某个频点发射载波，造成干扰
	恶意干扰	人为利用大功率上行设备，利用强信号压制弱信号，使用大功率同频点信号对航天器进行攻击

1. 自然干扰

自然干扰主要包括恶劣天气、日凌、电离层闪烁等自然现象引起的干扰。这种干扰是不可控制的，但是可以通过调整传输功率、提高天线口径和卫星接收系统灵敏度等方式，降低其对卫星的影响。

2. 地面干扰

地面干扰主要包括杂波干扰、电磁干扰、互调干扰、交叉极化干扰等情况。此类干扰跟地面站所处的电磁环境、航天器系统中设备的性能状态和使用有关系，通过加强基础设施建设和航天器入网验证、严格设备研制采购方面的质量管控，能够有效提高航天器通信性能，减少因设备故障导致的干扰问题。

3. 空间干扰

空间干扰主要包括相邻信道干扰、邻星干扰等情况。此类干扰常发生在不同国家的临近航天器之间，在航天器频率申请的过程中，一般对此类干扰已经完成了协调，在航天器运营过程中，依然发生干扰事件的原因往往在于星上实际的发射功率超出了协调的指标。在发生干扰时，需要利用一定的技术手段先排查、识别干扰来源，再通过频率协调或设备调整等方式进行处置。

4. 人为干扰

人工干扰区别于前三类，属于带有主观故意性质的干扰，包括盗用转发器频率资源、带有破坏意图的恶意干扰等情况。此类干扰事件源于人工使用频率的不合法或不合规，需要通过完善法律法规和采取监管措施来加强对用户的约束，以限制或杜绝此类行为。

7.3.2 频率干扰处置的基本要求

频率干扰事件的处置涉及国家无线电管理、无线电监测等多个部门，协调程序复杂，处置难度较大。为保证处置的高效，频率干扰的协调和处置一般需要考虑到：

1. 依据频率资源管理法规开展协调

航天器频率资源管理法规是开展频率干扰协调的基本依据和准则，包括国际法规和国家法规两个部分，国际法规包括《国际电信联盟组织法》《国际电信联盟公约》以及 ITU 的《无线电规则》《程序规则》等。国内相关法规包括《中华人民共和国无线电管理条例》《中华人民共和国无线电频率划分规定》《卫星网络空间电台管理规定》《建立卫星通信网和设置使用地球站管理规定》等[12]。

在遵循法律法规的前提下，协调处置干扰事件时，一般遵循以下原则：一是次要业务让主要业务。对于几种业务共用的同一频段，根据国家规定的主要业务，协调次要业务的有关主管或使用部门积极采取有效措施，尽快消除干扰。二是后用让先用。在同种业务前提下，应协调后批准使用或准备批准使用业务的有关主管或使用部门，消除对先用业务的干扰。

需要注意的是，部分法规中对不同航天器系统业务的优先级有明确的规定，在处置干扰事件时必须依照相关条款进行。例如，《无线电规则》第 22.2 条提出了高低轨卫星在频率使用上的优先级关系，NGSO 系统如果使用卫星固定业务和卫星广播业务划分的频段，则不得对开展卫星固定业务和卫星广播业务的 GSO 系统造成不可接受的干扰。但在 18.8~19.3 GHz/28.6~29.1 GHz 频段，以及允许 NGSO 卫星移动业务的 19.3~19.7 GHz/29.1~29.5 GHz 馈线链路频段，对 1995 年 11 月 18 日之后投入使用的 GSO 系统不再提供保护，而是按《无线电规则》第 9.11A 条款的先登先占原则判断优先级。

2. 建立分级响应的处置机制

由于频率干扰事件会造成航天器提供服务的质量降低或中断，可能导致重大的经济损失或产生较大的社会影响，因此需要提前建立处置机制，区分不同的事件等级，按需协调相关机构及时定位排查干扰源，依法依规处理，消除干扰因素，保障频率资源的合规使用和航天器在轨安全运行。对导致重大经济损失或产生较大社会影响的重大频率干扰事件，应予以更高的处置优先级，加强各单位沟通协调，及时排查处置电磁干扰事件。此外，涉外频率干扰事件可能造成国际影响，也需要尽快处置。

3. 加强机构间数据融合和沟通协同

频率干扰事件的处置需要开展空间频率使用情况的监测和干扰溯源，涉及多部门之间的协同配合，要提高事件处置的效率。一是需要建立畅通的信息渠道，实现空间频率态势数据的融合运用；二是需要建立一定的沟通协同机制，通过各机构间的密切配合和合理分工，实现对干扰事件的高效应对。

7.3.3　频率干扰的处置流程

航天器频率资源是发展和利用太空必需的特殊而宝贵的资源，为了保证频率资源的合理使用，需要及时有效处置频率干扰事件，促使各航天器系统在合规合法的前提下充分开展对频率资源的应用。参考国际《无线电规则》以及国家法规对频率干扰事件处理程序的相关规定，频率干扰溯源和处置的流程大致包括以下步骤：

1. 干扰情况收集

发现航天器频率干扰事件后，其所属航天机构应详细监测并记录干扰的来源和特征参数，包括干扰强度、空间范围、频率范围、信号特征、周期特征等信息，并对事件造成的影响进行收集统计，整理形成报告资料。

2. 干扰情况上报

被干扰航天器的所属航天机构应向负责航天器频率干扰的协调处置机构进行上报，上报内容包括受干扰单位名称、单位信息、受干扰设备信息、受干扰的频率和影响程度等，并提供相关证据。

3. 干扰溯源分析

负责航天器频率干扰的协调处置机构在收到频率干扰投诉后,需要协调相关无线电管理与监测机构,根据无线电干扰等级开展干扰排查工作,组织实施频率监测和测向定位;综合分析当前监测数据和历史申请协调等过程的频率先验信息,研判频率干扰的类型、干扰途径、影响程度和产生原因,并提出可行的处置建议。

4. 事件协调处置

负责频率干扰的协调处置机构向被干扰方和干扰方主管机构通知排查定位结果和处置措施,组织有关单位进行协调处置,同时根据干扰产生的影响后果视情组织协商赔偿。

5. 协调结果确认

干扰方所属机构对干扰源进行排查处置后,负责航天器频率干扰的协调处置机构应进一步组织开展频率监测,核实干扰源排除结果,形成事件处置的有效闭环。

7.3.4 频率干扰的溯源方法

开展频率干扰事件协调处置的关键是确定干扰源,需要通过一定的频率监测手段和干扰排查方法,全面、及时地掌握在轨卫星实际用频数据和精确轨道位置,以完成干扰事件的溯源分析。

1. 传统干扰溯源方法

传统的频率干扰溯源一般依托地面监测网络来开展,需要依次完成航天器频率监测和干扰源定位两个过程。

(1) 航天器频率监测。世界各国无线电监测部门及机构主要利用固定监测站、移动监测车、便携式监测设备等地面频率监测设施开展空间用频情况的监测,这些监测设备通过信号测量、信号处理、航天器频轨测定等过程,可以完成干扰源的定位[13]。信号测量和处理过程主要完成航天器频率、带宽和功率等信号参数的获取,目前通常监测的航天器频段包括 UHF、L、S、C、X、Ku、Ka 等,随着卫星星座向更高频段发展的应用趋势,Q/V 等频段将随之被纳入监测范围。利用频谱分析仪等仪器,可以对航天器信号频谱进行显示和分析,从而确定航天器信号的频率、带宽等参数。利用地面监测站的抛物面或相控阵天线，可以跟踪单个或多个特定的航天器信号，并利用天线的方位角和仰角完成航天器轨道的计算。

在进行频率干扰信号的监测时，需要判明是否确实存在空间干扰信号，还是由于接收机抗干扰性能指标差而自身产生虚假信号。一般通过使用多个不同的检测设备分别对受干扰频率进行监测，如果都在受干扰频率上发现干扰信号，可初步判定该干扰信号确实存在；如果只有用户设备能收到干扰信号，而多个监测设备没有发现，可初步判定干扰可能是接收机自身原因产生的虚假信号，在条件允许时，协调受干扰用户暂时关闭受干扰频率上的全部发射设备，判断是用户自身设备产生的干扰还是其他用户产生的干扰。

（2）干扰源定位。对于空间中真实存在的干扰信号，需要进一步判断干扰源位置，常用的干扰源定位方法包括频谱分析法、双星定位法和三星定位法。

①频谱分析法。对于大部分航天器干扰类型，可以先通过频谱分析法完成对干扰信号的识别和检测，利用频谱分析仪监测干扰信号，确定干扰信号的频谱特征，并利用相关设备进一步分析干扰信号的信道特征。根据此方法获取的干扰信号特征，能够对日凌干扰、雨衰雪衰、杂波干扰、邻星干扰等干扰类型起到分析排查的辅助作用。

②双星定位法。对于频谱分析法无法确认的上行干扰信号，可以通过双星定位法确定干扰源大概位置，再通过地面逼近监测等方式识别确切的干扰源。

双星定位法是指，对于同一个上行干扰信号，在经过受干扰航天器及其某个邻近航天器（在 GSO 上与受干扰航天器相距不超过 10°）转发后，产生的下行信号间的到达时间差（TDOA，Time Difference of Arrival）和到达频率差（FDOA，Frequency Difference of Arrival）可用于解算干扰源所在的大致区域[14]。整个双星定位系统的组成包括：干扰源、受干扰航天器及其邻近航天器、用于接收转发后的干扰信号的定位站，以及用于误差修正的参考站（图 7-1）。

在确定干扰源所在的大致区域后，可以协调该区域内的无线电用户配合完成干扰源的进一步排查，也可以通过地面逼近查找的方式，进一步确定干扰位置和使用单位。地面逼近查找的原理是干扰源发射天线的主瓣对准受干扰航天器发射信号时，其旁瓣信号可以通过地面监测设备捕获，由此可以定位干扰源发射天线的位置。

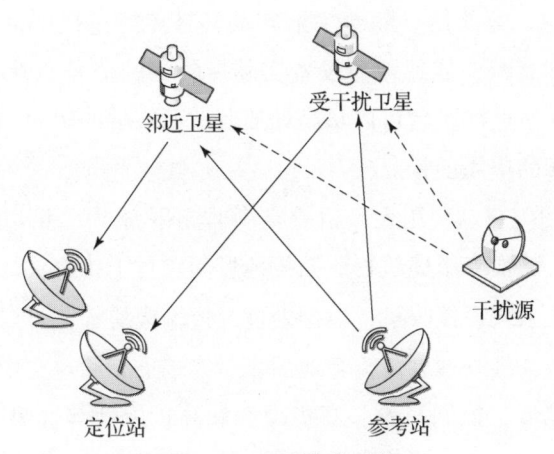

图 7-1 双星定位系统

③三星定位法。三星定位法是对双星定位法的进一步优化，通过测量受干扰航天器及其两个邻近航天器转发的干扰信号，完成干扰源的解算，能够解决 FDOA 不确定性的问题，提高干扰源的定位精度[15]。

此外，对于监测发现的干扰信号，需要将其频率、信号强度等综合因素与相关航天器历史申请、协调等过程的频率先验信息作一致性比对，判定是正常业务信号还是干扰信号，从而为后续的协调处置提供指导。

2. 未来发展趋势

传统的频率干扰排查方法需要依赖于地面频谱监测站，而监测站的部署受制于地理环境和成本，大规模利用地面监测站建立频谱监测网络是不现实的。而卫星互联网产业的兴起对空间无线电监测提出了更高的挑战。近年来，国内外提出了一些无线电信号监测和干扰排查的新手段，包括基于地面传感器站、空中监测平台（如无人机）和天基监测平台（如监测卫星）等建立监测网络的方式，以及基于机器学习的异常用频监测方法、认知无线电领域提出的频谱感知技术等。

（1）传感器监测网络。相比地面监测站，传感器站具备成本更低、便于大面积建设的优势，可以通过大量部署传感器站建立无线电频谱监测网络，掌握广阔覆盖区域的实时用频情况，配合自主监测和检测算法，可以进一步提供干扰源位置的判断信息，提高干扰排查的效率。

传感器站虽然一定程度上解决了地面监测设备的大规模部署问题，但地面监测设备在使用中也存在受视距限制、受复杂环境影响等局限性。由于干扰源的主射方向指向航天器，旁瓣信号随着主射转动，且传播过程中存在不同程度的折射、反射、散射和衰减，导致地面设备实际接收到的信号通常比较微弱[16]。而空中监测平台和天基监测平台可以从高处捕获地面终端的辐射信号，在无线电监测方面有着更广阔的应用前景。

（2）空中监测网络。利用无人机等空中监测平台[17]，可以在高空实现对干扰源的测向定位，从而克服建筑物遮挡等地形问题对干扰定位的限制。以无人机为例，利用其接收天线、接收机、数据处理及传输模块等，可以快速接收扫描区域内的无线电信号，经处理后传输至地面显示终端上。通过空中监测平台建立监测网络，具备成本低、控制简单、高机动性和高扩展性等优势[18]，能够有效提高对复杂环境区域的频谱监测和干扰排查效率。

（3）天基监测网络。相比空中监测平台，天基监测平台的监测范围将进一步延伸，利用航天器搭载相关监测载荷，可以在近地轨道开展空间频谱监测，利用天基监测平台组网，能够将监测范围扩大到全球，有效解决跨区域、跨系统的干扰问题。

（4）基于机器学习的异常用频监测方法。通过引入机器学习的方法，有助于实现对异常用频的及时感知和识别。通过采集历史用频信息并训练神经网络，可以对未来一段时间内的用频情况进行预测，并与实际采集的用频情况进行比对，通过设置一定的度量标准，可以对异常的无线电信号进行识别。

（5）频谱感知技术。在融合天地无线电频谱监测网络收集的用频数据的基础上，可以构建频谱地图，从空域、时域和频域等多角度呈现频谱数据特征，结合推理预测方法，进一步预估未来的频谱使用情况，从而实现频谱态势感知[19]。近年来，频谱感知技术逐渐成为无线通信领域重要的研究方向，该技术最初主要用来解决频谱资源的"假性缺乏"问题，也就是用来发现"频谱空洞"[20]，从而加强对已授权的空闲频谱资源的利用、缓解空间频谱资源危机。随着空间频轨资源紧张的加剧，为了有效保障国家太空安全、信息安全和通信安全，频轨资源监管日益成为迫切需要解决的课题，频谱感知作为一种掌握空间频轨资源态势、保障频率资源安全使用的手段，在频率资源管理方面也受到了越来越多的重视。

7.3.5 频率干扰的仿真分析及处置策略

仿真分析是确认航天器间、星地间是否存在频率干扰，并研究制定干扰处置或规避策略的基础。卫星网络系统间的干扰情况仿真分析，一般需要考虑到地面信关站、GSO 卫星、NGSO 卫星、卫星用户等要素，可能出现的干扰场景包括 NGSO 卫星之间的干扰，NGSO 对 GSO 卫星的干扰、GSO 卫星之间的干扰，进一步可以分为同频同向链路干扰和同频反向链路干扰。前者指干扰卫星网络和受扰卫星网络存在频率重叠且信号同向传输，后者指干扰卫星网络和受扰卫星网络存在频率重叠且信号反向传输。在具体分析时，还要分别考虑干扰卫星网络和受扰卫星网络上下行链路间的影响情况。

1. 干扰仿真分析

确定干扰场景后，还需要利用一定的软件工具，实现对场景的仿真分析。该软件要能够导入全球登记的频轨资料或实时监测的用频数据，通过对航天器、地球站天线、接收机工作情况的建模，开展航天器间或航天器和地面间电磁干扰情况的仿真模拟，从而辅助判断频率干扰可能的来源或评估潜在干扰的强度，并为制定协调处置措施提供支持。

（1）Visualyse Professional 软件。英国 TSL（Transfinite Systems CO. Ltd）公司开发的 Visualyse Professional 软件[21]可用于对无线通信系统的仿真建模和干扰分析，是 ITU 指定的用于 ITU 通信标准验证的商业软件，其创立者及主要开发人员为 ITU 标准制定小组的专家成员。该软件基于 ITU–R 系列标准及建议书，能够支持包括卫星和地面站在内的 GSO 和 NGSO 卫星系统的星座建模，提供 ITU 推荐的传播模型库和算法库，可对卫星系统中多种模式（包括点对点、点对多点、复杂通信系统等）下的干扰情况进行分析，是针对 ITU–R 关注的频率干扰开展分析的主流工具[22]。

此外，TSL 公司还提供了一款基于 ITU 标准的专门用于 GSO 卫星系统干扰仿真分析的付费软件 Visualyse GSO，该软件提供了导入国际频率资料通告（IFIC, International Frequency Information Circular）和空间无线电基站数据库（SRS，此为数据库名称）的专用工具，能够为开展 GSO 卫星系统干扰分析提供支持[23]。

（2）GIBC（Graphical Interface for Batch Calculations）软件。GIBC 软件是 ITU 推荐的一款帮助各主管部门和卫星运营单位开展卫星网络干扰分析计算的免费软件，支持计算功率通量密度以及《无线电规则》附录 7、8、30、30A、30B 中涉及的各类指标，但缺少对部分指标（如 C/I，即被干扰卫星网络和干扰卫星网络间的载波干扰比）的计算支持[23]。

（3）卫星工具包（STK，Satellite Tool Kit）软件。除以上专门用于卫星系统干扰分析和频率协调的软件外，航天领域一些通用的分析计算工具也可以提供关于无线电干扰分析的支持，例如美国 AGI 公司推出的 STK 软件提供了通信链路的仿真分析相关功能支持，通过导入航天器轨道、配置发射机和接收机的天线参数等，可以完成星地链路的仿真建模，开展干扰前后信号质量的分析评估，能够满足一定的频率干扰分析需求。

2. 干扰减缓策略

对于因卫星系统上下行业务链路引起的干扰，干扰卫星系统可以采取一定的技术规避策略，以实现对被干扰系统的干扰减缓。在 ITU – R S. 1431 建议书中也提供了一些干扰规避策略[24]，其原理可用于指导卫星网络之间的同频共存，主要涉及波束控制、功率控制、角度隔离等方面。

（1）波束控制策略。通过调整或约束航天器天线或者地球站天线的波束形状和波束指向，来减缓对其他卫星系统造成的有害干扰[25]。对于具有固定波束指向的航天器天线，可以通过调整航天器姿态或关闭部分波束的方式实现波束控制；对于非固定指向的航天器天线和地球站天线，可以根据其波束能否成形、波束指向能否调控，相应地调整波束活动范围或控制波束成形，以避免对特定方向或范围产生干扰。

（2）功率控制策略。综合考虑被干扰卫星系统的干扰阈值，通过动态调整和控制航天器或地球站天线的发射功率[26]，减缓对其他卫星系统产生的无线电干扰，提升多个卫星系统间的频率兼容性，实现同频共存。

（3）角度隔离策略。通过约束干扰链路和受干扰链路间的夹角，提升卫星系统间的频率兼容性，具体包括航天器分集、跟踪策略和设置隔离角或禁区三种方式。航天器分集策略是指当存在潜在干扰时，干扰系统的地球站将切换其他航天器进行通信，以重新建立不会对受扰系统产生干扰的通信链路。跟踪策略是指通过最长过境时间、最短距离、最高仰角和最大隔离角等指标设置一定的规则，通过切换地面站跟踪的航天器，避开潜在干扰。设置隔离角或禁区策略是指当干扰系统的航天器进入禁区时，限制与该航天器有关的信号传输，以防止产生干扰。

此外，还可以采取跳波束频谱资源分配[27]、波束抗干扰预编码[28]等技术提高卫星系统间频谱兼容性，此类方法往往需要对空间频谱使用情况有较强的感知和认知能力，通过动态及时的调整，实现频率资源的兼容和共享。

从国外 SpaceX、OneWeb、Telesat 和 Kuiper 等星座系统的技术文件来看，其系统在设计中均采取了一定的规避策略，以降低对其他卫星系统造成的干扰风险[29]。其中，SpaceX 星座采取了地球站和航天器天线的波束控制及功率控制、地球站天线旁瓣抑制、航天器分集等策略，限制其部分用户站和信关站以 25°或 35°的最低仰角与航天器通信，星座中运行在较低高度的航天器将使用较低的发射功率；OneWeb 和 Kuiper 星座同样采取了上述策略，前者限制用户站最小通信仰角为 55°、采用较窄的波束宽度，后者限制地球站的最小通信仰角为 20°、35°或 39°；Telesat 星座则采取了航天器天线波束控制、航天器分集等策略。当然，对于巨型星座系统，除了要考虑与其他星座间的频率干扰，其系统内部潜在的频率干扰也是迫切需要解决的问题，一般在星座设计中就需要考虑采取相应的干扰减缓策略。由于系统内部可以掌握更全面准确的信息，往往可以利用频谱认知方面的智能技术对频率和链路进行精细化的动态分配和调整。用频冲突减缓技术的发展，在解决因空间频率资源紧张导致的频率兼容和协调问题的同时，也促进了对频谱资源的精细化管理、对动态资源空缺的再分配，从而有助于提高各卫星系统对频率资源的整体利用效益。

7.4　空间天气异常处置原则

航天器在轨运行期间所处的环境是其轨道特性相关的自然环境和航天器自身产生的环境构成的组合。航天器在太空环境中运行并与之相互作用，其中的环境组合并不是简单的线性关系，而是多变量影响下的非线性作用产生的复杂结果。太空环境变化诱发的空间天气异常可能影响并限制航天器的运行，制约重要工业部门（包括电力、航天器、全球导航、航空和应急管理）的有效运转，限制其提供连续稳定的服务，并在极端情况下导致其失效，甚至引发严重的"凯斯勒效应"。

1962 年，研究者通过探索者 1 号卫星发现存在环绕地球的高能质子和电子的环形带，从此揭开了航天器和太空环境相互作用的序幕。1979 年，美国发射了位于地球同步轨道的专用航天器 SCATHA，开展航天器与环境相互作用的研究任务。20 世纪 80 年代，美国航天飞机历经多次飞行任务后，表面材料出现显著损伤，一部分材料表面被严重剥蚀，一些金属材料表面出现较厚的氧化层，材料的表面热光学性能甚至弹性模量也发生了变化。太空环境的相互作用通过累积效应影响航天器系统的生命周期，太空环境导致侵蚀的研究逐步引起业界关注[30]。1989 年 3 月发生了罕见的超级磁暴，在此期间航天器消耗了大量能源来维持其姿态和轨道，高能粒子造成中国"风云二号"B 星于 1990 年提前报废。"国际与星同在"（ILWS, International Living With a Star）计划[31]是一项规模宏大的空间天气计划，其目的是把日地联结为一个系统，对关乎人类生存与发展的科学问题进行探测与研究，并把由此获得的知识应用到将来地基、天基技术系统的设计和防护中。

随着航天器寿命越来越长，功能设计越来越复杂，电路集成度越来越高，空间天气异常对航天器潜在危害的影响越来越大，精准可靠的环境监测、严谨科学的影响评估、及时稳定的预报预警、合理高效的异常处置，将有助于航天器在轨安全运行，维护好太空资产安全和太空环境可持续发展。因此，太空交通管理机构应当根据权威机构发布的预警从专业角度指导航天器运营方做好处置应对，并积极收集相关故障信息，做好航天器失效、陨落、故障等事件处置。

7.4.1 空间天气异常的评估方法

空间天气是一种由太阳活动释放巨大能量和物质引起日地空间中电场、磁场、电磁波、带电粒子流量、等离子体物质、中性大气突然发生高度动态、大时间尺度的变化。太空环境从物理空间尺度上，包括五个空间区域：中高层大气、电离层、磁层、行星际空间和太阳大气。中高层大气主要是由中性气体分子组成的中性环境，包括环境气体和航天器表面材料通过放气或分解释放的气体、从航天器排出的气体。电离层主要由部分电离的等离子体组成，磁层、行星际空间和太阳大气则由完全电离的等离子体组成，等离子环境包括环境等离子体、推进器释放的等离子体、通过中性气体电离或电荷交换产生的等离子体、电弧放电、航天器表面超高速撞击产生的等离子体等。磁层中高能粒子会造成航天器材料、电子元器件、航天员产生辐射损伤效应以及微电子器件的单粒子效应，高能电子则会引起航天器深层充电效应。发生在太阳大气中诸如耀斑、日冕物质抛射、电磁辐射爆发等会导致空间天气异常的发生，如磁暴、地磁扰动、电离层突然骚扰等。因此，分区域研究空间天气活动、异常的发生机理、发展演变规律、多层次耦合作用、物理探测手段，结合航天器轨道类型的空间差异性，是空间天气异常评估方法研究的重要方面。

1. 评估的原始资料获取

由于太空环境认知和探测水平的限制，异常恶劣的空间天气曾给人类带来了极大的伤害和误解。科学理论和探测仪器的发展使人类对于空间天气的认知和预测有了长足的进步，但是仍然有很多未知现象和物理机制需要去发现和揭示。

20世纪60年代以前，科学家对于太阳风暴监测主要采用地基监测手段，对异常现象的认知是依赖于现象本身的观测和长期数据的统计分析。1610年意大利天文学家伽利略用望远镜证实了太阳黑子的存在，1843年德国人施瓦布发现黑子的数量约11年周期性规律，色球望远镜成为地基监测太阳耀斑的主要设备，射电望远镜则是地面监测太阳射电活动的主要常规设备。

1896年荷兰物理学家塞曼发现的"塞曼效应"促进了对太阳磁场的测量。高能电磁波与原子核外电子的相互作用会引起光电效应、康普顿效应和电子对效应，有助于X射线流量监测。天基监测手段的发展拓展了人类对于地球空间环境的测量和认知，证实了地球磁层的存在，发现并证实了太阳风等现象的存在。2001年起美国GOES系列航天器的软X射线成像仪可以观察太阳磁场的精细结构以研究太阳耀斑等剧烈活动。2010年美国发射的SDO航天器提高了太阳活动监测的分辨率，GPS反演技术成功应用于电离层监测。1978年ISEE-3航天器首个被送到拉格朗日L1点实现了地球上游太阳风监测。SOHO和ACE航天器发射后，地磁暴预报水平有了很大提升，这两个航天器在拉格朗日点对太阳进行常规探测，能够实时提供物理监测数据。

2. 评估的指标要素确定

根据中国科学院空间中心发布的空间天气异常事件，以及美国宇航局和美国空军实验室发布的预警信息，异常的太阳活动是影响航天器在轨运行的主要因素。太阳活动一般分为平静态和爆发态。当太阳活动转入爆发态时，太阳风速度加快、密度增大、温度跳跃式升高，经过日地空间到达地球，与地球磁场相互作用，可能产生严重的空间天气灾害。太阳射电（尤其是爆发时）与太阳 X 射线、太阳宇宙射线以及磁暴等现状有密切关系，存在波长从毫米到 10 m 量级的射电波段的辐射，其强度依据射电流量 F10.7（太阳 10.7 cm 波长射电辐射流量，是描述宁静太阳辐射强度的一个重要参量，表征太阳短波、极紫外和远紫外辐射等）和黑子数（SSN，Sunspot Number）两个指标，可以划分为弱太阳活动（F10.7≤100 sfu）、中等太阳活动（100 sfu < F10.7≤150 sfu）、强太阳活动（F10.7 >150 sfu）三个等级。此外，太阳活动具有一定的规律性，如太阳活动长周期峰年之间的时间间隔平均约为 11 年（内部核反应）和 27 天的短周期变化（太阳表面大气自转）。太阳黑子时间序列具有周期性变化规律，电离层的电子密度与太阳黑子的变化具有相关性。

不同空间区域对太空环境的核心影响因素不同[32]，以电离层为例，电离层的空间结构并不均匀，而且受到地球重力场和电子/离子在不同高度的变化效应的影响，其在垂直方向上的变化更为明显。同时，电离层会呈现出相对复杂的随经纬度、本地时、季节以及太阳活动水平变化的模式。地磁活动是地球磁场产生全球性和区域性变化的现象，包括了活动区磁场位形、形态分布、相对变化、暗条爆发等因素，地磁活动对电离层的影响很大，会改变电离层的折射率，影响电磁波的传播。太阳风和地球磁场的相互作用会产生磁暴现象，磁暴可能会持续几小时甚至几天时间，可能会对电力系统、卫星轨道、卫星通信和导航系统等造成影响。

3. 评估实施

空间天气预报的水平取决于空间天气监测能力和对物理规律的认知水平。随着近代计算机技术、数据挖掘技术的快速发展，在多种太空环境探测方式和监测设备的支持下，空间天气预报利用计算机对太空环境进行模拟，在观测和建模的基础上研究地球空间环境的现状和未来状况，从而支持在航天器相关系统运行和使用阶段采取适当措施减缓空间天气异常可能造成的风险。空间天气预报和警报模型依赖于对特定环境要素高分辨率的监测数据和图像，并以此推断出描述模式中整体或部分空间天气环境数值，实现对空间环境的状况和灾害性空间天气事件的判断和预报。

空间天气异常相关的警示信息一般具有前瞻性，其形成的过程涉及某些监测指标的源观测资料、科学规律的总结和未来异常事件预警的发布。空间天气异常判断主要采用国际认可的太空环境关键指标阈值评价方法。异常相关指标的评估方法一般包括经验法、统计法和物理法。其中经验预报和统计预报是根据预报因子和预报对象之间存在的统计关系，利用日地物理过程中的观测量，给出需要预报的物理量随时间变化的曲线或者异常事件的发生概率、强度和位置，研究太空环境因素与航天器异常的因果模型、关联性模型和风险预测[33]。太阳爆发活动是太空环境扰动的源头，目前主要利用太阳观测图片开展黑子活动区数量、位置及磁场类型的识别、查看工作，分析研判太阳黑子数量、F10.7指数等短中期变化规律，及时发现可能的太阳耀斑、质子事件和日冕物质抛射爆发活动迹象和征候。此外，科学家和工程师还需要考虑空间天气预报的准确性和准备时间，太空环境在空间和时间上会有很大的不确定性，这取决于太阳风-磁层的相互作用。航天器周围的太空环境条件可能会因其位置差异有很大的不同，而空间天气预报需要再现此类差异。

此外，由于空间天气预警的复杂性、不确定性、滞后性，在灾害性空间天气事件或重大任务情况下，可以由多方机构组织会商，综合研判太空环境参数和事件发展情况，针对保障对象及任务需求，定量或定性评估太空环境对太空资产、地面装备、航天活动的影响，综合各方面信息给出最终预报预警结论。

7.4.2 空间天气对航天器的影响分析

太阳是影响地球空间环境的主要因素[34]。太阳活动复杂多变，但其中亦不乏规律性。空间天气事件的源头是日面发生的剧烈爆发活动，它主要以光和粒子的形式释放能量，具体可分为三种：一是太阳电磁辐射突然增强，即"光"的增强；二是喷射大量的高能带电粒子流；三是抛射高速等离子体云。这三类物质和能量形式到达地球附近时，会引起近地空间中的粒子环境和电磁辐射环境发生剧烈变化，它们与航天器上的元器件及材料发生多种复杂的相互作用，引发总电离剂量效应、位移效应、单粒子效应、表面充放电效应、内带电效应、大气阻力变化、电离层扰动等现象，引起航天器运行、通信、导航的异常，对航天器产生不可估量的影响与危害。[35]

辐射环境是航天器在轨面临的主要威胁之一，空间高能辐射会引起辐射总剂量、单粒子、移位损伤、深层充电等效应。通过对轨道上高能粒子能谱通量的预测，可以初步评估各种辐射效应对航天器的影响。空间等离子体会引起航天器的表面充电效应，通过获取轨道上平均的等离子体环境参量，以及可能遭遇的恶劣等离子体环境参量，能够初步评估表面充电效应对航天器的影响。单粒子效应对各种轨道飞行器都是有危害的，是目前最严重的太空环境效应之一。深层充电效应主要影响中高轨道的航天器，可以给出航天器内部特定部位的高能电子注量，并利用介质充电模型进行局部的深层充电效应计算，评估深层充放电的风险。

地磁暴发生时，地磁场的快速变化使那些依靠磁场致稳的航天器定向发生错误，影响航天器操作。地磁暴引发的其他地球空间环境扰动，威胁航天器的安全运行，对无线电通信导航也造成不同程度的影响。如前文 3.2.3 中所述的 SpaceX 卫星发射受地磁暴影响的事故。

太空中不同的区域有着不同的环境[32]，不同的环境对运行其中的航天器也有着不同的影响。不同轨道上的航天器，其影响既具有共性，也存在差别。对于高轨航天器，可能面临热等离子体引发表面充放电效应、高能电子引发内带电效应的影响，而对于低轨航天器此类影响可以忽略；航天器上的阻力在太阳活跃时增加，对于低轨航天器，可能面临大气加热导致的大气密度增加、原子氧密度增加等效应，尤其对于超低轨航天器，稀薄大气阻力、原子氧通量随轨道降低以指数规律增长，而高轨航天器则不会遇到此类效应。

空间天气以多种方式影响无线电通信。在真空中，无线电信号以光速传播，但在电离层中存在等离子体的情况下，信号会受到群延迟和相位提前的影响，以及由于吸收和闪烁引起的衰减。环境对信号的影响是与频率相关的，并且与沿传播路径存在的等离子体中的结构量成正比。在 1~30 MHz 频率内（称为"高频"或 HF 无线电），电离层密度和结构的变化会改变传输路径，甚至完全阻止 HF 无线电信号的传输。此外，质子辐射对材料的光电性能具有破坏性影响，使晶格空间的完整性受到破坏，影响不仅限于太阳能电池、光学器件等[36]。

空间天气异常的作用效果与航天器的防护设计、运行轨道、器件的环境敏感性有关。当防护设计存在缺陷或者环境影响突破防护上限时，空间天气异常的影响才可能显现。

7.4.3 空间天气的预警与处置流程

1. 空间天气的预警

根据预报时间的未来时间尺度，空间天气预报可以分为警报、短期预报、中期预报和长期预报；同时根据航天器的特殊要求进行定制，例如针对航天器特殊的器件或特殊的航天活动（如开展试验、交会对接等）定制个性化的预报产品。这些预警预报对航天器的飞行计划、轨道设计及探测器设计等具有较高的参考价值，还可以提供航天器通信异常预警等服务。

空间环境警报主要包括六类事件：太阳 X 射线耀斑、太阳质子事件、高能电子暴、地磁暴、电离层暴和突然电离层骚扰。

（1）太阳 X 射线耀斑会引起地球向阳面电离层电子密度增加，影响短波无线电通信和低频导航系统。

（2）太阳质子事件会对航天器和在太空执行任务的宇航员造成各种辐射伤害，还会影响极区的无线电通信和导航系统。

（3）高能电子暴可能引发航天器深层充电。

（4）地磁暴发生时，对航天器的安全运行和无线电通信导航可能造成不同程度的影响。

（5）电离层暴可能导致短波通信、高频雷达最高可用频率下降，测控和导航定位误差增大。

（6）突然电离层骚扰可能导致短波通信可用工作频段短时变窄、高频雷达性能下降、低频导航信息强度衰减。

在实际工程应用中，重点关注的空间天气主要包括：

（1）低轨航天器重点关注地磁暴事件和南大西洋异常区等；

（2）中高轨航天器重点关注高能电子暴事件、太阳质子事件等；

（3）测控等任务重点关注电离层信息等。

警报信息包括预警信息、持续预警信息和综述信息。当事件达到既定的阈值时由太空环境监测机构发布预警信息，第二天事件仍持续时发布持续预警信息，事件结束时发布综述信息。事件警报等级一般分为黄色、橙色、红色，红色代表预警事件达到最严峻的状态。警报信息分为告警和综述两类。告警信息内容包括事件发生的时间、事件当前的强度和警报级别。综述信息内容包含事件发生的时间、结束时间、最大流量、事件强度和警报级别。

当航天器运营方收到太空环境监测机构发布的相关空间天气产品信息时，可依据航天器轨道和工况信息，分析航天器遭遇的太空环境的基本情况与特点，评估空间天气效应对航天器可能的影响，并进行相应专业化的处置。低轨航天器单粒子效应主要发生在南太平洋异常区（South Atlantic Anomaly，主要来自内辐射带质子）。同时，太阳活动高年期间太阳磁场较强，阻止了部分宇宙射线进入地球空间，低轨航天器异常事件减少，低轨航天器的单粒子事件与太阳活动呈现反比关系，与宇宙线通量呈现正比关系。太阳爆发剧烈活动时，电离层会产生相应的扰动变化和不均匀结构，理论上可能引起雷达发射和接收信号的衰减、闪烁衰落、反常传播等效应，导致探测精度下降，影响雷达装备效能。因此，当收到此类预警信息时，需要进行相关系统和数据的修正和评估工作。轨道大气密度及其变化是目前低轨航天器精密定轨和轨道外推的主要摄动力误差来源。当太空环境预警出现磁暴等恶劣环境时，轨道大气密度变化幅度可以达到100%甚至400%，常用的大气密度经验模式计算结果与实际观测偏差较大，因此轨道动力学模型需要进行针对性的校正。

2. 空间天气的处置流程

航天器运营方需要采取一定的技术手段降低恶劣的空间天气对于航天器的影响，抑或在实际航天器故障已经发生的情况下进行问题的归零。处置流程可归纳为：

（1）识别受空间天气影响的技术成分。

（2）描述已经采取的减少航天器脆弱性的步骤。

（3）确定可以采取哪些行动来进一步减少航天器的脆弱性。

（4）描述进一步减少这些脆弱性所需的空间天气信息的具体属性。

（5）空间异常天气影响区域和成本的评估。

（6）航天器影响后轨道和任务的重新规划。

尽管航天器运营方竭尽所能利用多种手段保持住航天器的业务服务，降低空间环境异常带来的影响，但是处置过程中所付出的修复成本和业务损失是巨额的。1994年加拿大通信航天器公司为保住 Anik E-2 号通信航天器及其相应业务，原计划支撑10年航天器寿命的燃料，由于修复调姿使用了大量燃料，等效寿命仅剩9年，由此导致的航天器姿轨控操作成本增加了7 000 万美元[37]。目前中国还没有针对航天器的在轨故障投保的渠道，其间产生的损失将对航天器运营方造成极大的负担，甚至导致企业的破产。

当然，也有一部分航天器运营方对于异常的空间天气预警不采取任何行动。这可能是因为他们的航天器或者测运控系统，对于不利的空间天气有较强的适应能力；另外一种可能，则是太阳活动低年相对温和的空间天气，给他们造成了空间天气并不会对航天器或测运控系统造成太大安全影响的错觉。

7.4.4 空间天气异常处置的基本要求

空间天气异常是引起在轨航天器异常与故障的重要因素，安全有效的处置可以保护航天员的生命健康和航天器的资产安全，营造可持续发展的安全的太空环境。当前，随着太空环境监测能力、技术评估手段、航天器防护技术和技术人员认知操作水平的不断发展，人们已经可以为航天器在轨发生的故障和异常提供详细的太空环境分析和效应分析，并利用历史航天器异常与故障数据关联的太空环境构建故障诊断专家系统，分析故障由空间天气引发的可能性并给出行之有效的处置措施。因此，为保护航天员的生命健康和航天器的资产安全，需要考虑以下五方面的内容：

1. 保护在轨航天员生命健康

空间站在轨时间长、出舱任务多，10MeV 以上高能粒子将对人体细胞和器官等造成辐射损伤。舱体和航天服虽然可以起到部分屏蔽作用，但是长期在轨积累依然会对身体产生极大危害。因此，需要对空间站内外高能粒子辐射进行持续监测，对灾害性空间天气事件进行及时准确的风险预警和有效的评估，为航天员出舱窗口选择、长期驻留安全评估和突发事件处置提供必要的信息支撑。

2. 维护航天器安全

当航天器出现重大异常后，需要及时协同研制方、所有者和操作者采取有效应对措施，诸如转对日定向、关闭载荷或调整在轨运行模式等，消除航天器异常，或减缓航天器工况恶化。针对异常现象，制定合理的处置措施，测控保障优先，最大限度维护航天器平台安全，保能源、保燃料，保上下行通道，维护航天器的安全。

3. 维持航天器提供服务的连续性

由于空间天气异常导致的航天器载荷功能的降级或失效，可能引起其承载诸如遥感、通信、导航、数据传输等服务的中断，将导致航天器应用系统承包商巨额损失，急需采取补救方式保持服务的连续性，如航天器启用备份设备或切换到其他航天器、调整地面站测运控设备、建立备份频段链接，确保服务不会中止。1994年1月20日，Anik-E1通信航天器的陀螺定向系统发生故障，无法接收和传播广播信号，启动备份定向系统后航天器恢复正常。

4. 健壮性

需要重点关注航天系统受空间天气影响的脆弱性，并预测其脆弱性随新技术发展的变化趋势。此外，需要研究空间天气数据或其衍生服务产品是否满足行业的需求。空间天气服务应提供更加翔实的数据，并开发可视化功能，为用户提供更丰富、更易于理解的信息支持。通过分析空间天气对特定轨道的影响，可以进一步改善产品的针对性设计，并提高空间服务的指导性。同时，在充分开展太空环境及其效应的地面模拟试验的基础上，可以利用搭载太空环境及效应试验载荷的航天器，提高对太空环境影响的认知，促进在轨防护技术的迭代优化。

5. 跨机构协同

机构间可分享空间天气数据和预报结果，开发空间天气模型和工具并收集减轻空间天气影响的既有实践。机构间可以联合开展空间天气安全风险监测预警，提供空间天气异常期间航天器安全运行所需的空间态势，协同测控网、航天器运营方等为预防防护、异常分析、定位、抢救提供支持。

7.4.5 空间天气异常的处置手段

由于空间天气异常影响涉及范围大，在航天器发生重大异常后，航天器运营方应当积极协调各有关职能部门开展应对，可按照异常报告、异常分析、方案制定、异常处置实施、总结评估等步骤，根据有无故障预案、有无授权等情况开展异常处置工作，最大限度恢复航天器在轨工作状态，保持业务服务的可持续性。

一般从以下四方面考虑空间天气异常的处置。

1. 空间天气异常的监测评估和支持决策

太空环境监测机构常态发布空间天气预报，重点对可能引发灾害的异常空间天气建立评估与预警机制，太空交通管理有关机构根据异常空间天气评估结果对太空交通活动参与者进行风险通报，并提出风险应对建议。航天工程师可以利用统计模型和历史数据构建历史模型，建立空间天气异常效应专家系统，以评估系统未来的工程状态，确保航天器通过冗余、屏蔽、额外设计余量，可靠的指令系统及地面站应变能力对最坏情况具备弹性。操作人员使用太空环境报告、实时数据、预测模型确定异常的减缓行动，这些行动包括航天器重新定轨、补充足量的工作人员、防护性航天器操作等。同时，在没有确定符合事实的既定机制的情况下不要将异常归因于空间天气，以免造成误判。

2. 积极应对异常空间天气

太空交通管理有关机构汇集来自空间碎片监测机构、太空环境监测机构、航天器运营方的信息，为航天器运营方应对异常空间天气提供服务支持。通过在轨安全操作（例如关闭载荷等），或采取措施预防异常的发生，最大限度地保证航天器在任务给定太空环境中、在任务给定寿命期内，不因空间天气导致的异常影响其正常运行。太阳风暴导致电离层电子密度的剧烈增加，会影响航天测控系统产生较大的测量误差，影响测控精度。"误差修正"是一种事后对太阳风暴可能造成影响的计算评估，以此获得距离误差、仰角误差等修正数据，减缓强太阳风暴期间的测控精度衰减。由于航天器通信频率不同，电离层闪烁的出现频率、受影响的程度也不同，因此可以将切换航天器通信系统的频段作为改善航天器通信质量的手段。载人航天器的在轨故障处置和无人航天器有显著的区别，故障处置人员可通过与地面控制和研制人员的密切合作，通过出舱更换部件或者检修有故障的设备，确保载人航天器的高可靠性。

3. 评估模型的研究

1990年后，瞬时空间电子环境模型开始得到广泛研究和应用，比较典型的代表就是NASA常用的"最恶劣电子环境模型"[38]；NASA研发的Livingstone系统利用的是基于定性模型的故障诊断技术，该系统可以实现最小人工干预的情况下火星探测器的故障诊断[39]。对于结构较为复杂的航天器系统而言，很难建立精确的数学模型，并且复杂的航天器运行系统很容易受到空间天气中各种因素的干扰。因而基于数学模型的方法往往需要与其他相关技术一起使用，才能实现理想的航天器故障诊断效果；而基于知识的航天器故障诊断方法主要包括基于专家系统的方法与基于神经网络的方法，是通过专家知识和故障案例直接或间接获取故障诊断发生的判定准则，能够获得对航天器较为直观的诊断结果。然而，专家系统对相关知识的覆盖范围有限[40]，并且航天器运行系统所处的环境特殊，可能遇到的不确定因素也较多，因而单独使用该方法也有一定的不足。基于人工智能的航天器故障诊断方法能够有效避免对诊断系统的数学模型的依赖，具有较强的鲁棒性与自适应能力，因而该方法适用于相对复杂的非线性系统[41]。太空交通管理有关机构可以将相关评估模型纳入日常太空交通活动的监管中，有效指导各个太空交通活动参与者应对异常空间天气，提升太空交通管理的服务质量。

4. 航天器防护设计

空间天气事件对航天器产生的各类影响只在航天器防护设计有缺陷或防护不到位，以及环境强度超过航天器防护设计容限之时才有可能发生。为增强航天器对恶劣空间天气的适应性，有必要从元器件及材料选取、系统设计等不同层面采取必要的防护措施，并严格控制各项设计措施的落实。为做好在轨单粒子效应防护，在系统设计上，将星上设备设计成具有遥控加电和遥控断电重启功能，当设备在轨出现单粒子锁定（SEL，Single Event Latch-up）时，通过遥控将设备断电进行故障隔离，防止危害扩大。

参考文献

[1] 白显宗. 空间目标轨道预报误差与碰撞概率问题研究 [D]. 长沙：国防科学技术大学，2013.

[2] 张悦. 面向大规模低轨卫星星座之间的干扰分析研究 [D]. 北京：北京邮电大学，2022.

[3] 翁木云，吕庆晋，谢绍斌，等. 频谱管理与监测 [M]. 北京：电子工业出版社，2017.

[4] 陈淑凤. 航天器电磁兼容技术 [M]. 北京：中国科学技术出版社，2007.

[5] 吴卫权,张国升. 浅析航天器电磁干扰及控制[J]. 航天制造技术,2020(10):58-69.

[6] 武建召. 卫星通信系统中的干扰分析及解决措施[J]. 电子技术与软件工程,2022(9):29-32.

[7] 张任楠,王志涛. 卫星通信抗干扰技术及其发展趋势分析[J]. 数字通信世界,2020(9):79-80.

[8] 李新科,朱英军. 基于星上处理的卫星通信抗干扰技术探究[J]. 网络安全技术与应用,2020(8):87-88.

[9] 廖向荣,林敏,刘笑宇,等. 多用户卫星通信系统的中断性能分析[J]. 系统工程与电子技术,2020,42(9):2123-2129.

[10] 罗军强. 卫星通信中的干扰及处理措施[J]. 中国新通信,2013(21):8-9.

[11] 李军善. 5G基站对通信卫星的干扰与解决方案[J]. 广播电视网络,2020,27(9):30-31.

[12] 蒋春芳. 卫星频率及轨道资源管理探究[J]. 中国无线电,2007(1):26-29.

[13] 胡雯雯. 浅谈卫星监测及干扰排查方法[J]. 中国无线电,2023(2):52-53.

[14] 闫肃,刘海洋. 卫星频段常见干扰类型及其监测、查找方法[J]. 中国无线电,2010(11):52-55.

[15] 钟明权,陈祺. 卫星干扰源定位中星历对定位精度的影响分析[J]. 中国无线电,2018(11):61-64.

[16] 邓超升. 卫星干扰源定位与自适应波束形成技术研究[D]. 成都:电子科技大学,2017.

[17] 郝才勇,刘恒. 基于无人机辅助的高精度卫星干扰源定位[J]. 信号处理,2016,32(12):1412-1417.

[18] 纽莉荣,简晨,胡稷鑫,等. 低轨卫星地面终端的空中监测[J]. 中国无线电,2023(10):52-56.

[19] 张玉. 基于多星协作的低轨卫星频谱感知技术研究[D]. 南京:南京邮电大学,2021.

[20] HAYKIN S. Cognitive radio:Brain-empowered wireless communications[J]. IEEE Journal on Selected Areas in Communications,2006,23(2):201-220.

[21] Visualyse professional:Make life easier,improve your output[EB/OL]. [2017-05-12]. http://www.transfinite.com/content/professional.

[22] 韩锐,石会鹏,李伟,等. 我国Ka频段卫星固定业务系统间干扰特性分析研究[J].

电波科学学报, 2017, 32 (5): 619-625.

[23] 刘畅, 魏文康, 李伟. 对地静止轨道卫星网络间的频率干扰分析计算问题 [J]. 天地一体化信息网络, 2021, 2 (1): 52-59.

[24] 李远付. 低轨卫星互联网星座与对地静止卫星系统之间的频率兼容共存研究 [D]. 北京: 北京邮电大学, 2021.

[25] 张少峰. 面向低轨星座的空间频谱兼容分析方法研究 [D]. 北京: 中国电子科技集团公司电子科学研究院, 2022.

[26] SHARMA S K, CHATZINOTAS S, OTTERSTEN B. In-line interference mitigation techniques for spectral coexistence of GEO and NGEO satellites [J]. International Journal of Satellite Communications and Networking, 2016, 34 (1): 11-39.

[27] ZUO P, PENG T, LINGHU W, et al. Resource allocation for cognitive satellite communications downlink [J]. IEEE Access, 2018 (6): 75192-75205.

[28] 褚建杭. 低轨卫星物联网的鲁棒预编码技术研究 [D]. 杭州: 浙江大学, 2022.

[29] 杨若男. 低轨卫星互联网星座系统间干扰减缓方法研究 [D]. 北京: 北京邮电大学, 2022.

[30] 汉斯汀斯, 格利特. 航天器-空间环境相互作用 [M]. 杨晓宁, 黄建国, 译. 北京: 中国宇航出版社, 2020.

[31] BARTH J L, GILES B, ZANETTI L, et al. NASA's living with a star program: The geospace mission concept [C]. AIAA Aerospace Sciences Meeting & Exhibit, 2002.

[32] 王劲松. 中国气象局的空间天气业务 [J]. 气象科技进展, 2011 (4): 7.

[33] 赵瑜馨, 刘业楠, 向树红, 等. 一种航天器在轨空间环境异常风险预测方法: CN202111492467.9 [P]. 2024-02-05.

[34] 曹晋滨. 太阳风暴及其对人类社会活动的影响 [J]. 航天器环境工程, 2012, 29 (3): 237-242.

[35] 呼延奇, 蔡震波. 空间天气事件对航天器的影响 [J]. 气象科技进展, 2011, 1 (4): 13-17.

[36] 赵慧杰, 何世禹, 孙彦铮, 等. 100 keV 质子辐照对空间 GaAs/Ge 太阳电池光电效应的影响 [J]. 物理学报, 2009, 58 (1): 404-410.

[37] 冯伟泉, 徐焱林. 归因于空间环境的航天器故障与异常 [J]. 航天器环境工程, 2011, 28 (4): 375-389.

[38] 秦晓刚. 介质深层带电数值模拟与应用研究 [D]. 兰州: 兰州大学, 2010.

[39] 张威, 魏炳翌, 闻新. 国内航天器故障诊断技术应用状况分析与展望 [J]. 航空兵器, 2017.

[40] 陈玮, 胡光锐, 汪亚平. 飞行器故障诊断专家系统中的知识获取机制 [J]. 上海交通大学学报, 2000, 34 (6): 845-847.

[41] 成奕东, 闻新, 王尔申, 等. Livingstone 故障诊断软件的技术特征分析 [J]. 机械工程师, 2017 (3): 1-3.

第 8 章
太空交通事故的处理原则

太空交通日益拥挤和太空环境的不断恶化，使太空交通安全问题日益凸显，而太空交通事故则会对人类探索太空的事业造成不利影响。虽然世界各国都在通过多种技术手段避免太空交通安全事件的发生，但仍要随时做好处理事故的准备。因此，开展太空交通事故处理原则的研究，总结历史事故的原因教训，制定必要的事故处理原则，减少事故损失，避免事故反复发生，是保护太空资产、实现太空环境长期可持续性的应有之义。目前，国际条约对部分太空交通事故的处理提出了初步的原则和要求，部分国家也提出了相关的法规，但仍然存在诸多问题。虽然太空交通事故的处理尚未形成成熟的规则体系，但历史上曾发生过的事故处理案例可以为我们提供一定的借鉴。当然，太空交通事故有其特殊性和复杂性，其责任认定、赔偿与处罚做法难以在短期内形成完备的程序和规则，还需要经历长期的研究和完善。

8.1 典型太空交通事故处理案例分析

历史上曾发生过几次重大的太空交通事故，造成了重大的国际影响，事故发生后，涉及国家针对事故的责任认定、赔偿和处罚开展了一系列磋商，相关案例对太空交通事故处理规则的制定提供了一定的参考价值。

8.1.1 航天器碰撞事故案例

近年来，巨型星座的发展极大地增加了航天器碰撞事故的发生概率，英国研究团队曾发出警告:"SpaceX 的星链卫星每周都会涉及约 1 600 起航天器接近事件;其中至少有 500 次都是'星链'和其他国家航天器的接近,甚至包括二者距离小于 1 km 的危险情况。"[1]其中的典型安全风险事件包括2019年星链卫星险些与欧空局的风神卫星相撞,以及2021年先后两次接近中国空间站。2009 年 2 月,美铱星-33 号商用通信卫星与俄罗斯已经废弃的宇宙-2251 号军用通信卫星相撞,造成了人类历史上首次完整的在轨卫星相撞事故。

1. 事故简介

北京时间 2009 年 2 月 11 日 0 时 55 分 59 秒,美国 1997 年 9 月 14 日发射的通信卫星"铱星-33"(NORAD 编号 24946)与俄罗斯 1993 年 6 月 16 日发射的宇宙-2251 号(NORAD 编号 22675)军用通信卫星在西伯利亚上空发生激烈相撞,撞击速度达每秒 11.6 km。碰撞发生地点为东经 97.880°、北纬 72.500°、高度 788.57 km 的空域。这是人类历史上首次发生在太空的卫星与卫星之间的大撞击事故,事故发生地点为气象卫星和通信卫星最为稠密的太阳同步轨道区域。"铱星-33"质量约 560 kg,"宇宙-2251"质量达 1 t,碰撞后"铱星-33"产生的编目空间碎片达 320 个,"宇宙-2251"产生的编目空间碎片达 945 个。

2. 事故原因分析

事件发生后,美俄两国开始互相指责对方故意放纵卫星相撞。根据相关学者分析,美俄两颗卫星相撞的可能原因是:①美国进行太空反卫星试验;②美国疏于监测预警;③俄罗斯进行太空试验;④俄罗斯卫星失控;⑤美国卫星轨道计算出错。[2]后来两国态度都有180°大转弯,美国公开承认是因为计算差错导致相撞,俄罗斯则解释碎片对其卫星影响很小。

3. 事故借鉴意义

该航天器碰撞事故的发生,也在提醒和督促各航天器运营方应该建立一种沟通联络机制,既包含开展太空安全事件信息共享和协调处置机构的联系方式,也包括分享空间物体轨道数据、在受控飞行阶段开展交会安全风险评估、碰撞处置规则等内容,从而有效采取应对措施,降低太空事故发生的可能性。

8.1.2 空间碎片与航天器碰撞事故案例

从传统认知上,太空发生航天器相撞的情况极为罕见、可能性非常小,但随着空间碎片近些年不断增多,在用航天器与空间碎片相撞的事件当属"必然"。目前,太空中的碎片有4 000多万个,是人类太空活动的产物,包括完成任务的火箭箭体和卫星本体、火箭的喷射物、在执行航天任务过程中的抛弃物、航天器表面材料的脱落物、空间物体之间碰撞产生的碎块等,是太空环境的主要污染源。由于空间碎片与航天器之间的相对速度很大,一般为每秒几千米至几万米,因此,两者即使是轻微碰撞,也可能会造成航天器的重大损坏,一块仅有阿司匹林药片大小的残骸就可能使航天器失效。航天器的体积越大、飞行时间越长,其遭遇空间碎片袭击的风险也就越大。例如,1996年7月,法国的樱桃通信卫星被多年前阿丽亚娜运载火箭入轨时产生的一个碎片击中,该碎片以每小时31 000 km的速度与卫星相撞,卫星主体虽没有受到损伤,却导致一个观测装置受损,卫星运行偏离正常轨道[3]。地球轨道上已经发生过大约200次这样的碰撞事故,而每一次事故的后果就是制造更多的空间碎片,加剧太空安全风险。此类事故如果发生在空间站上,后果将不堪设想。

当前,只有少数航天强国能够有能力对近地空间的空间碎片进行日常观测,LTS准则B3鼓励各国及各国政府间组织开发测量和监测空间碎片的技术,并鼓励分享与传播。通过建立相关的国际规则和技术标准,推动各国对监测数据的共享、核验和汇集,也能够促进各国发展空间碎片监测能力,并分享相关的实践经验和最佳做法。

各国科学家都在对空间碎片问题进行深入研究。一方面,国际社会对法规技术提出议题以尽量减少产生新的空间碎片,如航天器报废前的强制离轨、航天活动不产生新的碎片、缩短航天器任务完成后的离轨时间等;另一方面,对已经存在的空间碎片,提出通过国际合作加强空间碎片监测能力,并开展空间碎片清理试验,不断减少空间碎片数量,降低未来航天器遭受破坏的风险。

8.1.3 再入陨落事故案例

空间物体在返回大气层时会对地球安全造成威胁,历史上也发生过航天器再入导致人身和财产损害之外的其他损害。如3.4.1节中所述的苏联宇宙954号核卫星失控坠入加拿大境内事件,由于加拿大和苏联都是《责任公约》的缔约国,在进行了一系列外交交涉后,1979年1月23日,加拿大依据1972年《责任公约》和国际法规定的国家责任，向苏联政府索要超过 600 万加元的已产生费用和未来不可预测费用的额外赔偿[4]。苏联认为，由于设计了使卫星上的核反应堆在重返大气层时完全烧毁的功能，因此其残骸不应具有严重危险，在坠落地区引起环境污染的可能性很小。卫星坠落并没有造成加拿大人员伤亡，也未造成实际财产损失，因此没有发生《责任公约》范围内的"损害"。1981 年 4 月 2 日，双方通过协商达成协议，苏联最后同意"善意性"支付加拿大 300 万加元，作为加拿大清理卫星残骸的费用，但仍拒绝负有赔偿责任，认为加拿大声称的损害不属于《责任公约》范畴内的损害[5]。这起事故案例涉事双方均为《责任公约》缔约国，两国通过谈判最终解决赔偿问题，没有引起进一步的争端。

关于再入陨落事故的防范和处置，在目前的国际条约和部分国家或组织发布的一些实践指南中已有相关考虑：

（1）联合国外空委 LTS 准则 B.1 建议各国和政府间国际组织应确立方便及时协调的适当手段，目的是降低有关空间物体失控再入大气层时发生的在轨碰撞、在轨解体和可能提高意外碰撞概率或可能造成人员伤亡、财产损失和（或）环境损害的其他事件的概率，并（或）便于就此采取有效对策。

（2）关于高风险无控再入事件通报和监测，TCBM 专家组报告第 43 段规定"各国应支持建立并执行信息交流措施，及时并尽最大可能向所有可能受影响的国家、联合国秘书长和相关国际组织通报预计发生的高风险再入大气层事件，即再入大气层的空间物体或其残留物可能造成重大损害或放射性污染的事件"。

（3）针对带有核动力源的空间物体再入事件，《关于在外层空间使用核动力源的原则》有专门的通知规定，详细地规定了发生故障再入时通知应涵盖的具体范围，避免无控再入事件可能带来的损害危险。

太空交通事故处置是一个复杂庞大的系统工程，涉及多种要素、多个部门，甚至跨多个国家。既需要从顶层设计入手，构建处置太空交通事故的组织管理体系，配合相应的政策、法规、机制等，为进一步提升太空交通事故处置能力提供战略支撑和宏观指导，也有赖于强大的技术实力，为事故防范、处置、救援、赔偿等提供支撑。

8.2 责任认定

责任认定是太空交通事故处置的关键环节,是实施太空交通事故磋商的基本依据。联合国外空委虽然已在《外空条约》《责任条约》等国际公约中提出了初步的责任认定方法,规定国家应对本国政府机关或非政府社团进行的太空活动负责,但其界定的范围相对较大,难以适应当前航天活动频繁、在轨航天器爆发式增长的趋势。世界主要航天国家已就此问题开展独立或联合的研究和交流,目的是从具体实践出发,丰富和完善太空交通事故的责任认定思路和标准。

8.2.1 外空条约潜在的责任认定依据

《外空条约》是国际空间法体系的基础,提出有限和平利用外层空间、批准与持续监管义务、管辖权控制权、妥为顾及义务、提前磋商义务、通知义务等框架,是实施太空事故责任认定的最根本依据。

(1) 对"妥为顾及义务"的违反。《外空条约》第9条规定,一国进行太空活动时,"应妥善照顾其他缔约国的同等利益",即妥为顾及。但关于何为"妥为顾及",公约并没有解释,需在具体案例中具体判断。在大型空间物体再入问题上,"妥为顾及义务"往往是对活动透明度以及应采取必要措施的要求。例如,若一个国家对其发射的空间物体已处于失控状态的事实,或对于即将再入的空间物体的可预测轨道信息、落点没有向国际社会或相关国家做适时通报,或未采取必要的事前预防或事中、事后处置措施,则很有可能在国际法上被认定为违反了"妥为顾及义务"。但需要注意的是,根据《外空条约》,太空活动主体仅对其他缔约国承担"妥为顾及"的义务。

(2) 对"通报机制"的违反。《外空条约》第11条规定:"为了促进在和平探索和利用外层空间方面的国际合作,在外层空间,包括月球与其他天体在内进行活动的本条约各缔约国同意,在最大可能和实际可行的范围内,将这类活动的性质、进行情况、地点和结果通知联合国秘书长,并通告公众和国际科学界。联合国秘书长在接到上述情报后,应立即准备作有效传播。"但是,"通报"或"通知"不是明确的国际法义务,因为条约用了"同意",而非"应当"一词,两者表达的责任义务上的程度是明显不同的。另外,"如何界定空间物体再入的通报范围和时机"等相关问题,联合国外空委相关法规或条约也没有明确说明。

《外空条约》还规定国家应对本国政府机关或非政府社团进行的太空活动负责,说明在现有国际法框架下,国家必须作为基本的责任主体。纵观一些其他国家的立法经验,不论是美国、俄罗斯,还是法国、日本,都承认在造成航天损害后国家承担对外的赔偿责任,说明现阶段只将国家作为承担航天损害赔偿的国际责任的主体,还是比较稳妥的选择。

虽然《外空条约》并没有明确地指出事故责任认定要求,但还是从国际义务的角度对可能涉及危害他国安全的活动行为提出了原则性要求,这也为《责任公约》的进一步明确责任认定提供依据。

8.2.2 责任公约明确的责任认定原则

《责任公约》是对《外空条约》关于国家国际责任与发射国身份联系的具体化,对发射国承担的责任制定出了具体规则,也是当前太空交通事故责任认定的重要依据。

《责任公约》首先对损害进行界定,即"生命丧失,身体受伤或健康的其他损害;国家、自然人、法人的财产或国际政府间组织的财产的损失或损害"。条约强调的此类损害是由空间物体给他国造成,且毫无预兆的,因此,对于发射国公民受到的损害或在发射任何阶段内操作发射器的知情的公民受到的损害是不适用的[6]。"损害发生由发射国承担责任",此处发射国包括"发射或促使发射空间物体的国家""从其领土或设施发射空间物体的国家",即亲自发射空间物体的国家,在本国领土为他国发射空间物体的国家都是发射国,或者为一国提供设备的国家也是发射国。《责任公约》第22条规定:"如果任何从事空间活动的政府间国际组织声明接受本公约所规定的权利和义务……完全适用于该组织。"因此,承担损害责任的主体除发射国外还包括国际组织,譬如欧空局、亚太空间合作组织等。

损害主体的确定,为受害国求偿指明方向。《责任公约》为受害国的求偿规定了三项应当遵循的损害赔偿的归责原则。一是绝对责任原则,"空间物体在地球表面或给飞行中的飞机造成损害的,承担绝对责任。"即不论是一个空间物体直接造成损害,还是空间物体之间相互作用而间接造成他国的损害都是如此[1]。二是过失责任原则,空间物体"在地球表面以外的其他地方造成损害的,只有损害是因前者的过失或其负责人员的过失而造成的条件下,该国才对损害负有责任"。换言之,当损害发生在太空,加害者和受害者都是空间物体且存在过错时适用"过失责任"[2]。三是连带责任原则,当"两个或两个以上的国家共同发射空间物体时,对所造成的任何损害应共同及单独承担责任……从其领土或设施上发射空间物体的国家,应视为参加共同发射的国家"。也就是说,当一个空间物体有多个发射国时,众多发射国共同承担损害赔偿的连带责任。

《责任公约》对损害、损害主体的确定,为太空交通事故的责任方认定提供了国际空间法支持,对于新的国际空间法和各国的国内空间法,应当坚持以《外空条约》《责任公约》要求的责任认定原则为依据,在其基础上提出更加符合国际社会利益的太空交通管理法律法规,为太空交通事故的责任认定提供更为详尽的法律规则。

8.2.3 国际条约中责任认定的不足

《外空条约》《责任公约》的提出已经超过了半个世纪,国际社会的环境早已发生了巨大的变化,虽然国际条约的相关原则还是能够为责任认定提供法律依据,但已经很难适应当前不断推陈出新的航天活动,对于新的太空交通事故认定也缺乏法理支撑。

(1)《责任公约》规定"损害指生命丧失、身体受伤或健康的其他损害;自然人、国家、法人的财产受损害",未将空间环境污染损害包括在内,这与现行的国家实践和国际空间法的发展是不一致的[3]。环境损害应当包括以环境为媒介造成的损害和对环境本身的损害[4],虽然国际惯例显示各国接受对环境损害承担责任的一般原则,但这一原则的确切内容和界限仍有许多不确定的地方,公约中对环境损害的国际赔偿责任的法律依据和形式都未规定,在《外空条约》规制下难以寻求保护,对于太空交通事故造成的空间环境污染也缺少具体规定,需要依靠新的法律条款填补和落实。

(2)《责任公约》没有明确规定间接损害是否需要赔偿,各国的立场也非常不一致。美国曾试图对直接损害和间接损害进行区分,并提出"应当只对直接损害负责"。另一些国家则认为，并不需要区分两者，应当根据每一具体案件作出判断。因而在实践中对一些间接的隐晦损害，如何依据《责任公约》进行求偿，有待法律进一步完善。

（3）《责任公约》明确的是航天活动实施过程中造成既定事实的损害，对于在轨活动可能造成的潜在威胁或损害责任没有相关的规定。随着全球太空商业化的迅猛发展，空间电磁干扰、航天器碰撞等太空交通事故正在成为影响在轨航天器安全稳定运行的主要威胁，一旦出现责任事故，没有相关的条约或规定为相关责任方的责任界定提供具体参考。

（4）《责任公约》对责任认定的主体仅局限于发射国，不能很好地应对太空活动商业化过程中出现的新问题。商业化是外层空间未来发展的趋势，因此，澄清和扩展发射国的概念十分必要，这应成为联合国外空委、航天大国、国际组织乃至商业航天实体重点研究分析的课题。

8.2.4 责任认定的基本程序

当发生太空交通事故时，除了应当正常开展相关的风险危害评估、灾害减缓与救援，还需要通过责任认定明确事故的责任方，为后续的索赔与处罚提供依据。参照其他事故的责任认定方式，结合太空领域活动的特殊性，可认为太空交通事故的责任认定工作涉及四个方面。

（1）调查程序启动。太空交通事故发生后，太空交通管理有关机构应立即组织成立事故调查组，负责事故的调查工作。调查组可以由太空交通活动监管有关部门、航天器运营方及航天领域专家组成，如果涉及与他国的太空交通事故，还需要在国家间的事故联合调查机制指导下开展调查活动。调查程序遵循公正、公平、独立、客观的原则，确保事故原因定位准确。

（2）事故原因分析。事故原因分析是责任认定的基础。调查组应对事故相关的数据、图像、技术手册等内容进行分析，协调空间碎片监测有关机构参与取证工作，最大限度收集相关证据，分析得出事故发生的直接原因和深层次内因。同时，考虑到太空领域的特殊技术要求，还可借助天基空间碎片监测、在轨服务等能力对事故进行深入的分析，确保事故原因分析的准确性。

（3）责任方认定。责任方认定是事故责任认定的关键环节。根据事故原因分析结果，调查组可直接确定直接责任方和间接责任方。直接责任方是在事故发生过程中负有直接责任的人员或单位，间接责任方是对事故的发生负有管理、监督等责任的人员或单位。在责任方认定过程中，应注重证据的收集并尊重客观事实，确保责任认定的公正性和准确性。

（4）法律责任判定。法律责任判定是根据相关法律法规对责任方进行处罚判决的过程。根据责任方认定的结果，调查组可向有关部门提交调查情况。由于太空的公共属性，不只受害方可以向有关机构提出赔偿诉讼，国家政府也应当对相关责任方提出处罚措施。鉴于当前国际上太空交通管理法规和技术的建设还在研究发展中，太空交通事故可由政府相关机构组织完成赔偿与处罚的磋商和协调，确保事态能够得到圆满解决。

总的来说，太空交通事故的责任认定是一个复杂而重要的过程，相关的认定结果需经得起国内国外相关机构、实体和舆论的考验。因此，需要通过全面考虑事故调查、责任主体判定、事故性质分析等因素，强化国际合作与交流，提高事故责任认定的公平性和透明度，更加科学有效地应对太空交通事故带来的挑战。

8.3 赔偿与处罚

赔偿与处罚是当前世界各航天国家重点关注和讨论的焦点，也是确保太空交通活动能够公平公正开展的必要手段。通过建立和完善合理的赔偿与处罚机制，可以对太空交通活动进行约束，降低太空交通事故的发生风险，降低太空交通事故造成的损失，有利于进一步促进太空交通活动的规范有序发展，推动太空交通管理实现从活动监管到事故处理的全流程闭环。

8.3.1 国际上损害赔偿的基本情况

目前国际上并没有明确的太空交通事故的赔偿与处罚规定，但是部分国家在航天损害赔偿方面已经建立了自己的法律法规和具体实践，可以为太空交通事故的赔偿与处罚提供参考借鉴。

1. 损害赔偿的主要内容

航天活动的损害种类主要包括空间物体对人以及对第三方物体造成的损害。

具体从领土范围来看，包括对本国的损害或外国的损害。目前世界主要航天国家已把航天损害赔偿列入了国家法律法规体系，具体相关条款如下：

（1）美国《商业空间发射法》规定当空间物体造成第三方损害时，作为发射国的美国政府不承担任何责任。《美国法典》第50914节中规定损害是指第三人死亡、身体伤害或财产损失。

（2）《俄罗斯联邦空间活动法》第30条专门规定了"损害责任"，包括了俄罗斯空间物体由于意外导致的损害赔偿责任以及在俄罗斯境内或者任何国家（外层空间以外）管辖范围导致的损害赔偿责任。

（3）法国《空间活动法》做了更为详细的规定，将损害种类分为对第三人的损害和对太空活动参与人的损害，并将赔偿责任划分为对第三人的责任和太空活动参与人的责任。

（4）日本2005年实施的《国家空间开发法》第24条对航天活动损害赔偿进行了明确规定。该法规定日本开发署只有在签订了保险合同，且保险数额能够确保赔偿因人造卫星发射导致的损害的情况下，才能发射人造卫星。如果开发署对其承担损害赔偿责任，并且与"委托发射"有关的人员也同样对损害承担赔偿责任，开发署应该承担与"委托发射"有关的所有损害赔偿责任。

（5）澳大利亚1998年实施的《空间活动法》规定了损害的范围、对第三方的空间物体致损赔偿。

（6）比利时的《关于空间物体发射、飞行或导航的法律》参照《责任公约》第12条，规定了空间物体对比利时国民和对第三国或第三国国民造成损害的赔偿责任。

（7）韩国的《空间物体损害赔偿法》规定，空间损害包括人身损害和物质损害。人身损害是由对空间物体的发射、操作等造成的，如死亡、受伤或其他任何对第三方健康造成的损害；物质损害包括财物的倾覆、减损、损害等；并规定了在一定条件下，空间物体发射方在对空间物体损害进行赔偿后可以对第三方进行追偿。

总体来看，世界主要航天国家已经在完善航天事故赔偿体系方面做了很多努力，也形成了一些法律条文，丰富了事故致损的范围，明确了事故赔偿主体的界限，但就具体事故的赔偿与处置责任落实方面还存在较大的转圜空间，太空交通事故的赔偿与处罚可以借鉴相关损害赔偿的法规,并在还未形成明确规定的领域开展进一步的研究。

2. 损害赔偿的一般机制

纵观各个国家的航天损害赔偿立法,国家确立的赔偿机制一般分为国家赔偿、私人赔偿、保险赔偿或者其他补偿。

(1)《美国法典》第50915节中规定"赔偿人"为被许可人或受让人的承包商、分包商或客户,或客户的承包商或分包商,这里应指私人赔偿。赔偿限额是指以保险或示范财务责任的金额为第一限定,例如美国《拨款法》设定的赔偿限额和赔偿条件为:高于该保险或财务责任金额但不超过15亿美元。附加的赔偿条件是被许可人或者受让人故意不当行为而造成的损失或损害的部分索赔。

(2)俄罗斯《空间活动法》规定对于事故造成的直接损害,国家首先承担充分赔偿责任,其次是保险赔偿。同时规定了三种情况的责任承担方式:一是由于意外导致;二是在俄罗斯境内或者非任何国家管辖范围内的损害;三是参与建立和使用太空技术的组织和公民在开展太空活动时导致的损害。

(3)法国的赔偿机制包括了私人赔偿、保险赔偿以及国家追偿权、国家担保。赔偿责任划分较为细致,分为对第三人的责任和太空活动参与人的责任,其中关于对第三人的赔偿规定了国家追偿权和国家担保,在涉及太空活动参与者的责任时,界定了太空活动参与者的范围,并且规定了在非故意情况下,互相放弃追偿权条款。国家追偿权指国家在赔偿损失后在未获得等同于损失赔偿额的利益时,国家可以向导致法国国家责任的经营者提出追偿,但若发射空间物体是为了国家利益,则排除国家提出追偿的权利。

(4)比利时航天损害赔偿法规定了国家追偿制度。当比利时作为发射国并对空间物体的损害承担了赔偿责任后,也有权向从事太空活动的主体和责任保证人提出追偿诉讼,其区分了空间物体是对第三国或第三国国民的损害以及对比利时国民造成的损害,确立了国家评估、国家索赔、保险赔偿制度。

(5)韩国的《空间责任法》包括了损害责任保险、私人赔偿、国家补偿。该法作为单独立法存在,有助于赔偿中的绝对责任原则的确立。该法规定了个人若要进行空间物体发射,必须首先购买损害的责任保险,保险购买金额综合现实市场的实际状况,并且在损害责任赔偿保险数额范围内,最大赔偿数额是2 000

亿韩元。当损失的赔偿数额超过保险数额时，在经过国民大会的批准后，政府可以提供必要的援助。

赔偿机制的建立，有助于明确太空交通活动的各个参与者的责任，强调政府在事故赔偿过程中的作用发挥，为太空交通的平稳运行提供了必要的保障手段，给各国乃至国际社会的太空交通活动参与者以法规保障，对于促进太空交通的技术进步和能力生成具有重大促进作用。

3. 损害赔偿的基本方式

如今各个国家的法律规定中涉及航天事故损害赔偿的基本方式主要为货币赔偿。美国法律的规定是，在《拨款法》预先规定的范围内支付包括合理诉讼费等的索赔，并且规定了在一定条件下的损害赔偿只能在一次发射或折返的总额范围内支付，并且最高标准是15亿美元。政府在其中须协助提出索赔或诉讼。在俄罗斯空间法、法国空间法中分情况阐述了责任承担的类型，明确了可以根据国内法规进行货币索赔，但未明确说明赔偿的数额以及支付方式。比利时《关于空间物体发射、飞行或导航的法律》根据受害方的情形确定了损害赔偿的不同方法，区分了空间物体对第三国或第三国国民造成损害以及有关物体对比利时国民造成损害时的赔偿方法。

可以看出，当前损害赔偿的方式仍较为单一，各国通过界定不同的情形为赔偿的落实提供最基本保障。随着全球太空活动的深入发展，更加细化丰富的赔偿方式是对整个航天发展的必然补充和保障。太空交通事故的赔偿与处罚机制，也要随着整个航天损害赔偿制度体系的发展而不断深化，促进太空交通活动的平稳有序开展。

8.3.2 赔偿与处罚基本原则

在参考一般民事赔偿事件的赔偿实施程序、海空安全事件的赔偿与处置程序的情况下，结合太空交通事故赔偿与处罚的实际需求，可将太空交通事故的赔偿与处罚的基本原则界定如下：

（1）责任明确原则。责任明确是赔偿与处罚工作实施的基础。在处理太空交通事故的赔偿与处罚的问题时，必须首先明确责任方。对于事故的原因要进行深入的调查，准确认定责任方，确保每一个相关的责任方都能得到应有的处置，避免责任模糊或相互推诿的情况发生。

（2）处罚与教育相结合的原则。在处置太空交通事故时，除了对责任方进行必要的处罚，还应注重教育的作用，通过必要的教育手段，可以让太空交通活动的各个参与者提高安全意识和责任感，严格落实各项政策和制度规定，依据专业标准落实太空交通活动的规范要求，预防太空交通事故的再次发生。

（3）依法赔偿原则。赔偿工作必须依法进行，严格按照相关法律法规或协调结果进行赔偿。赔偿的范围、标准、程序和方式等内容，均需要有明确的事实依据。基于此既可保障事故受损方的合法利益，也可维护太空交通活动的公平正义。

（4）适当合理原则。在处置太空交通事故赔偿与处罚问题时，在充分考虑受损方的实际损失和伤害程度的同时，也要考虑责任方的权责一致问题，而不是单纯的经济赔偿，还需要配合其他的对应处罚措施，既维护了受害方的合法权益，也能够在国家乃至全球范围内形成一种良好的规则制度，促进太空交通活动有序开展。

8.4 太空交通事故处理的未来发展

当前，国内外关于太空交通事故处理的研究还比较少，可供参考的直接材料有限，还没有形成一致的事故处理规则。因此，可以根据事故处理的需要，参考已有的太空事故案例，从法规完善、损害赔偿、事故预防等方面进行考虑，为未来太空交通事故的处理提供发展思路。

8.4.1 关于国际条约中责任认定内容的完善

国际条约由于制定的时间较长，且长时间没有进行及时的修订和完善，在航天产业蓬勃发展的今天，已经不适应太空交通事故处理的需求。后续相关条约的修订和更新，可以在以下几个方面作出努力：

1. 修订和完善《外空条约》

太空活动的飞速成长亟待制定统一的空间法条约来规制。虽然目前国际空间条约存在的缺陷可以由各国通过国内法来弥补，但由于各国立法不同以及国家利益趋向会导致国内立法也大不相同。因此需要从国际层面上修订和完善《外空条约》，完善损害责任和赔偿机制，以相对统一的标准维护国际社会中太空活动参与者的权益。

(1) 对"发射国"概念的澄清。国际空间法将国家作为太空损害责任的当事者，但需要明确所谓"促使发射的国家"，为发射提供必不可少的帮助以及是否从发射活动中获利是相对合理的标准。此外，管辖权也应作为判断标准之一，以瑞典天狼星－1卫星为例，并未参与实际发射的瑞典购买了这颗卫星，联合国将原本的登记国修改为瑞典，也体现了国际层面对以管辖和控制判断发射国这一标准的认可。

(2) 将私营实体纳入责任主体范畴。太空活动的商业化、私营化使太空活动的主体不再局限于国家和国际组织，企业开始成为太空活动的重要主体。从受害方能够获得及时、有效、充分赔偿的角度出发，应引入私营实体作为民事责任的承担者，建立责任分担机制和追责制度，在不改变国家首位责任者地位的前提下，丰富和完善责任落实机制。

(3) 研讨修订责任范围的广度。当下，在进行太空活动时，对于"损害"的界定，不仅仅局限于对人身财产和自然资源的损害，跨界损害已经成为需要研究的课题，包括由于空间物体的坠落、核动力源的使用等对地面造成的污染，以及地表以外由于空间碎片污染、放射性污染等对太空环境造成的改变。因此，在制定太空活动损害规则时，应当按照损害类型的属性、损害是否重大、难以恢复等特征认定国家或企业承担的责任。

2. 明确条约的选择和适用

外层空间法的执行基本依赖于缔约国的意愿，缺乏有效的保证机制，《外空条约》及《责任公约》未提及设立公约执行机构或者程序，给各国在相关领域的法律适用上保留了一定的自主权，因此，应密切注意该原则下可能会出现少数国家通过创制特别法来改变一般国际法的风险。从现行太空损害赔偿制度来看，国际法确立的国际责任制度应当是承担损害赔偿责任的重要前提。对此，应全方位探讨理想的外层空间法所涵盖的体系和内容，将一般法律原则、决议、宣言或行为准则视为国际软法和非正式机制，在一定程度上抑制各国随意自主选择法律的问题。

3. 定期修订法律

国际空间法在太空活动管理方面占有重要地位。在多数国家还没有进行国内空间立法的时期,这些条约是各相关方可以引据的仅有的成文法源。随着太空商业化进程推进,国际层面现有的空间法已不足以处理所有的新问题,重新审视公约并完善公约势在必行。定期对太空技术进步所带来的法律问题进行研究和讨论,及时更新太空活动法规,补充和完善其中富有争议和规定不明的条款。如《责任公约》缺乏关于在太空环境中或者天体上遭受损害的条文[5],增加此类条款能使《责任公约》落地落实,不仅能明确太空活动的归责问题,而且有利于推动和促进赔偿机制和免责机制的进一步完善。

8.4.2 关于太空交通事故损害赔偿的考虑

任何航天事故的发生,都将给地面上的人和物都带来灾害,但是中国在现有的法律法规中鲜有对损害赔偿进行规定的条款。太空交通事故作为航天事故的一个子集,需要依托航天事故损害赔偿的有关要求形成有自身特点的太空交通事故赔偿与处罚规定。因此,可以从国内外航天损害赔偿的经验教训出发,在考虑商业航天蓬勃发展的时代背景下,探讨建立适应太空交通事故的损害赔偿相关规定。

(1) 明确太空交通事故损害的类型。现有的大部分国家航天相关规定关于太空活动的损害主要是对物的损害和对人的损害,基本没有涉及环境损害和精神损害。随着时代的发展,考虑到太空交通立法的指导性和前瞻性,在未来太空交通事故损害赔偿立法中,可以建立对受害人的精神赔偿以及太空环境和地球环境损害的相关规定。

(2) 明确赔偿主体的责任范围。航天活动对第三方人及其财产的损害,行为主体可以分为国家和商业航天公司。当太空交通事故发生后,首先需要确定赔偿主体及其责任,明确责任的划分与承担内容,包括直接赔偿与追偿,实现责任与义务的统一。

(3) 设立多样化的赔偿机制和救济形式。当前,国际上各个国家空间立法中的损害赔偿基本属于民事赔偿,主要的赔偿机制为太空活动主体的经济赔偿,也就是私人赔偿和保险机制。但不同国家针对不同责任也确立了相应的其他赔偿机制和救济机制，如法国、澳大利亚等国的太空活动法就明确规定了行政责任和刑事责任机制、国家补偿机制等。因此，太空交通事故赔偿与处罚可以基于国家的太空发展实际，结合经济赔偿与行政、刑事处罚，辅以救济机制，促进太空交通活动的发展。

此外，为了应对私人赔偿、保险赔款不足以赔付航天事故损害的情形，可考虑建立基本补偿机制，由国家相关航天管理部门进行规范和协调。对于事故损害造成的严重后果，还应该深入探索研究建立大规模的损害赔偿制度，逐步形成与经济社会发展水平相适应的损害赔偿裁决标准。

8.4.3 关于太空交通事故预防的启示

太空交通事故的发生往往会造成难以估计的灾害，导致人员伤亡和巨大财产损失，并在国际社会造成极为恶劣的影响，甚至可能阻碍人类和平探索太空的步伐，因此需要做好太空交通事故的预防工作，以最大限度减小事故可能带来的不利影响。太空交通事故的预防既包括加强技术研发、完善体制机制、提高人员素质等，也包括加强宣传教育、完善安全制度等安全建议。通过采取预防措施和安全建议，有助于提高航天器在轨运行的安全，保障太空交通活动的顺利进行。

（1）加强技术研发。加强太空交通技术的开发和融合应用，既要在太空基础设施建设、航天器在轨控制、空间碎片监测等能力建设上下功夫，也要在太空交通事故风险评估与防范化解技术上进行深入研究，提高太空交通技术的交流水平和层次，不断促进航天产业整体技术水平，提高航天器在轨运行的可靠性和安全性。

（2）规范管理流程。借鉴国内外航天领域对航天活动的安全监管经验，建立完善的太空交通活动的管理实施流程、事故预防制度及各类应急处置机制，确保太空交通活动的顺利进行。

（3）提高人员素质。加强航天领域从业人员的培训和教育，有针对性地开展航天器相关知识、太空安全相关法律法规、太空交通活动管理方法经验、太空交通事故预防与处理等方面内容的培训，建立太空交通领域职业技能资格认证制度，提高太空交通活动各个参与者的专业素质和安全意识，从技术技能、法规意识等方面形成太空交通管理和太空交通事故防范与化解的专业人才队伍。

（4）强化风险评估。在太空交通活动的不同阶段，开展充分的太空交通安全风险评估，有助于实现太空交通活动的全过程安全风险管控。在航天任务准备阶段，可以结合仿真推演、历史案例分析等手段，预判事故可能发生的风险点，做好风险防范与化解措施，针对性制定事故处理应对策略。对于在轨运行的航天器，可定期开展航天器运行状态、空间环境效应等风险评估，重点从航天器能源、姿态轨道控制系统、中心计算机、空间天气影响等方面实施细致的分析和评估，制定方案预案，进一步降低事故发生的可能性。对于再入的空间物体，对其再入轨道和陨落点进行预报分析，结合其材质、构型研判空间物体是否会解体，是否会对航空器、海面设施与船只、地面人员与建筑造成损害风险，及时发布通报，制定风险防范预案，做好人员和设备设施的疏散与防护。

（5）制定应急预案。根据可能发生和已经发生的太空交通事故，制定事故处理应急预案，明确应急处置的原则、组织体系、处理流程和协同措施等内容。同时可以案为鉴，定期组织应急预案的演练和评估，及时更新各项支撑保障条件，提高应急响应能力。

总之，太空交通事故的赔偿与处罚是保障受损方权益、促进太空交通活动安全开展、维护航天产业健康发展的必要举措，通过丰富和完善赔偿与处罚的机制，界定赔偿范围和监管赔偿过程等手段，可以进一步提高国家或企业在国际航天领域的公信力和认可度，对于促进太空交通管理在国际上的见效落实具有积极的促进作用。

参考文献

[1] NATALIE B. Securing outer space: International relations theory and the politics of space [M]. London: Routledge, 2012: 127.

[2] 周忠海. 国际法 [M]. 北京: 中国政法大学出版社, 2004: 83.

[3] 李寿平. 空间碎片造成空间环境污染的国际责任 [J]. 河北法学 2006 (12): 160.

[4] 阙占文. 跨界环境损害责任导论 [M]. 北京. 知识产权出版社, 2010 (8): 47.

[5] 杨彩霞. 外层空间环境保护的国家立法研究 [J]. 兰州学刊, 2011 (4): 80.

[6] 赵云. 外空商业化和外空法的新发展 [M]. 北京. 知识产权出版社, 2008: 17.

第 9 章
国际视角下的太空交通管理

太空已经成为继陆地、海洋、大气层之后人类的第四个生存空间。人类对太空的探索、开发和利用能力，对主权国家的生存和发展具有多重意义，从某种程度上决定着主权国家在国际政治活动中的地位以及国际事务中的话语权。虽然美国、欧洲、俄罗斯、日本、印度等国家为保障自身太空活动安全、维护国家利益，已经就太空交通管理展开相关讨论，甚至美国已率先出台相关顶层指导文件SPD-3，但是由于涵盖了政治、经济、外交、科技等各个方面，太空交通管理恰巧处于现有的太空安全国际治理规则中的"空白点"，因此国际社会对太空交通管理的规则体系和技术标准尚未达成一致。各国都希望提出符合自身国家利益的太空交通管理规则与技术标准，以此增强对国际太空活动的主导权，进而在"太空时代"获取新的发展动力。

9.1 国际太空治理现状分析

9.1.1 太空安全国际治理定义

太空没有疆域的性质决定了所有国家的任何太空活动都不可能孤立于其他国家进行，任何国家对于外层空间的探索和利用都会牵动其他国家的利益。太空已经成为大国战略博弈的新焦点、战略制衡的新筹码。目前，太空在国际社会上呈现"一超多强"的整体格局，太空安全问题已从近地空间拓展至深空、从太空物理域拓展至信息域和网络域，世界各国在太空安全治理方面，形成了合作与竞争并存的博弈局面[1]。

"安全"可定义为没有恐惧或焦虑,或在危险、恐吓等外部行为中保持安全的状态。[2]太空对于人类活动具有"无疆域性"这一根本特性,且世界各国在维护太空安全及合法权益的能力不同,导致国际上关于"太空安全"尚未有统一定义。综上,"太空安全"本质是太空行动的自由状态、太空相关利益的保全状态,包括进出、探索和利用太空的自由,太空资产安全、稳定运行,开展太空活动的环境和资源不受损害,太空发展权益不受压制等。

联合国全球治理委员会(Commission on Global Governance)对"治理"有如下定义:"各种公共机构或个人管理共同事务的诸多方式的总和,是使相互冲突的或不同的利益得以调和,并且采取联合行动的持续的过程。"[3]治理理论于20世纪90年代兴起,由20世纪80年代初的"地方治理"和80年代后期的"公司治理"逐步发展为"公共治理"。"全球治理"概念最早由美国詹姆斯·罗斯瑙(James N. Rosenau)提出,设想为"包括通过控制、追求目标以产生跨国影响的各级人类活动——从家庭到国际组织的规则系统"。21世纪以来,"全球治理"概念日趋以问题为导向。日本学者星野昭吉将"全球治理"定义为"国家与非国家行为体之间的合作,以及从地区到全球层次解决共同问题的方式"。世界银行前副行长伊恩·高登(Ian Goldin)将"全球治理"定义为"管理全球性问题的制度和过程"。[4]虽然以上定义不尽相同,但是可以看出"全球治理"的本质:一是维持国际秩序,并共同应对全球性问题;二是参与主体多元,包括国家、国际组织和非政府组织等;三是制定规则体系和建立对话渠道,强调灵活性、协调性和沟通性。

综合"太空安全"和"国际治理"内涵,并考虑到《外空条约》强调的"为和平目的而探索和利用外层空间"和"全人类共同利益"原则,"太空安全国际治理"可定义为以鼓励和保护各国自由、和平、公正地开发利用太空的权益为导向,为预防、制止任何给其他太空活动主体或自然环境带来损害的行为而形成的规则、机制、方法和活动。这里需要强调的是,太空交通管理中的安全概念是有限定范围的,是根据其任务性质决定其范围囿于太空自然环境恶劣或航天技术不足及缺陷所引起的太空安全问题,以及探索利用太空中人为但非故意的(或称事故性)伤害或潜在伤害引起的太空安全问题,这些问题可以通过国际协调和处理，并不必然引发人为故意的太空冲突乃至战争。因此，太空交通管理的安全属于英文的"safety"范畴，而不是带有人为故意伤害的"security"范畴，这是在太空安全国际治理中讨论太空交通管理时必须严格区分的概念。

9.1.2 太空安全国际治理现状

国内学者徐能武指出，外层空间探索与利用的全人类共同利益和国家太空利益是一致的，但利益主体不同，导致了太空国际关系的基本矛盾，并从根本上推动着各国积极维护太空战略安全与合法权益。[5]太空兼具公共性和资源稀缺性，但是太空的战略重要性导致其与国家安全深度绑定。在"没有制度的情况下，实际的合作常常比可能的合作要少"[6]。由于现有的国际空间法是在冷战时期美国和苏联主导下形成的，其强制性和普遍效力不足，导致各国在太空安全问题上虽存在着共同利益，但是却难以达成共识并开展国际太空安全合作。

1. 国际治理规则竞争逐步加剧

冷战时期，基于美国和苏联两个超级大国的力量抗衡，形成了部分维护太空安全与合法权益的有效机制。冷战结束后，苏联在太空的势力突然消失，俄罗斯又难以为继，美国成为在太空占据压倒性优势的唯一超级大国。2017 年，美国发布《美国安全战略》，在强调"全球领导地位"的同时，再次突出其"美国第一"的战略思想，美国必须维持在太空的领导力和行动自由。正如美国学者约翰·米尔斯海默所言："力量确保安全，最大的力量确保最大的安全。"[7]某些国家在太空处于优势地位，可直接决定其在国际政治斗争中具有更多话语权，形成了"强化优势地位—制定利己规则—塑造发展路线"的话语权垄断局面。

欧盟站在太空交通管理讨论议题的最前沿，抓住制定国际规则的机遇，尝试构建欧洲主导的规则标准体系。欧盟坚持推进欧洲航天一体化发展，采取由欧空局实施共同出资、分工协作、比例返还的合作运行模式，以保证欧洲的航天全球领先地位。截至 2022 年，欧盟共发布 4 版《欧洲航天战略》，以规划整个欧盟的顶层航天发展战略。其中，最新版《欧洲航天战略》强调了太空安全对欧洲的重要性，并指出应促进其全球竞争力，加强欧洲在全球层面的作用并促进国际合作。欧盟在泛欧层面提供的援助包括直接帮助成员国制定和实施空间法，这有助于国际空间法原则以相同的标准和方式在各国实施，产生可能远超出双边关系的法律后果，从而促进太空安全国际治理规则体系形成。

中国在《2021中国的航天》白皮书中指出，"中国倡导世界各国一起推动构建人类命运共同体，坚持在平等互利、和平利用、包容发展的基础上，深入开展航天国际交流合作。"随着中国开启全面建设航天强国新征程，中国也逐步加强国际空间法研究，积极参与太空国际规则制定，推动构建公正、合理的太空国际治理规则体系。

2. 太空资源竞争日趋激烈

随着人类太空活动的深入开展，特别是商业航天产业飞速发展，可利用的太空资源日益紧张。出于政治、经济和军事等多方面考量，各国在探索和利用外层空间的过程中出现排他性现象。例如，无线电频谱分配、GSO位置占用、范·艾伦带的航天轨道区的通过容量、拉格朗日平动点对航天器的容纳量等，都成为各国抢占的资源。以GSO位置资源为例，受天线接收能力的限制，同一频段、覆盖区域相同或部分重叠的GSO卫星只有间隔一定的距离，地球站才能区分不同卫星的信号以实现正常的工作，但是事实上，GSO卫星的数量已经超过在GSO上间隔一定距离所能承载的上限。当前，不仅仅是GSO的频率和轨道资源趋于应用饱和，随着商业航天巨型星座的发展，低轨频率申报也呈爆发式增长，互联网卫星网络资源的抢占已经趋于白热化。据统计，ITU已经收到了上百份800颗至4 500颗卫星规模的星座网络资料，涉及C、Ku、Ka、Q/V等频段。

除以上稀缺而有限的太空资源外，自然资源的开发权也成为各国开展国际规则博弈的焦点。学者贾海龙指出，"具体的制度要以自然资源开发权为核心予以建立，并包括自然资源勘探权、矿藏的技术标准、开发后自然资源的所有权、矿藏附属天体地表和地下的排他使用权以及可能产生的环境保护责任。"[8]例如，2015年，美国通过《外空资源探索和利用法》，鼓励私营实体或个人对地球空间、月球和小行星等进行商业开发，从法律上解决了美国私营实体从事太空矿物资源开发开采的问题；2020年，美国出台了《关于鼓励国际社会支持空间资源回收和利用的行政命令》，确定了美国探索和开发地外资源的基本政策；2023年，印度发布了《印度太空政策2023》，允许私营实体从事小行星资源或太空资源的商业回收，并有权拥有、运输、使用和出售获得的任何小行星资源或太空资源。各国通过在国内立法鼓励地外天体资源的开发，也将为太空国际治理带来新的安全挑战。

9.1.3 太空安全国际治理趋势

过去半个世纪，以《联合国宪章》和《外空条约》为核心的国际空间法治理体系发挥着统一治理外空活动的核心职能。近年，由于《外空条约》的历史局限性，太空治理领域兴起了多项由国家和国际组织提出的太空治理规则倡议和议程，包括外空透明与建立信任措施（TCBMs, Transparency and Confidence-building Measures）、外空活动长期可持续性准则（LTS 准则）、中俄《防止在外空放置武器、对外空物体使用或威胁使用武力条约》（PPWT, *Prevention of the Placement of Weapons in Outer Space, the Threat or Use of Force against Outer Space Objects*）、欧盟《外空活动行为准则》（ICOC, *International Code of Conduct for Outer Space Activities*）、美国《阿尔忒弥斯协定》、《通过负责任行为准则、规则和原则减少太空威胁》联大决议、"空间 2030"议程和《联合太空行动愿景 2031》（CSpO, *Combined Space Operations Vision* 2031）等。这些倡议和议程虽然代表了各国的利益，但是总的归纳起来主要还是基于完善法律体系、深化国际合作和和平利用太空三个方面。

1. 完善国际空间法体系

目前，太空技术、活动的发展远远领先于规则的发展，现有的国际空间法体系存在太空活动管理"真空"地带，包括太空环境保护、太空活动协调、太空事件权责划分、太空资源开发应用等。联合国和联合国外层空间事务办公室通过其下属的联合国外空委一直在积极地进行太空安全治理方面的工作，推动了许多关键议题的讨论，但难以达成有法律拘束力的国际"硬法"，仅依靠国际"软法"为各国调整本国太空行为提供支持。例如，2002 年，IADC 推出《IADC 空间碎片减缓指南》；2007 年，联合国外空委以《IADC 空间碎片减缓指南》中的技术内容和基本定义为基础，协商起草了《空间碎片减缓指南》。根据 2022 年 3 月联合国外空委更新的《各国和国际组织采纳空间碎片减缓标准汇编》，目前共有 42 个国家、7 个国际组织向联合国外空委提供了关于它们已经执行的空间碎片减缓标准和措施[9]。

2. 强调多边主义和国际合作

当前，世界正在经历百年未有之大变局，全球太空国际合作格局深刻变化，航天技术发展加速展开，各国太空利益复杂交织、合作模式不断创新、合作领域快速拓展。联合国和联合国外层空间事务办公室通过其下属的联合国外空委一直在积极地进行太空安全治理方面的工作，推动了许多关键议题的讨论，以保持外层空间长期可持续性发展。在联合国外空委第39届会议工作报告中提交了经委员会核准的《关于开展探索和利用外层空间的国际合作，促进所有国家的福利和利益，并特别要考虑到发展中国家的需要的宣言》，强调"探索和利用包括月球和其他天体在内的外层空间，应是为了所有国家的福利和利益，无论其经济或科学发展程度如何，并应成为全人类的事业。"太空安全国际治理要践行多边主义，加强国际合作，维护以联合国为核心的国际体系和以国际法为基础的国际秩序，促进太空资源统筹配置，推动太空活动健康发展。

3. 深入推进和平利用太空

和平利用太空是当今国际社会广泛达成的共识，但是现有的国际空间法基本框架尚未明确禁止太空武器化、战场化，因此还需要在太空安全国际治理中进一步推动各国落实和平利用太空原则，维护太空的安全稳定。太空安全国际治理为降低误解和误判引发的安全冲突与升级起到了积极作用。2013年，各方协商一致完成《外空透明度和建立信任措施研究》报告并由第68届联合国大会审议通过。2021年第76届联合国大会通过联大一委提交的《不首先在外层空间放置武器》决议草案，鼓励所有国家酌情作出不首先在太空放置武器的政治承诺。可以看出，深化和平利用太空是未来太空安全国际治理的重要任务，在完善国际太空规则和强化国际合作基础上，以更加开放、更加透明的方式开发和利用太空资源，为人类发展太空经济、向更深的太空开展探索提供安全保证。

9.1.4　太空交通管理作用发挥

国际太空安全治理涵盖内容广泛，太空交通管理作为其中的一个重要议题，为空间物体安全进出太空、安全完成在轨任务，以及维护太空环境的长期可持续性提供支撑。国际太空交通活动错综复杂，不存在"明确、单一"的管理者，国际太空交通管理本质仍是在国际空间法框架下，在世界各国与国际组织共同努力下规范、协调太空活动，实现维护太空安全，促进太空可持续发展。

1. 维护国际太空活动秩序

以 SpaceX 的"星链"为代表的低轨巨型星座发展迅猛，导致频率和轨道资源的争夺愈发激烈，空间物体数量不断增加，太空活动协调需求激增。然而，当前低轨巨型星座建设缺乏有效监管，各国就巨型星座管理尚未达成规则共识，对于如何规避巨型星座带来的频率和轨道占用、碰撞风险以及相关具体协调机制等问题，亟待开展研究和实践。开展国际太空交通管理，可以鼓励各国积极参加国际太空秩序制定协调工作，完善现有的频率和轨道分配规则，制定和执行太空活动协调处置的标准，从而推动各国主动开展太空活动协调，保障太空活动透明、有序，以实现统筹航天发展与运行的矛盾问题，缓解太空频率和轨道资源紧张、太空活动冲突的矛盾，有效地避免太空安全事件的发生，保障在轨航天器运行安全的同时，促进太空资源的合理利用。

2. 创新完善国际空间法体系

国际空间法是由联合国主导发展起来的国际法分支，产生于冷战时期，反映了国际社会和平利用太空的强烈意愿。然而，随着当今世界政治格局变化以及航天技术的进步，这一法律体系也显示出历史局限性。一是主体受限。当前的太空活动主体已不再仅限于单一政府，更多的非政府主体有能力、有机会参与到探索太空中，相应政府可能尚未制定或颁布规范、调整或促进其太空活动的国内法，无法履行国际空间法所要求的监管职责。二是监管不全。国际空间法历经了"硬法"时期、"软法"时期后，对于新兴的商业太空活动行为，当前的外空"硬法"和"软法"仍难以约束。《外空活动长期可持续性准则》、太空交通管理等议程正在持续推进，各国均采取主动策略，从自身利益诉求出发寻求解决方案，争取国际规则制定的话语权和主动权。开展国际太空交通管理并不与现有国际空间法体系相冲突，可以推动国际空间法体系从"义务本位"向"权利本位"转变，为国际空间法的创新完善提供实践参考。

3. 推进太空可持续发展

航天器数量爆发式增长进一步加剧了空间物体、在轨碰撞风险、资源分配不均等问题,使太空可持续发展问题更加严峻。以频率和轨道资源为例,当前少数国家掌握了大部分的频率和轨道资源,巨型星座的急剧扩张更是凸显了"频率囤积"问题,限制了后来者对近地轨道资源的探索和利用,难以满足公平及可持续发展的原则。开展国际太空交通管理,可以鼓励各国通过对太空活动的规划、组织和控制的协调,尽力保障在轨太空活动的安全,促进太空资源的合理利用和维护,避免空间碎片产生的扩散、太空资源的过度开发或囤积行为,保障人类可持续探索和利用太空。

4. 深化国际太空安全合作

太空安全是全人类的共同利益,当今的太空活动通常涉及多个国家合作,需要各国共同努力来维护。然而,由于历史和技术壁垒等因素,各国在太空领域的合作存在一定的困难。开展国际太空交通管理,建立有效的协调机制与信息共享体系,一是可以促进各国太空领域合作和协调,各国能够更好地协同行动,共同应对太空安全挑战;二是促进太空活动透明化,增进互信、减少误判、规范太空活动,一定程度上有助于推动国际社会对太空交通管理的规则达成共识;三是各国可通过空间碎片监测信息共享、共建太空交通管理平台等方式开展实质性合作,在实现自身能力建设同时共同推动太空事业发展。

9.2 国际视角下太空交通管理的主要运行模式

9.2.1 以国家主体形式提供的太空交通管理服务

航天强国为保障其国家安全和利益,维护其太空优势甚至是太空绝对优势以加强外交权力,其太空交通管理理念及运行模式必然服务于其政治目标。美国近年来不断强调加强太空活动治理也同样服务于其增强太空领域竞争实力的目标。2020 年 6 月,美国《外空防务战略》指出,"太空是国家权力、繁荣和声望的源泉,是大国竞争的中心。"[10]在 2021 年 12 月《美国航天优先事项框架》中指出,"美国将在加强太空活动的治理方面发挥带头作用,将与国际社会一道,维护并加强以规则为基础的国际太空秩序,并牵头制定有助于太空活动安全、稳定、可持续性的新措施。"[11]国内学者从权力的视角对美国积极开展太空活动治理的动机进行分析，指出由于特朗普第一任期内的"美国利益优先""单边主义"太空政策严重损害了其国家威望与国际信誉，为增强太空权力以抵御竞争与威胁、实现太空战略目标，故带头推动太空活动治理，一是承担航天强国应当承担的责任，解决国际信誉危机，二是出于利益与安全考虑，占据太空新秩序规则的主导地位，维持其在太空领域的领导地位。[12]

同时，由于国际太空交通管理相关概念及治理规则属于现有国际空间法的空白地带，航天强国主导的国际太空交通管理模式在利于其国家安全和国家利益的基础上，必然符合现实发展考量。以美国"太空交通管理"向"太空交通协调"转变为例：2018年6月特朗普政府发布SPD-3，阐明了特朗普政府的太空交通管理路径，无论对于美国还是国际航天界均具有很强的指向意义；2020年6月，美国国防部发布的《外空防务战略》也提出国防部要支持美国在太空交通管理上的领导地位；然而，2020年12月特朗普政府发布的《国家航天政策》仅表示美国将继续提供"基本的太空交通协调（包括交会与再入通知）"，2021年12月拜登政府发布的《美国航天优先事项框架》只表示美国将继续提供"基本的太空飞行安全服务"。"太空交通管理"向"太空交通协调"的转变在内涵和作用上并无实质变化，只是更加准确地描绘了美国在该领域的现状，表明美国接受了在太空交通领域短期内难以形成有约束力的现实，在现有国际法规的形势下，美国履行的仅仅是协调职能，在强制性、控制强度上距离严格意义上的"管理"还有很大距离，故其适当调整其太空交通管理政策表述以满足实际情况和潜在的发展需求。

在航天强国牵头开展国际太空交通管理的模式下，国际太空交通管理模式发展特点可参考美国的阿尔忒弥斯计划推广中表现出的以下两个特点：

1. 国内率先制定相关支持政策，将国内规则推广至国际平台

在天体探测和利用方面国际规则尚存在许多空白，国际社会对此亦未达成共识。在此背景下，美国为保障天体利用领域的国家利益，于2015年11月通过《外空资源探索和利用法》，对可探索和利用的范围进行了定义，并于2020年4月出台《关于鼓励国际社会支持空间资源回收和利用的行政命令》。由于天体探测和利用处于国际空间法的空白地带，制定新的国际规则比单边行动更有利于推进太空资源利用活动，美国于2020年5月单方面提出了《阿尔忒弥斯协定》草案,并与澳大利亚、加拿大、意大利、日本、卢森堡、阿联酋、英国等8个国家以创设成员身份于同年10月签署了《阿尔忒弥斯协定》,除强调太空的原则外,提出了存在争议的"安全区"和"历史遗迹"等概念,为解决天体探测中涉及的所有权问题迈出关键一步。同时,多个国家签订《阿尔忒弥斯协定》,为美国主导制定天体探测和利用领域新国际规则增加了筹码。

与天体资源开发和利用面临的问题类似,目前国际空间法体系针对太空交通管理所涉及的活动仍存在大量空白,国际社会也尚未对太空交通管理监管范畴、技术标准等达成共识,国际太空交通管理需综合构建太空活动规则。考虑到国家太空安全和发展利益,在某一个国家作为太空交通管理服务主要提供者的模式下,该国家可优先在国内建立利于自身国家利益最大化的国内顶层政策,并鼓励国内组织/机构等实体开展实践,对太空交通管理政策体系进行完善,使其与自身航天产业的现状、优势和需要紧密结合。在国内对太空交通管理顶层设计基本完备的情况下,将其规则适时在国际平台上进行推广宣传,并考虑依托太空交通管理服务所需的数据融合、信息交换以及冲突协调等活动,与其他国家协商制定符合实际的共同行为规则,不断提升制定国际太空交通管理规则的话语权。例如,美国于2018年6月率先发布国内第一部综合性太空交通管理政策SPD-3,对太空交通管理进行定义,并提出"在国际社会推动建立太空安全标准和太空安全最佳做法"。2018年后,美国先后发布《NASA航天器交会评估和避碰最佳实践手册》《航天飞行安全手册》《卫星轨道安全最佳实践》《可持续性太空行为最佳实践》等在轨安全指导文件,积极完善国内规则体系。2022年7月,ISO批准的《ISO/CD 9490 航天系统——太空交通协调》标准草案中,已经大量沿用了美国提出或倡议的解决方案和标准。

2. 依托航天强国技术优势,加强在太空中的领导地位

在深空探测领域,特朗普政府于2017年发布1号航天政策令,提出"带领人类返回月球进行长期探索与开发",并于2019年正式将其登月计划命名为阿尔忒弥斯计划。阿尔忒弥斯计划为美国的载人航天项目带来了更多关注和预算的同时,被特朗普政府描述为阿波罗计划的延续,赋予了"让美国再次伟大"的使命感,使国内外社会舆论对此计划普遍表态支持。考虑到美国阿波罗计划曾创下11年6次成功登月的辉煌纪录,多个国家向其表态希望参与到美国的阿尔忒弥斯计划中。截至 2023 年 8 月，已有 28 个国家签署了《阿尔忒弥斯协定》。在以《阿尔忒弥斯协定》为基础构建的相互依赖关系中，美国利用阿尔忒弥斯计划的不可替代性放大了相互依赖的非对称程度，以保证协定的关键内容尽可能地在立法空间内符合其自身偏好。同时，协定采用的双边协商方式进一步放大了相互依赖的非对称程度，使美国拥有足够的优势以确保制定月球及其他天体探索准则的成功率和主导权，不断加强美国在太空中的领导地位。

在太空交通管理领域，航天强国同样可依托其技术优势，主动提供航天器碰撞预警、空间天气预报、空间碎片减缓等服务，并以双边/多边合作协议方式推广符合其自身偏好的国际太空交通管理规则，不断加强在太空中的领导地位。以美国在太空交通协调领域并行推进技术发展和最佳实践推广工作为例：2019 年 9 月，美国太空安全联盟（SSC，Space Safety Coalition）成立，其成员包括太空运营商、行业协会和航天利益相关者，旨在建立一个商业航天公司或组织的"领导层"，提高航天工业的安全性和可持续性，实现美国商业太空行为的行业内自我管理。2021 年 12 月，美国在《美国航天优先事项框架》中明确指出，"美国将与业界和国际伙伴合作，率先制定和实施开放、透明和可信的国际标准、政策和实践，为全球太空交通协调奠定基础。" 2022 年 7 月，ISO 批准《ISO/CD 9490 航天系统——太空交通协调》标准草案进入委员会阶段并完成了意见征询，旨在明确太空交通协调的概念和要素，建立航天器发射前评估、在轨运行和任务后处置等阶段与安全相关的技术规范和操作规程，以促进安全、高效和可持续的太空利用。2023 年 4 月，SSC 发布了最新版《可持续性太空行为最佳实践》，在符合联合国外空委、IADC、ISO 等实体发布的现有指南和标准的基础上，根据实际对现有指南和标准进行补充，同样采用《ISO/CD 9490 航天系统——太空交通协调》标准草案中用于协调空间物体机动的"道路规则"，如表 9-1 所示。据 ITU 公布的数据显示，目前已经公布的 50 余个卫星星座绝大多数由非政府实体运营，非政府实体已成为太空活动的重要角色。《可持续性太空行为最佳实践》已获得了 31 个航天公司或组织的认可，一是补充当前美国非政府实体具体开展太空交通管理工作的"空白点"，二是验证太空交通管理涉及的具体技术标准，为国际规则博弈提供技术支撑。

表 9-1　空间物体机动优先级

项目	不可控	小范围可控	可控	自动避碰	载人航天器
不可控	N/A	由小范围可控的航天器进行规避	由可控的航天器进行规避	由具备自动避碰能力的航天器进行规避	由载人航天器进行规避
小范围可控	—	由正在进入或离开轨道的航天器规避在任务轨道内的航天器，其他情况下由双方讨论决定	由可控的航天器进行规避	由具备自动避碰能力的航天器进行规避	由载人航天器进行规避，除非另有协议
可控	—	—	由正在进入或离开轨道的航天器规避在任务轨道内的航天器，其他情况下由双方讨论决定	由具备自动避碰能力的航天器进行规避	由载人航天器进行规避，除非另有协议
自动避碰	—	—	—	双方建立规避协调协议	由载人航天器进行规避，除非另有协议
载人航天器	—	—	—	—	双方协商以确定规避方

9.2.2　区域间合作提供太空交通管理服务

考虑到国际太空交通管理服务的系统性和复杂性，其技术要求超出了很多航天国家自身能力。因此可以在保持独立自主的前提下，多个航天国家发挥各自太空能力优势，以合作共享的方式共同提供太空交通管理服务，从而达到"1+1>2"的效果。一是聚集各国技术，减少成本投入并实现优势互补；二是深化合作以推动技术进步，提高自身国际竞争力；三是为全球太空领域的政治平衡增加

"维稳"筹码,确保太空的和平稳定。该种运行模式可参考欧盟太空监视与跟踪(EU SST)项目。

2014年,欧盟建立了 EU SST 支持框架。法国、德国、意大利、波兰、葡萄牙、罗马尼亚、西班牙和英国与欧盟卫星中心合作,逐步将其传感器、数据处理和服务职能联网,以支持空间资产所有者和运营商、民事保护当局和其他欧洲实体的运作和决策。

EU SST 的传感器功能由一个传感器网络组成,用于监视和跟踪不同轨道高度(低轨、高轨和地球同步轨道)下的空间物体。截至2023年,该网络包括 EU SST 联盟成员国的51个传感器(包括雷达、望远镜和激光测距站)。

在 EU SST 框架下,欧洲的太空交通管理主要提供三种类型服务:碰撞规避(CA,Collision Avoidance)、再入分析(RE,Re-entry Analysis)和碎片演化分析(FG,Fragmentation Analysis)。其中,德国负责管理 EU SST 数据库并编目信息,法国和西班牙负责 CA 服务,而意大利负责 RE 和 FG 服务,由欧盟卫星中心充当前台管理。在统一的太空交通管理框架下,通过实现各成员国的内部分工和资源共享,欧洲逐步构建起具有区域合作性质的国际太空交通管理模式。

EU SST 项目是大型国际太空合作的典型范例。国际太空交通管理也可参考此种模式,即多个国家以合作共享的方式共建太空交通管理平台、共享空间碎片监测数据,并以协商的方式共同制定国际太空交通管理规则。该种模式主要体现以下两个特点:

(1)坚持平等互利原则,保障共同利益。太空交通管理合作应公平地向所有国家开放,在参与太空合作的过程中,各国的法律地位一律平等。合作是建立在互相可以接受的条件之上的,国家之间达成的合作协议必须合法、合理、自愿。在此种模式下,国际太空交通管理主要是为所有成员国家谋取发展权益。

(2)促进国际合作,推动空间立法。太空交通管理的国际空间合作必须遵守国际法、《联合国宪章》和《外空条约》的各项规定,同时不违背国际空间法的其他有效条约。同时,多个国家在太空交通管理领域合作势必会形成一系列双边或多边条约,以明确各国的职责和权益。一旦形成国际惯例,便可推动国际空间立法。国际空间立法又将反过来促进太空交通管理领域的国际合作,将会鼓励更多国家参与到该项国际合作中，以真正实现建立太空活动统一的技术标准和实践准则。

9.2.3 联合国框架下的国际太空交通管理服务

联合国是当今世界上最主要的国际组织，是各国参与国际多边事务的重要平台。作为当今世界上成员资格最为普遍、最具代表性的政府间国际组织，联合国关于"发展国家间以尊重各国人民平等权利及自决原则为基础的友好关系"和"进行国际合作，以解决国际经济、社会、文化和人道主义性质的问题，并促进对于全体人类的人权和基本自由的尊重"的宗旨，是促进各国开展友好协商解决太空安全问题的基本遵循。联合国框架下的国际太空交通管理服务是在各国自愿共享空间碎片监测信息、航天器基本信息等数据的前提下，基于各国太空发展意愿建立的太空安全基础设施，通过联合国的特定组织开展国际太空交通活动监管与协调，实现维护各国太空资产安全和太空环境长期可持续性。

联合国在太空领域设立了联合国外空委，下设科学技术小组委员会和法律小组委员会，以加强国际合作、推动全球可持续发展和促进人类文明进步。联合国外空委及其两个小组委员会每年各举行一届会议，主要审议联大提出的有关外空的议题，具体包括维持外层空间用于和平目的、科技小组报告、法律小组报告、太空与可持续发展、太空与气候变化、联合国外空委的未来作用和工作方法、空间探索与创新，以及"空间2030"议程等。同时，随着太空资源开发、巨型星座部署等新型外空活动的出现和发展，联合国外空委的工作方向也在持续调整。

当前，联合国外空委已经设立了"太空交通管理"这一议题，其在国际太空交通管理工作中可能采取的措施包括：一是制定国际法规和标准，确保各国在太空活动中遵循统一的原则和规范，从而降低太空碰撞的风险；二是促进国际合作，包括共享数据、技术和资源等，并支持建立跨国的太空交通管理机构，以便更好地协调太空活动；三是建立一个全球性的太空交通监测和预警系统，实时监测太空中的物体和活动，预测潜在的碰撞风险，并及时向各国发出告警，降低发生太空安全事件的风险；四是提供国际技术交流，重点为发展中国家提供技术支持和培训，帮助其建立和完善相应能力；五是支持有关太空交通管理的研究和发展项目，以解决当前太空交通管理面临的技术挑战和问题，提高协调效率和预测准确性；六是促进公平竞争，防止航天强国垄断太空交通管理话语权和构建技术壁垒；七是应对突发事件，协助各国应对太空安全事件，如在轨航天器异常、航天器碰撞等，并提供紧急援助、协调救援行动和支持事后调查等；八是促进国际太空交通管理的教育和宣传，提高公众对太空交通管理的认识和重视；九是开展评估和改进，定期评估各国在太空交通管理方面的表现和进展，并提出改进建议。

联合国框架下的国际太空交通管理服务模式由于涉及国家众多，其中牵扯的利益关系很难在短期内达成共识，目前尚未有具体的先验平台提供参考。俄罗斯强调应该在基于国际同意的基础上进行太空交通管理机制的构建，主张以联合国为中心，建立空间信息共享平台；欧盟同样支持一个联合国框架内多边的太空交通管理方案，但是主要是基于欧盟的方案从欧盟拓展至全欧洲，再拓展至联合国。在当今一超多强的国际格局下，联合国框架下的国际太空交通管理服务模式的发展前景仍然是任重道远。

9.3 国际太空交通管理面临的挑战

各主要航天国家或国家集团对开展国际太空交通管理达成了表面的共识，已经通过或正在讨论的一些国际规则和文件也多与国际太空交通管理有关；然而，这些国际规则和文件没有实际的法律约束力。在表面的共识之下，有关国际太空交通管理的实质内容和实施机制仍存在着较大的分歧[13]。

9.3.1 国际太空交通管理矛盾探究

1. 主导权之争

关于国际太空交通管理应由谁来主导构建，主要航天国家或国家集团并未达成一致。美国的总体战略是建立单边主义的、以美国为主导的国际太空交通管理秩序，具体体现在美国2018年的SPD-3和《美国太空态势感知与实体框架管理法案（草案）》中。SPD-3明确规定，应该利用美国的标准和最佳实践来塑造国际太空交通管理秩序。

以法国和德国为首的欧洲国家则坚持以欧洲区域利益为先。在欧洲内部形成太空交通管理秩序,并在联合国层面进行推广。欧洲关于太空交通管理的主张,主要体现在欧盟的《行为守则草案》和欧空局的《欧洲白皮书》中。欧洲总体的策略是以欧洲一体化为抓手在国际太空交通管理的构建和主导权之争中获取一席之地。

俄罗斯明确反对美国的政策,鲜明地秉持安全第一的理念,试图主导国际太空交通管理的核心内容。在 2016 年 2 月 16 日提交给联合国的工作文件中,对于美国等国家尝试将太空交通管理概念化的前景,俄罗斯认为,如果联合国外空委没有就有意义的太空安全规制达成共识,那么就应该将太空交通管理议题完全排除在议程之外[14]。在 2018 年 10 月 26 日举行的联合国大会全体会议上,俄罗斯代表在讲话中主张建立联合国层面的空间信息共享平台[15],旨在削弱美国的空间碎片监测战略优势。

不具备航天能力的广大发展中国家则强调,太空活动单纯为和平目的,其核心关注的是太空活动的惠益分享。由于广大发展中国家缺乏航天实力基础,其主张并未得到美国、欧洲国家和俄罗斯的重视和认同。

2. 实施方式之争

关于国际太空交通管理的实施方式,美国、欧洲国家、俄罗斯在综合考虑自身利益需求的情况下,皆有各自不同的主张,短期内很难在国际上达成一致。

美国主张建立以美国为核心的国际太空交通管理模式。在国内层面,美国的政策是由其政府进行政策简化,为美国的航天企业创造更为宽松的国内法律环境和为航天企业的活动确权。在国际层面,美国意在推动其航天企业倚仗先进技术抢占甚至垄断与太空交通管理有关的国际市场。在国际规则层面,美国的政策是帮助航天企业在国际层面推行美国企业所需的行业标准和最佳实践,以达到事实上修改现有的国际空间法规则,让其他国家遵守美国制定的标准的效果。同时,加强与其盟友间的空间碎片监测数据共享,进一步强化空间碎片监测的技术和市场占有率。总而言之,美国太空交通管理的实施方式是凭借其技术和综合实力,抢占或垄断与太空交通管理相关的国际市场,进一步凭借其现有国际市场地位形成垄断的管理秩序。

欧洲国家有关太空交通管理的实施主张主要表现在《行为守则草案》中。2014 年版的《行为守则草案》,可以说是欧洲的国际太空交通管理方案。欧盟主张在已有的国际空间法规则下，对内一体化，以一个整体对外推行偏向于欧洲利益的国际太空交通管理机制。欧盟的核心主张有二：一是反对有害干扰，二是加强空间碎片清除。具体的实施方式是实行高水平的太空活动通知、信息分享和协商机制；设置签署国会议和联络中心等组织架构，在这些组织平台上实施国际太空交通管理。欧洲反对有害干扰，其提高透明度与建立信任措施标准的主张意在迟滞中、俄和其他发展中国家的航天活动，同时也忽视了广大发展中国家的发展可能性。欧洲极力推行空间碎片的清除，是基于其领先的空间碎片清除技术，意图获取关于空间碎片清除服务的商业利益。

俄罗斯关于国际太空交通管理的方案在其代表提交到联合国外空委的多份工作文件中均有表述。与欧美重视航天企业的作用和商业利益不同，俄罗斯将太空安全规制视为太空交通管理的焦点问题。俄罗斯主张太空安全规制的方法和要素是国际太空交通管理的核心问题，反对美国主导的空间碎片监测数据同盟和由商业利益驱动建立太空交通管理秩序。在国际太空交通管理的实施方式方面，俄罗斯主张建立联合国信息平台，以联合国信息平台为中心，其他国际组织或机制与之协调，组成国际太空交通管理机制。例如，俄罗斯主张由 ISO 制定太空作业安全信息方面的国际标准，并将国际标准反馈至联合国信息平台，以外空委科技小组委员会和联合国外空委作为协商选定国际标准的平台。俄罗斯批评美国和欧洲的空间碎片监测同盟不利于国际和平，要求美国和欧洲提供免费的空间碎片监测数据。俄罗斯的方案与美国为主导的方案针锋相对，并且也反对欧盟提出的《行为守则草案》，试图分化美国的主导权。

9.3.2　国际太空交通管理发展现状分析

1. 政治原因

当前，各主要航天国家或国家集团在政治上关于国际太空交通管理的倾向相左，无法达成共识，故而导致了主导权之争。美国的政治倾向是维护其太空霸权，试图倚仗技术优势，行使长臂管辖权，迫使其他国家遵守美国的太空交通标准和规范，修改现有国际规则。美国的政治霸权倾向是自第二次世界大战以来逐步形成的，当前对国际太空交通管理的政治霸权思维只是这一政治倾向的延续。

欧洲国家的政治倾向是谋求在国际太空交通管理问题上的战略自主权。虽然第二次世界大战结束以来尤其是第二次世界大战结束之初，欧洲国家依赖美国进行政治、经济和军事领域的复苏，但是欧洲国家试图恢复战前的国际地位，重新获得对国际事务的主导权的诉求一直深藏于其国际政策之中。面对国际太空交通管理问题，欧洲国家希望在美国的霸权政治下谋求战略自主性，同时对俄罗斯这一传统政治对手形成政治优势。

俄罗斯的政治诉求是遏制美国的太空霸权，打压欧洲的太空政策，维护其传统航天大国的地位。20世纪60—70年代，联合国五大太空条约的谈判和通过都伴随着美国和苏联航天实力的此消彼长或相对均衡。从联合国五大太空条约的制定历程可知，太空活动产生之初，国际太空规则、原则和制度是美苏太空争霸的产物。1991年苏联解体，冷战结束，之后国际局势向一超多强转变。由于领导人和民众意识形态的转变，俄罗斯在冷战结束初期一度在政治上亲西方，其航天政策也倾向与美欧合作。直至2001年普京上台之后，俄罗斯恢复了遏制美国和欧洲的政策。在航天方面，俄罗斯力图维护其传统航天大国的地位，谋求在联合国层面发挥如苏联时期般的政治影响力。特别是2014年乌克兰危机爆发以后，俄罗斯便开始向美国和欧洲外交多线开火，国际太空交通管理的议题也属其中[16]。

广大发展中国家既缺乏开展太空活动能力，也缺乏国际政治影响力。例如，在长期可持续性议题的讨论中，美洲加勒比海地区（拉加集团）试图在谈判中加入限制军事航天的条款，但因与美国、欧洲国家、俄罗斯都未能达成政治一致，其政治输入的意图未能实现。

2. 经济原因

当前，国际太空交通管理机制的构建面临着实施方式之争。美国希望帮助其航天企业抢占国际市场，同时制定对其航天企业有利的国际规则和标准。欧洲国家希望通过形成高水平的透明度和建立信任措施，推行空间碎片主动清除，建立以欧洲的组织平台为中心的国际太空交通管理机制。俄罗斯则倡议建立联合国信息平台，要求美国和欧盟无偿提供空间碎片监测信息，并希望通过此平台来构建国际太空交通管理机制。这些不同的太空交通管理实施方式背后有着巨大的经济利益分歧。

美国提倡的国际太空交通管理实施方式主要出于巩固其经济霸权的考量。具体来说，美国意在依靠其领先的整体航天技术，助推其航天企业在国际市场上有偿提供与空间碎片监测相关的服务，抢占国际航天市场，获取巨大的经济利益，同时影响国际规则的形成，利用于己有利的规则反过来推动美国航天企业进一步垄断国际市场。

欧洲国家推出的太空交通管理实施方式在很大程度上有将技术变现，获取经济利益的考虑。一方面，以法国和德国为核心的欧洲国家拥有国际领先的空间碎片清除技术，同时，欧洲的航天商业化水平较高，阿丽亚娜火箭公司等航天企业曾一度获得国际发射的大片市场。然而，欧洲国家现有国际市场占有率不断下降，他们希望凭借先进的技术在空间碎片清除等新兴在轨服务国际市场上抢占先机，因此，欧洲国家强力推动空间碎片主动清除进程和非国家行为体在国际太空交通管理中的作用也就不难理解了。另一方面，欧洲国家反对有害干扰，提倡高水平的透明度和建立信任措施，回应美国的加强空间碎片监测数据同盟的邀请，其背后有希望在空间碎片监测相关服务中获利的经济考量。

俄罗斯虽然拥有先进的空间碎片监测和清除等航天技术，但是俄罗斯的航天商业化水平较低，在国际市场上的竞争力也较弱。当前，在与美国和欧洲国家在国际太空交通管理相关的市场竞争中，俄罗斯不占优势。出于遏制美国和欧洲国家抢占国际市场和利用市场地位扩大政治话语权的目的，同时为自身争取时间开展航天商业活动，俄罗斯提出了以联合国信息平台为中心形成国际太空交通管理机制，反对航天企业等非国家行为体在国际太空交通管理机制构建中获得话语权的主张。

9.3.3　国际太空交通管理预期走向

未来 10~20 年，太空交通管理的国际发展将基本遵循以下路径：务虚与务实的联合国框架外双边和多边合作与协同机制→务虚的联合国框架内合作与协同机制→务实的联合国框架内合作与协同机制→联合国框架外的太空交通管理国际规则体系→联合国框架内的太空交通管理国际规则体系。其中，联合国框架外合作与务虚的框架内合作将同时进行。至于联合国框架内能否以及在何种程度上建立务实的合作与协同机制，则在很大程度上取决于各国，尤其是航天大国的战略选择和执行决心。而短期内，美国则可能持有消极态度，这取决于其国内太空交通管理体系构建的进展情况。现阶段，美国加快推进的是以美国为主导的多个双边太空交通管理国际合作协同机制，除非能在联合国框架内建立以美国为主导的多边太空交通管理国际合作与协同机制，但这在联合国外空委协商一致的议事机制下，也将面临诸多挑战。

对于国际社会及各国而言，当务之急是寻求基本理论共识、适当调整各自内部职责分工与协调问题，以及争取在太空交通国际治理的发展路径和策略方面达成共识。

1. 应有的理论共识

（1）太空交通管理不仅仅是国家航天管理问题，更是太空全球（国际）治理问题，因此各方在考虑构建太空交通管理国内体系之前，需要对太空全球治理现状、问题和趋势有一定的共识。另外，应倡导将国内太空交通管理和国际太空交通治理相区分，不应一概而论。

（2）太空交通管理不仅涉及太空活动的技术安全、环境安全问题，还与国家安全、太空安全保障能力建设紧密相关。

（3）太空交通管理的国内体系构建，不仅包括能力建设，还包括战略、政策和法律规则体系的构建。国家太空交通管理体系构建应当是深化太空安全与非安全领域考量相互融合，以及国内航天法治建设的重要内容。

（4）构建太空交通管理国内体系意义重大，它是各方能够有效参与太空交通管理国际治理的前提。考虑到联合国等平台的太空交通管理议题进程推进较慢，时间较为紧迫。

（5）空间物体发射与再入是太空交通管理的基本问题，空间碎片监测是太空交通管理的前提和现阶段的核心问题，相关能力决定着一国在太空交通管理国际体系构建中的话语权。随着谈判的深入，空间碎片主动移除、在轨服务等空间操作将成为太空交通管理国际体系构建下一阶段（5~10年）的核心内容。最终的太空交通管理国际体系（10~30年）还将包括涉及太空采矿等深空探索利用及开发活动、近地天体防御规则等内容。

（6）与外空长期可持续性、太空全球治理、外空危机治理等概念相比，太空交通管理更具体、更现实、更关键、更敏感，更能将法律与技术、安全与非安全、政府与商业实体、国家利益与国际利益等需求紧密结合在一起。

2. 国际社会对于"自下而上"的太空交通管理国际体系构建路径,应当持谨慎态度

(1) 大部分国家民用、商业实体的空间碎片监测能力尚在初级发展阶段,不具备与美欧竞争的能力。现阶段所谓的"自下而上"实际仍是以美国扶植的商业力量为主,推动的是以美国数据为核心的太空交通管理国际协作机制构建,其主导权看似在民间,实则仍在美国手中。在各国国内相关管理格局建成之前,急于推动和参与国际市场建设,则有可能在构建太空交通管理国际体系中处于被动地位,受制于美国。

(2) 应注意美国可能以民商事合作为由,进一步对各方施压,要求各方提供敏感和更为详细的空间碎片监测数据、交会评估数据和避碰方案。

3. 国际社会对于"自上而下"的太空交通管理国际体系构建路径,也应持保留态度

对于在太空国际规则博弈中仍整体处于被动局势的各方来说,其太空政策、战略和法律的研究及制定可能仍处于初级阶段,其国内关于航天合作、太空外交的职责分工可能仍需进一步完善和协调,基础研究和人才队伍基础也无法与美欧相比。因此,对于这些国家而言,尚不具备参与太空交通管理国际规则制定谈判的良好条件,需要谨慎参与对相关国际规则的解释,慎重应对相关国际程序、机制、标准和要求的制定倡议。

4. 国际社会应通盘考虑构建太空交通管理国际体系的基本思路

太空交通管理成为太空国际事务热点,对于大多数国家而言,虽是挑战,也意味着机遇。首先是建立和维系双边或多边太空互信和对话机制的契机;其次是共享美国一直单方主导的相关轨道、空间物体信息的契机,敦促其发达的空间碎片监测能力更好地服务于国际社会;再次是提高各方空间监测预警等能力的契机,关键在于有效信息和先进技术的获取;最后是在国际范围参与和建设空间物体避碰及太空安全国际合作机制的契机。

从挑战的角度来看,仍有诸多问题有待国际社会达成共识。一是如何确定用于交换的在轨物体及事件信息的范围、各自国内参与空间数据交换和避碰国际合作的部门,二是如何协调各国关于空间物体、事件数据的国内基本政策和立场。因此,国际社会应尽快讨论有关共享和交换信息的范围,并通过国际合作与协作，不断加强有关信息的一致性和可靠性、对支持空间操作安全的信息的解释、物体和事件分析方法、信息交换实践和程序汇集等问题的研究。此外，国际社会应支持在联合国框架下建立空间物体信息的共享机制，以达到信息范围、分享途径等敏感问题最大可控。

总之，各国在面对太空交通管理问题时，对内应注重发展能力，促进安全与非安全关切的融合，优化各自管理协调机制，构建法律政策体系；对外则谋求实质合作，建设政府间机制，为各自国内太空交通管理体系的构建争取时间和空间。在国际太空交通管理事务上，应以可持续发展为最终目标，秉承"共商共建共享"理念，提倡在太空交通治理概念下大力开展太空国际合作、优化太空全球治理，共同构建太空人类命运共同体[17]。

9.4 中国在国际太空交通管理中发挥的作用

自古以来人类就有着飞天梦，为了踏向星途，人类不仅需要发展航天科技，还需要建立相应的制度规则，为人类航天事业保驾护航。然而，构建国际太空交通管理机制不能一蹴而就，而应循序渐进。自20世纪50年代以来，中国一直致力于航天活动的发展，为人类航天事业的和平与发展作出了许多贡献，同时，不断完善国内航天法律法规并积极参与以联合国为中心的国际太空治理。对于国际社会共同面临的太空交通治理困境，作为新兴的航天大国，中国应该继续致力于航天事业的和平发展，为降低人类进入外空的成本和风险以及人类航天事业的繁荣发展作出应有贡献；同时，应该秉持人类命运共同体理念，坚持共商共建共享的国际治理观，引领国际社会逐步构建太空交通管理机制，共同开创人类航天新纪元。

9.4.1 中国政策主张现状

中国虽然尚未发布专门的太空交通管理政策文件，但是在空间碎片减缓和清除、空间天气预报、太空安全问题、太空交通规则和避碰预警、太空环保等方面都已有相关的对内和对外政策主张和实践。

1. 国内层面

（1）在空间碎片监测和信息分享方面。2018 年，中国正式设立了中国科学院空间环境态势感知技术重点实验室，发展空间环境态势信息获取技术、认知技术、应用技术和智能化太空环境态势感知技术等。可见，中国的空间碎片监测在技术研究上具有较深厚的积累。

（2）在空间碎片减缓和清除以及空间天气预报方面。1995 年，中国加入机构间空间碎片协调委员会；2000 年，启动空间碎片行动计划；2009 年，发布《空间碎片减缓与防护管理暂行办法》。此外，中国已成立多个与空间碎片有关的研究中心和实验室，对空间天气现象和空间碎片进行监测。2016 年 6 月 25 日，中国开展了世界上首个主动的轨道碎片离轨清除实验项目。

（3）在太空安全方面。《中华人民共和国国家安全法》第三十二条和《民用航天发射项目许可证管理暂行办法》第一条中均有关于保障外空安全的内容。

（4）在太空交通规则和避碰预警方面。在太空交通规则方面，中国已有相关规则规定。《民用航天发射项目许可证管理暂行办法》第六条第二款规定了太空活动信息的通报义务，《空间物体登记管理办法》第九条规定了空间物体状态有重大改变时的变更登记义务。在避碰预警方面，中国已具备相关能力。2015 年挂牌成立的中国国家航天局空间碎片监测与应用中心，具备航天器发射预警、空间物体安全再入航天器解体分析、空间碎片环境评估等能力。据统计，该中心成立当年就发出有碰撞风险的红色预警 87 次，并成功帮助委内瑞拉遥感卫星 1 号规避空间碎片风险[18]。

（5）在太空环保方面。中国的法律政策和航天技术研发都重视太空环保问题。例如，《民用航天发射项目许可证管理暂行办法》第六条第二款和第四款规定，航天发射项目申请人应当向国家国防科技工业局提交证明该项目符合国家环境保护法律法规的有关材料。此外，早在 20 世纪 80 年代中期，中国专家就开始积极呼吁国家研制使用液氧煤油环保推进剂的运载火箭[19]，经过攻坚克难，2016 年研制成功的长征五号新一代大推力运载火箭主发动机就是以液氧作为氧化剂，液氢和煤油作为燃料，为太空环保作出了实质性贡献。

2. 国际层面

（1）在太空治理的立场方面。一是中国支持以多边主义解决太空治理问题，在联合国框架内实现太空治理的现代化和法治化。树立共同愿景，采取共同行动，用发展来解决发展中的问题。二是对于航天活动，中国倾向在国际规制和自由探索间寻求平衡。三是中国重视发展中国家的利益，主张帮助发展中国家提升太空能力[20]。

（2）在空间信息分享方面。2017年，中国推出"一带一路"空间信息走廊倡议，与"一带一路"共建国家进行卫星导航、遥感和通信等数据分享。

（3）在空间碎片和空间天气国际治理方面。中国主张空间碎片不是一朝一夕形成的，也不可能一劳永逸地解决所有问题，国际社会应该增进共识、协同发展，共同形成空间天气监测预报以及提升空间天气危害防护与应对能力。

（4）在太空环保方面。中国积极参加空间碎片减缓国际倡议，足以体现中国对于太空环保问题的重视。

总而言之，对于中国而言，一方面应明确参与太空交通治理国际合作与协作的对外接口，加快能力建设；另一方面，应大力开展相关国际合作，紧密团结其他有意与中方开展合作的国家，开展国际合作实践。

9.4.2 对中国政策主张的建议

随着中国航天科技的发展和国家实力的增长，中国需要对航天政策进行相应的调整，以使中国的主张与航天科技水平和国家实力相适应。在太空交通管理机制的构建问题上，中国应大力提升与太空交通管理相关的航天技术，逐步引领国际社会构建国际太空交通管理机制。

1. 提升中国的相关航天技术

20世纪60—70年代，美国和俄罗斯在太空活动的方面具有技术优势，共同主导了外空国际规则的制定，主要表现为联合国五大太空条约的通过。当前，国际社会进入新一轮规则博弈，航天技术和国家实力仍是一国参与太空国际规则制定权重大小的基础和核心。因此，在构建太空交通管理国际规则的过程中，中国应该大力发展与之相关的航天技术，主要包括空间碎片监测技术和空间碎片主动清除技术。

空间碎片监测是对必要的、可预测的太空环境和太空活动所依赖的操作环境的认知，包括太空中所有空间物体的位置与行动[21]。该技术对正常运行的航天器和相关空间碎片的位置以及周围环境的准确认知起着十分关键的作用。因此，主要航天国家或国家集团都在大力发展该技术。然而，没有一个国家能够单独完全掌握太空态势全貌，未来在空间碎片监测数据方面，合作是大势所趋。可以预想，在空间碎片监测数据合作规则的制定方面，拥有主导权的一定是拥有最强技术实力的国家。因此，中国需要大力发展空间碎片监测技术，有效识别空间物体特征以支持太空交通管理的编目需求，提供更快的空间目标跟踪响应能力和更高的碰撞预警筛查频率，快速发现空间物体轨道变化以及在轨碰撞等状态，支持对空间物体陨落与再入的落点评估。总而言之，即加强对空间物体各种数据的收集能力、分析能力以及对空间物体相撞概率或再入风险等的预测能力。

空间碎片主动清除技术是未来航天能力建设的一个制高点。一国若在空间碎片主动清除方面领先，那么则意味着其在空间目标跟踪和监测、空间飞行器发射、空间飞行器在轨操作和轨道精准控制等方面的技术水平和工程操作能力都达到了相当高的水准[22]。当前，美国和欧洲国家在该技术方面处于国际领先地位。美国很少公开其空间碎片主动清除技术的发展状况，目前可能的发展态势是将空间碎片主动清除技术融入功能更多、效益更好的太空技术研发项目，如太空燃料加注系统项目。欧洲国家的空间碎片主动清除技术即将进入工程应用，欧空局计划于2025年发射清洁太空一号航天器，清理运行在轨道上的100 kg碎片，这是世界上的第一项公开的空间碎片清除任务[23]。未来，中国应开展空间碎片主动清除技术领域的规划论证，从顶层设计上来制定空间碎片近、中、远期技术发展路线，推进在轨演示验证计划，提升技术成熟度，并逐步推动工程化应用和实施。

2. 引领构建国际太空交通管理机制

中国秉持人类命运共同体理念，坚持共商共建共享的全球治理观，应逐步引领国际社会构建太空交通管理机制，共同实现太空活动的安全、有序和可持续性发展。

（1）中国可与广大发展中国家一道发展航天事业，依托"一带一路"空间信息走廊和以亚太空间国际组织为平台，开拓国际市场和形成太空交通管理的交流平台。广大的发展中国家缺乏资金和技术，尚不具备独立的航天研发和运行管理能力，无论是航天技术还是空间基础设施都亟待发展。中国在秉持人类命运共同体理念的基础上,可以为更多国家特别是发展中国家提供参与中国航天项目的机会,共享中国航天事业发展的机遇和成果。中国可以依托自身的航天技术,帮助发展中国家进行空间基础设施建设,为其提供从航天器发射服务到地面系统建设和商业运营的天地一体化系统解决方案[24]。同时,面对空间碎片减缓、空间天气灾害等可持续性发展问题,可以通过技术和认知的发展进步来解决。中国可呼吁广大发展中国家加入亚太空间合作组织,在该组织开展空间碎片监测和预警平台项目,跟踪成员国感兴趣的空间目标和碎片,为航天器的发射与在轨运行提供安全保证。据此,与广大发展中国家合作建设地面观测站和提高空间碎片避碰预警能力等。

(2) 构建太空交通管理国际机制并逐步扩大范围,与欧洲国家开展互利共赢的合作,共同实现太空活动的可持续性发展。东欧国家处在"一带一路"沿线,但其航天能力尚有欠缺,中国可以为其提供航天基础服务,助力其在防灾减灾、通信导航、客运物流等方面的发展。中欧和西欧的国家多为欧空局成员国,以法国和德国为核心成员国的欧空局具有先进的航天技术,航天商业化水平较高,中国可在空间碎片清除等在轨服务方面与欧空局及其成员国开展合作。同时,中国和欧洲国家可以共同开展与亚太地基光学空间物体观测系统项目类似的空间碎片监测合作项目或与该项目联网,致力于提高碰撞预警服务的水平。

(3) 太空交通管理机制还可以囊括广大发展中国家、欧洲、俄罗斯和中国等主要国家或国家集团。国际社会可基于上述太空交通管理方面的国际合作实践,谈判制定国际公约,向世界各国开放加入。中国可与各国一道,携手打造太空的人类命运共同体、利益共同体、发展共同体、责任共同体。

参考文献

[1] 陈瑛,卫国宁,唐生勇,等. 国际太空安全形势分析与发展建议 [J]. 空天防御, 2021, 4 (3): 99 - 104.

[2] 贾克. 全球太空管理 [M]. 北京:中国宇航出版社, 2021.

[3] 黄陈晨. 论人类命运共同体思想的全球治理内涵及方法论展现 [J]. 江苏大学学报(社会科学版), 2022, 24 (2): 10 - 22.

[4] 薛澜,关婷. 多元国家治理模式下的全球治理:理想与现实[J]. 政治学研究,2021 (3):65-77.

[5] 徐能武. 外层空间安全战略研究:维护外层空间战略安全与合法权益[M]. 北京:中国社会科学文献出版社,2018.

[6] 基欧汉. 霸权之后:世界政治经济中的合作与纷争[M]. 上海:上海人民出版社,2016.

[7] 米尔斯海默. 大国政治的悲剧(修订版)[M]. 上海:上海人民出版社,2014.

[8] 贾海龙. 外层空间自然资源开发制度的缺陷和展望[J]. 北京:北京航空航天大学学报(社会科学版),2010,23(6):30-33.

[9] 赵耀东. 空间碎片减缓义务的国际法依据研究[C].《上海法学研究》集刊2022年第7卷:华东政法大学文集,2022.

[10] The Department of Defense. Defense Space Strategy Summary[EB/OL]. [2020-06-17]. https://media. defense. gov/2020/Jun/17/2002317391/-1/-1/1/2020_DEFENSE_SPACE_STRATEGY_SUMMARY. PDF.

[11] The White House. United States Space Priorities Framework[EB/OL]. [2021-12-01]. https://www. whitehouse. gov/wp-content/uploads/2021/12/United-States-Space-Priorities-Framework-_-December-1-2021. pdf.

[12] 赵雪研. 太空霸权还是太空治理?拜登政府太空战略初探[J]. 国际太空,2022,5 (521):16-20.

[13] 段欣. 国际空间交通管理的困境与中国的应有政策[J]. 北京航空航天大学学报(社会科学版),2023,36(2):155-165.

[14] Reviewing opportunities for achieving the Vienna Consensus onSpace Security encompassing several regulatory domains[EB/OL]. (2016-02-16)[2021-05-04]. https://www. unoosa. org/res/oosadoc/data/documents/2016/aac_105c_12016crp/aac_105c_12016crp_15_0_html/AC105_C1_2016_CRP15E. pdf.

[15] 空间作为可持续发展的驱动因素[EB/OL]. (2018-10-26)[2021-05-04]. https://documents-dds-ny. un. org/doc/UNDOC/GEN/N18/343/12/PDF/N1834312. pdf?OpenElement.

[16] 王国语,袁杰,马冬雪. 联合国外空活动长期可持续性准则谈判焦点及趋势分析[J]. 中国航天,2017(12):30-34.

[17] 王国语,张玉沛,杨园园. 空间交通管理内涵与发展趋势研究[J]. 国际太空,2020,

503（11）：32-39.

[18] 张保淑. "太空环保"彰显中国担当［EB/OL］.（2018-04-14）［2021-05-07］. https://news.sina.cn/gn/2018-04-14/detail-ifyteqtq9932348.d.html.

[19] 陈芳，胡喆，周旋. "胖五"问天记：中国"最强火箭"长征五号复出纪实［EB/OL］.（2019-12-27）［2021-05-08］. https://baijiahao.baidu.com/s?id=1654082707359163577&wfr=spider&for=pc.

[20] China's position paper on the issues of long-term sustainability of outer space activities［EB/OL］.（2016-02-16）［2021-05-09］. https://www.unoosa.org/res/oosadoc/data/documents/2016/aac_105c_12016crp/aac_.

[21] 吴越. 共享空间态势感知的法律问题及中国应对［J］. 国际太空，2020（9）：59-63.

[22] 徐纬地. 空间碎片移除能力发展，中国航天当前要务之一：空间环境治理刍议［J］. 空间碎片研究，2020，20（1）：10-16.

[23] 欧空局将实施世界上第一次空间碎片清理任务［J］. 空间碎片研究，2020，20（1）：32.

[24] 姜天骄. 为用户提供更多定制化发射服务，中国航天构筑开放式商业航天新模式［N］. 经济日报，2018-11-20（14）.

第 10 章
结束语

  2023年12月30日，随着长征二号丙遥七十五运载火箭成功从酒泉卫星发射中心将三颗互联网技术试验卫星送入预定轨道，2023年全球航天器发射任务宣告结束。这一年全球共进行了200余次航天器发射任务，发射载荷近3 000个，发射次数较2022年增加了30余次，载荷数量增加了400多个。2023年是全球航天历史上较为辉煌的一年，人类已连续两年发射载荷数量超过2 000个，探索浩瀚宇宙的步伐越走越快，也越走越稳。

  随着航天器数量的激增，太空交通管理的呼声也越来越强烈。2023年6月22日，欧空局宣布将制定《零碎片宪章》，旨在2030年前在高价值轨道上不产生新的空间碎片，并在12月14日更新了《空间碎片减缓政策》和《空间碎片减缓要求》，对欧空局设计、建造、运营和处置的航天器进行更为严格的监管，并将卫星处置阶段期限从25年降至5年。2023年9月20日，FAA提出一项限制商业航天飞行器轨道碎片增长的拟议规则，要求商业航天飞行器及其部件应在发射后的25年内完成大气再入或移动到一个可接受的处置轨道上，以减少空间碎片与航天器碰撞的可能性；2023年10月2日，FCC针对美国卫星电视运营商Dish Network公司处置退役卫星不当的行为，首次开出针对空间碎片的罚单。此外，日本、瑞士等国的太空清理公司也在加紧研发空间碎片清除系统，抢占未来国际化的商业空间碎片清除市场。国际社会在政策规则发布、碎片减缓违规行为惩处、碎片主动清除等方面的一系列动作，折射出各国/地区对空间碎片减缓的高度重视，太空交通管理的实践随着业务的拓展走深愈发具体。

  太空交通管理作为规范太空交通活动、实现太空活动安全有序运转的重要手段，已在空间物体登记、频率和轨道资源申请与管理、碰撞预警筛查与规避、陨落预报、空间天气预报等方面形成了一定原则，各国/地区也正结合自身实践逐步推广相应标准，可以预见在不久的将来，随着各国/地区在太空交通协调层面的不断深入，"车同轨、书同文"的要求也会愈发强烈，各国/地区太空交通管理规则可能会在国际层面达成较为一致的共识，进而推动全球太空交通活动的发展。此外，对于太空旅游、空间碎片主动清除、太空交通管理信息服务等新兴领域，各国/地区也在加紧开展相关方面的能力建设与探索实践，太空在轨服务活动将呈现出欣欣向荣的良好局面，相关领域的规则制定、市场竞争也将会更加激烈。

总体而言，太空交通管理在全球范围内尚属起步实践阶段，虽然一些航天大国在部分领域取得了较大进展，但从国际视角来看，太空交通管理的技术和规则仍然赶不上当前太空活动的发展态势，滞后性较为明显，还亟待深入开展太空交通管理领域的探索研究与工程实践。太空交通管理不仅要从概念定义、具体职能、技术标准、协调规则、事故处置等方面进行具体规范，同时，更需要一个全球公认的机构来开展太空交通活动的监督、管理和协调等工作，这样才能更为有效地确保太空环境的安全可持续，确保人类和平探索和利用太空的权利受到尊重和保护。

未来，人类探索宇宙深处的脚步不会停歇，太空交通管理的研究范畴也会随着人类太空活动的拓展而不断变化。2022年11月16日凌晨1时47分，伴随着阿尔忒弥斯1号任务的猎户座飞船从肯尼迪航天中心成功发射，人类重返月球的号角再一次吹响；中俄也在规划月球科研站的建设，吸引了一批友好国家共同参与月球探索活动，地月空间的活动将成为人类探索太空的新的能力增长点。如何开展好地月空间领域的太空交通管理工作，以满足人类探索和开发地月空间资源的需求，将是一个新型研究与探索领域。在可以预见的将来，距离地球更加遥远的火星，也将是下一个太空交通管理的热点区域，此外，还有行星采矿、近地天体防御等新兴太空活动，也亟待太空交通管理给予及时的能力支持与安全保障。

100年前，人类还在地面仰望星空，想象着遨游宇宙是一种怎样的体验，而如今，人类已经常态化身处空间站内开展科学试验研究，在太空中俯视着我们这颗蔚蓝色星球，对前人而言，这是一个不可思议的奇迹。探索太空，可以说是一个充满浪漫和牺牲的伟大征程！期待更多有识之士一同加入这个充满激情的逐梦行列中去，共同守护我们来之不易的太空环境，让人类在探索浩渺宇宙的征途中不断取得新的辉煌！

英文术语索引

A

ATM，Air Traffic Management，空中交通管理

Artemis Accords，阿尔忒弥斯协定

B

BSS，Broadcasting Satellite Service，卫星广播业务

C

CARA，Conjunction Assessment Risk Analysis，交会风险评估分析

CA，Collision Avoidance，碰撞规避

USGODMSP，U. S. Government Orbital Debris Mitigation Standard Practices，美国政府轨道碎片减缓标准实践

CCSDS，the Consultative Committee for Space Data Systems，空间数据系统咨询委员会

CDM，Conjunction Data Message，交会数据信息

Competitiveness Council，欧盟理事会竞争委员会

CEN，European Committee for Normalization，欧洲标准化委员会

CENELEC，European Committee for Electrotechnical Normalization，欧洲电子技术标准化委员会

COPUOS，Committee on the Peaceful Uses of Outer Space，和平利用外层空间委员会

Commission on Global Governance，全球治理委员会

CSpO，Combined Space Operations Vision 2031，联合太空行动愿景2031

D

DARPA，Defense Advanced Research Projects Agency，美国国防部高级研究计划局

E

ETSI，European Telecommunication Standards Institute，欧洲电信标准协会

ECSS，European Cooperation for Space Standardization，欧洲空间标准化合作组织

EESS，Earth Exploration-Satellite Service，卫星地球探测业务

EU SST，European Union Space Surveillance and Tracking，欧盟太空监视与跟踪

ESPI，European Space Policy Institute，欧洲空间政策研究所

ESA，European Space Agency，欧洲航天局

F

FAA，Federal Aviation Administration，美国联邦航空管理局

FG，Fragmentation Analysis，碎片演化分析

FSS，Fixed Satellite Service，卫星固定业务

FCC，Federal Communications Commission，美国联邦通信委员会

FDOA，Frequency Difference of Arrival，到达频率差

G

GEO，Geosynchronous Orbit，地球同步轨道

GNC，Guidance Navigation Control，制导、导航与控制

GGE, Group of Governmental Experts, 政府专家组

GSO, Geostationary Orbit, 地球静止轨道

H

HDTV, High Definition Television, 卫星高清晰度电视

I

ILWS, International Living With a Star, 国际与星同在

IADC, Inter-Agency Space Debris Coordination Committee, 机构间空间碎片协调委员会

ITU, International Telecommunication Union, 国际电信联盟

ITU-R, International Telecommunication Union-Radiocommunication Sector, 国际电联无线电通信部门

ICOC, International Code of Conduct for Outer Space Activities, 国际外空行为准则

ISO, International Organization for Standardization, 国际标准化组织

IAA, International Academy of Astronautics, 国际宇航科学院

IAF, International Astronautical Federation, 国际宇航联合会

IISL, International Institute of Space Law, 国际空间法学会

IFIC, International Frequency Information Circular, 国际频率资料通告

L

LTS, Long Term Sustainability of Outer Space Activities, 外空活动长期可持续性

LEO, Low Earth Orbit, 近地地球轨道

M

MSS, Mobile Satellite Service, 卫星移动业务

N

NORAD, North American Aerospace Defense Command, 北美防空司令部

NGSO, Non-Geostationary Orbit, 非地球静止轨道

NASA, National Aeronautics and Space Administration, 美国国家航空航天局

NAPA, National Academy of Public Administration, 美国国家公共行政管理学院

NOAA, National Oceanic and Atmospheric Administration, 美国国家海洋和大气管理局

O

ODM, Orbit Data Messages, 轨道数据信息

OEM, Orbital Ephemeris Message, 轨道星历信息

OADR, Open-Architecture Data Repository, 开放体系结构数据存储库

UNOOSA, United Nations Office for Outer Space Affairs, 联合国外层空间事务厅

P

PPWT, Prevention of the Placement of Weapons in Outer Space, the Threat or Use of Force against Outer Space Objects, 防止在外空放置武器、对外空物体使用或威胁使用武力条约

PDF, Probability Density Function, 概率密度函数

R

RE, Re-entry Analysis, 再入分析

RDM, Re-Entry Data Message, 再入数据信息

RCS, Radar Cross-Section, 雷达反射截面积

S

SADA，Solar Array Drive Assembly，太阳电池阵驱动机构

SSA，Space Situational Awareness，太空态势感知

South Atlantic Anomaly，南太平洋异常区

SPD-3，Space Policy Directive-3，National Space Traffic Management Policy，3号航天政策令：国家太空交通管理政策

SEL，Single Event Latch-up，单粒子锁定

SSN，Sunspot Number，黑子数

SWPC，Space Weather Prediction Center，美国空间天气预报中心

SSC，Space Safety Coalition，美国太空安全联盟

SOS，Space Operation Service，空间操作业务

SRS，Space Research Service，空间研究业务

T

TDM，Tracking Data Message，跟踪数据信息

TraCSS，Traffic Coordination System for Space，太空交通协调系统

TCBMs，Transparency and confidence-building measures，透明与建立信任措施

TLE，Two-Line Element，两行根数

TDOA，Time Difference of Arrival，到达时间差

W

WARC，World Administrative Radio Conference，世界无线电行政大会